高等院校艺术设计专业应用技能型规划教材

CHANPIN ZAOXING SHEJI SHOUHUI XIAOGUOTU
BIAOXIAN JIFA

产品造型设计手绘效果图表现技法

主　编◎安静斌
副主编◎袁　玲　孙长春　马　骥
　　　　韩　威　谢　玮　宋　云
参　编◎樊　婧　贾艳伟　高剑峰
　　　　张卫平　周利宾　常　帅
　　　　恩晋鸿　王　艳　武月霞

重庆大学出版社

图书在版编目（C I P）数据

产品造型设计手绘效果图表现技法 / 安静斌主编.
-- 重庆：重庆大学出版社, 2017.10
高等院校艺术设计专业应用技能型规划教材
ISBN 978-7-5689-0683-8

Ⅰ.①产… Ⅱ.①安… Ⅲ.①工业产品－造型设计－高等学校－教材 Ⅳ.①TB472.2

中国版本图书馆CIP数据核字（2017）第179870号

高等院校艺术设计专业应用技能型规划教材

产品造型设计手绘效果图表现技法

主　编　安静斌

副主编　袁　玲　孙常春　马　骥　韩　威　谢　玮　宋　云

策划编辑：席远航　张菱芷　蹇　佳

责任编辑：李桂英　　版式设计：原豆设计

责任校对：邹　忌　　责任印制：赵　晟

重庆大学出版社出版发行

出版人：易树平

社　址：重庆市沙坪坝区大学城西路21号

邮　编：401331

电　话：（023）88617190　88617185（中小学）

传　真：（023）88617186　88617166

网　址：http://www.cqup.com.cn

邮　箱：fxk@cqup.com.cn（营销中心）

全国新华书店经销

重庆共创印务有限公司印刷

开本：787mm × 1092mm　1/16　印张：10　字数：248千

2017年10月第1版　　2017年10月第1次印刷

ISBN 978-7-5689-0683-8　　定价：58.00元

目 录 / CONTENS

1　产品设计手绘

1.1 产品设计手绘的重要性

对于一位设计师来说，手绘十分重要。手绘可以在短时间内将设计师的创意表达出来，而一个好的设计师往往善于运用手绘来表达自己的设计理念。

对于设计创意来说，好的手绘表达就是优秀设计的开始。但是，好的手绘图不仅仅是指漂亮的手绘预想图，只要画者能将自己的设计理念完整地表达出来，手绘图也可以是简单、笨拙的笔触。手绘不仅能将设计师的创意想法很快地表达出来，而且还可以完整地表达出设计师的理念，而不是简单的效果图。

手绘不但可以帮助设计师快速地表达出自己的想法，而且可以通过线条的调整快速把握设计整体的调性。设计的调性对一个优秀的设计很重要，手绘能够通过简单的线条调整，达到快速有效地调整设计整体调性和比例线条的目的。

而在校大学生，缺乏现代的表现工具及技巧，所以在校学生学好手绘很关键，但更关键的是找到一种属于自己的表达方式。

如何练好手绘？这可能是现在大学生们一个很困惑的问题，其实方法步骤也很简单。

第一步：尽可能多地临摹一些优秀的设计草图。优秀的画家也是从临摹开始的，学生阶段的临摹能快速提升手绘技法，从而找到属于自己的手绘表达方式 。

第二步：坚持每天练习，也就是一个量的积累过程，有了量的积累才会得到质的飞跃。可能每天只有10分钟的简单练习，但只要坚持下来，一个月或一年后，对掌握草图的绘制就会有很大的帮助。

第三步：通过大量的手绘练习不断提高手绘能力，更重要的是在手绘过程中能体会到自信的感觉。好的手绘图能够通过其中的一根线条看出设计师的自信程度，而自信对于一个设计师来说是十分重要的。

如何成为一名优秀的设计师？

首先，设计是一个很有挑战性的职业，它不但需要我们不断地创新，而且需要我们有基本的理论知识和很好的艺术修养。一名好的设计师必定是一个博学、有修养的人。只有提高个人的品位，才能成为一名优秀的设计师，进而设计出更优秀的作品。其次，设计师需要对设计这个职业充满激情，激情可以让设计师随时产生独特的创意。再次，一名优秀的设计师要善于收集和接触新的设计作品，不断更新自己头脑中的设计储备，然后通过不断的积累，将一些优秀的设计与自己的设计相结合。接下来，交流也是收集设计灵感的一种好办法。在与不同的人群交流的过程中会学到和体会到更多的信息，这些信息很有可能会成为今后设计的创意来源。所以说要多交流，交流可以碰撞出灵感的火花。最后，设计不是孤立存在的，很多同学在学习过程中很容易只接触自己的学科，而忽视对其他专业的学习，一个优秀的设计是很多学科的综合体。例如，一名工业设计师不仅仅是看工业设计中的优秀案例，有时候也需要去借鉴最新的建筑流行趋势、平面色彩流行趋势、服装流行趋势来审视自己的设计作品，通过各个设计行业的流行趋势来把握和创造自己专业的流行趋势。好的设计师需要借鉴已有的优秀设计，把握最新的设计流行趋势，从而创造出更新的作品。设计是为了不断改善人们需求的一种行业。随着经济的发展，人们对设计的需求日益增加。设计有其本身的趋势，简单地说，设计是为了消费人群而生的行业。在金融危机过后，很多国外的设计师已经发现今后几年最大的消费国很可能就是中国，所以相继出现了很多符合中国人口味的设计，如法拉利公司刚刚生产的限量版的陶瓷跑车等。很多国家的设计公司已经把今后几年的设计方向定位在中国元素上，通过分析中国的古老文化来把握他们的设计趋势。所以，作为中国本土的设计师以及即将走上设计道路的学生，在自己作品中继承和发扬我国古老文化显得尤为重要。我们的继承不是单纯地模仿，而是在继承前人文明的基础上创作出新的设计。

1.2 产品设计手绘原则

设计手绘要求快速布局构图，把握结构。设计手绘训练可以使意识层转换落实到物质媒介上，即将脑中的变换意图通过“手”快速地表现出来。锻炼眼睛善于发现并捕捉事物美的能力，更潜移默化地影响心灵，从而逐步提高审美能力和艺术修养。在设计手绘过程中，应遵循以下两个原则。

1）真实性原则

手绘图必须严格依照真实产品绘制，设计图也需要按照真实的环境来设计，将最真实的产品形态和设计创意表达出来。

2）艺术性原则

手绘图在表现创意与形态的基础上，为了满足观者的审美需求，还必须具备一定的艺术特性。

1.3 产品设计手绘工具

1）铅笔

（1）铅笔的线条厚重朴实，利用笔锋的变化可以画出粗细轻重等多种线条变化，非常灵活，富有表现力。

（2）铅笔可擦除的性质决定了创作过程中的可修改性，绘画过程中可以随时擦除不需要的线条，以及对错误的线条进行更改。

2）钢笔

（1）钢笔的线条干脆利落，绘制的作品效果强烈。

（2）钢笔不能擦除，因此在下笔前要仔细观察所要表现的对象，做到胸有成竹。

3）马克笔

马克笔是专为绘图研制的。在产品效果图中，马克笔效果图表现力强。因此，学习产品设计表现技法，必须掌握好马克笔的使用方法。

在当今发达国家的工业设计领域，如宝马、奔驰这样的大公司的产品设计方案评估都是围绕马克笔效果图进行的。

（1）马克笔按色彩，分为彩色系和黑色系；按墨水的性质，分为水性、油性和酒精性3种。

（2）马克笔线条流畅，色彩鲜艳明快，使用方便。

（3）由于马克笔笔触明显，多次涂抹时颜色会进行叠加，因此用笔要果断，在弧面和圆角处要进行顺势变化。

4）色粉

色粉色彩柔和、层次丰富，在效果图中通常用来表现较大面积的过渡色块，在表现金属、镜面等高反光材质或柔和的半透明肌理时最为常用。

5）彩铅

彩铅就是彩色铅笔，是效果图绘制的常用工具，主要用于加色和勾勒线条。彩色铅笔的色彩及硬度丰富，可以利用色彩及不同硬度的笔尖绘制出层次分明的作品。

根据笔芯可以分为蜡质（软）和粉质（脆），还有一种水溶性的彩铅，着色后用描笔蘸水晕开，可以进行色彩的渐变过渡，从而模拟水彩效果。

6）圆珠笔

圆珠笔的手感，或说线条，在不同的笔下有不同的特点：有的干涸粗糙，线条断断续续，画面粗糙沧桑；有的新鲜湿润，线条流畅，画面清新干净。如何选择，视具体情况而定。一般来说，常用于作画的圆珠笔有多种颜色，红色较为少用，因为红色画面容易使人产生视觉疲劳。

7）针管笔

针管笔定位的精准度高，一步到位，颜色较深，不易表现出线条的属性，但视觉感较强。

2　基础部分

2.1 线

2.1.1 直线

1）原理

对于初学者来说，常见线条的绘画方式有许多种，如起点式、慢动作式、短线式、直线式等。这些线条的绘画方式在特殊绘画效果中能得到体现，但是在产品效果图绘制的过程中，正确的直线线形为中间重两头轻（图2-1、图2-2）。

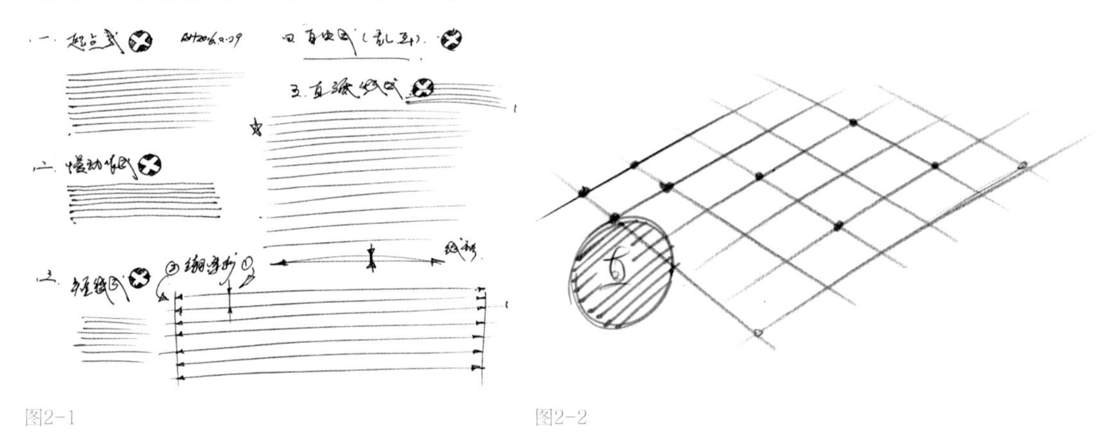

图2-1　　图2-2

2）练习

线条的练习有很多种不同的方法，有线条长短之分，比如有点对点连线，有不同方向的线，还可以绘制间隙距离有规律的线段等。这些不同种类的练习对于应对各种不同造型的产品设计有着至关重要的意义。初学者可以采用下列几种方法来练习线条的绘制。

①等距线条练习。等距线条练习包括绘制长度不同、距离相同的同方向线条（图2-3），长度相同、距离相同的同方向线条（图2-4）。

②透视线条练习。透视线条练习包括一点透视线条练习（图2-5）和两点透视线条练习（图2-6）。

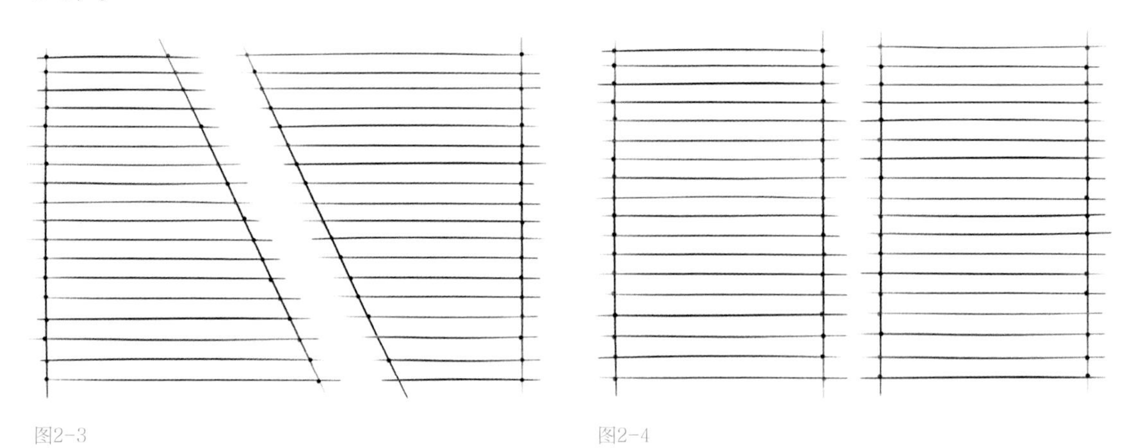

图2-3　　图2-4

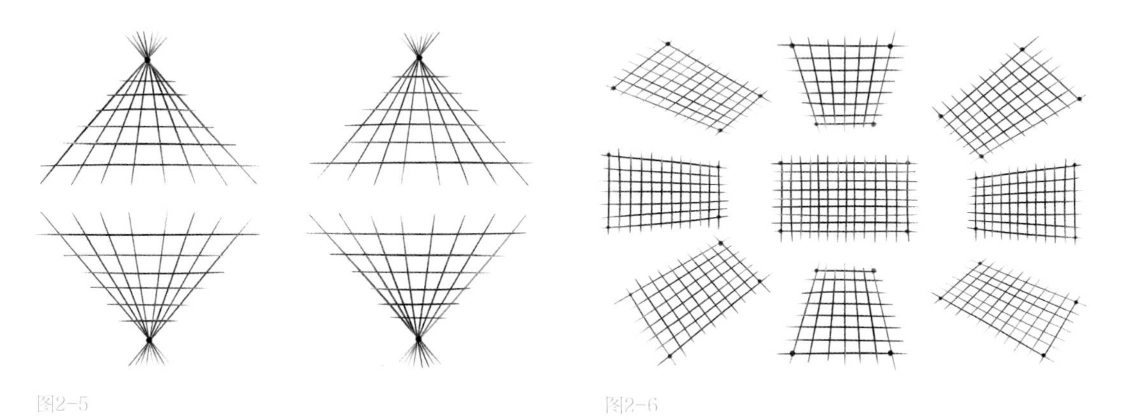

图2-5　　图2-6

③直线线条练习。直线线条练习是一个循序渐进的过程，应从练习等距离直线开始（图2-7），然后到等距离平行斜线的绘制（图2-8），再到水平线与斜线的混合练习（图2-9），最后在线条中加入产品的绘制（图2-10）。

图2-7　　图2-8　　图2-9　　图2-10

④方体直线练习。方体直线练习是在立方体表面进行直线条的绘制，在画好立方体的基础上，在立方体的各个表面绘制不同方向的线条（图2-11、图2-12）。

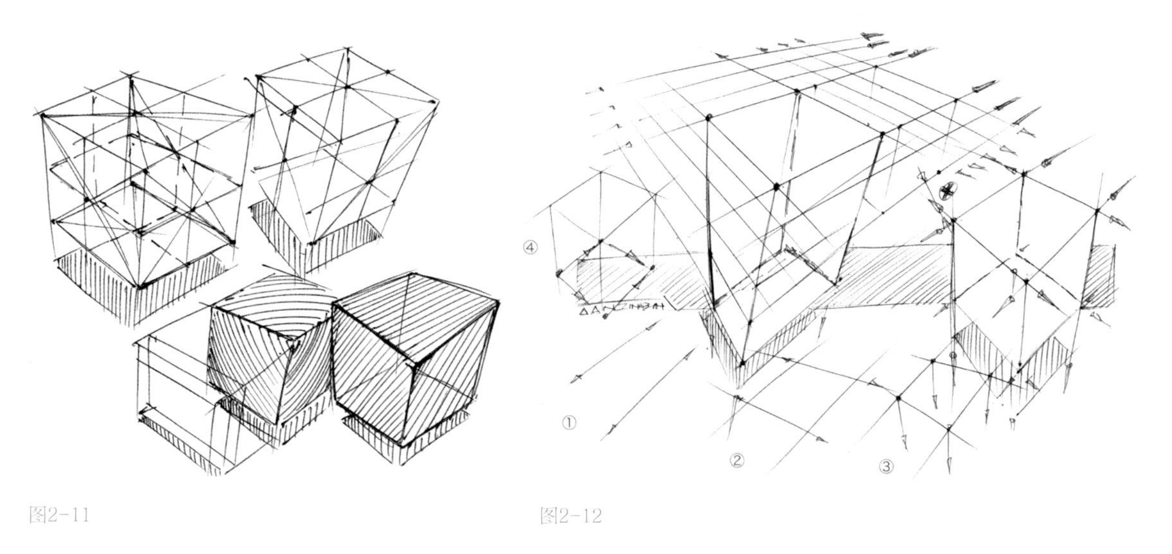

图2-11　　图2-12

3）应用

直线线条不仅可以用来装饰简单产品的表面，体现产品的大面结构以及进行简单的阴影描绘（图2-13），在实际的应用中还可以利用直线线条间距远近、交叉方向来表现产品的结构细节，如

图2-14中音响产品网状结构的表现和图2-15中立方体表面凹凸细节的表现。

利用简单线条表现产品结构及细节，见图2-16。

附图2-16

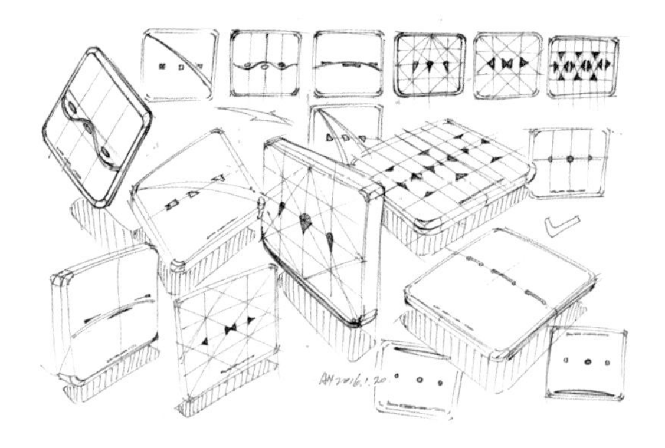

图2-13

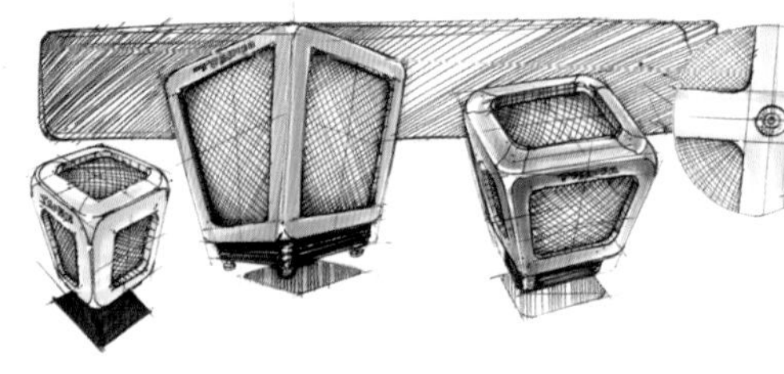

图2-14

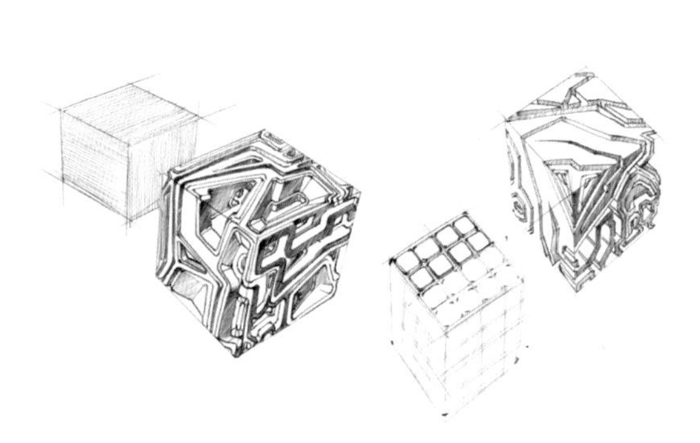

图2-15

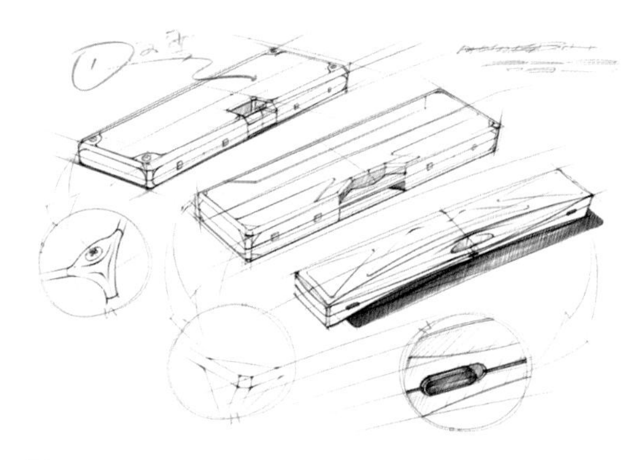

图2-16

利用直线线条表现产品圆角细节，见图2-17。

机箱的细节表现，见图2-18。

钥匙的不同角度效果体现，见图2-19。

附图2-17　附图2-18　附图2-19

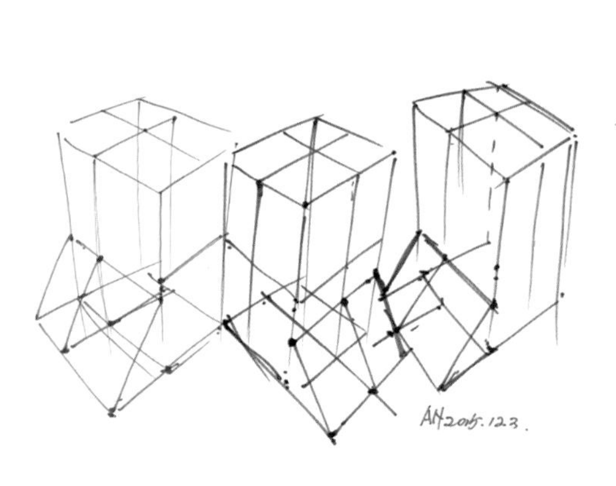

图2-17

图2-18

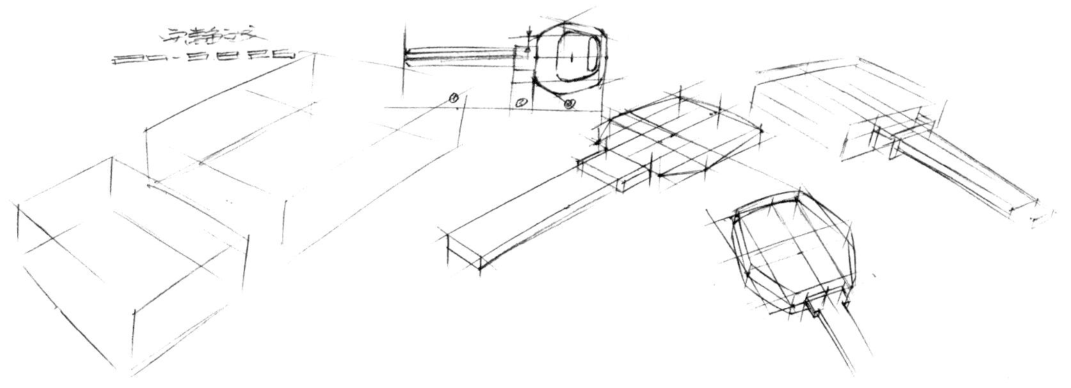

图2-19

附图2-20

附图2-21

插线板不同角度位置效果表现，见图2-20。

长凳的纹理细节表现，见图2-21。

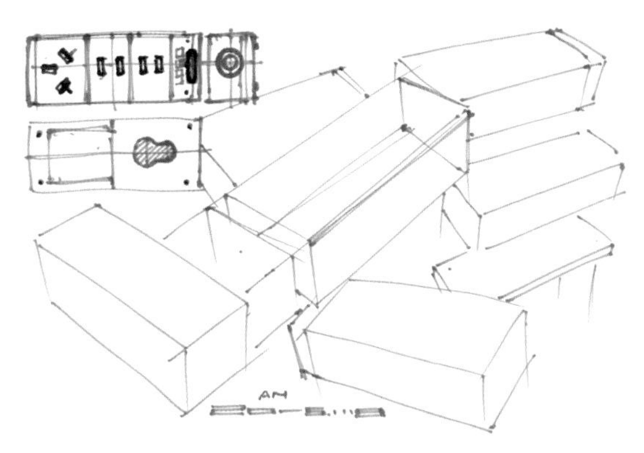

图2-20

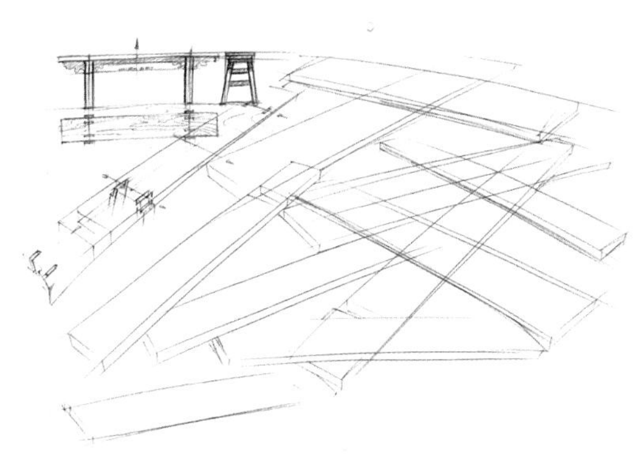

图2-21

课桌效果表现，见图2-22、图2-23。

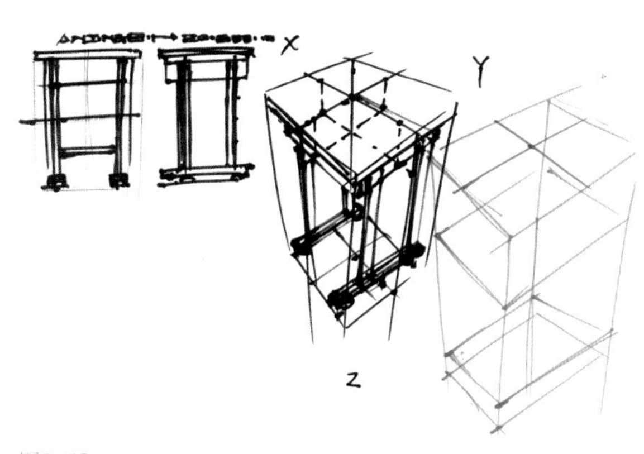

图2-22

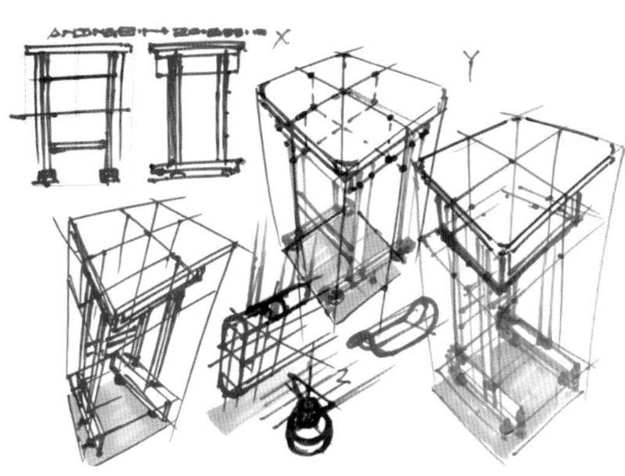

图2-23

附图2-22

附图2-23

椅子效果表现，见图2-24、图2-25。

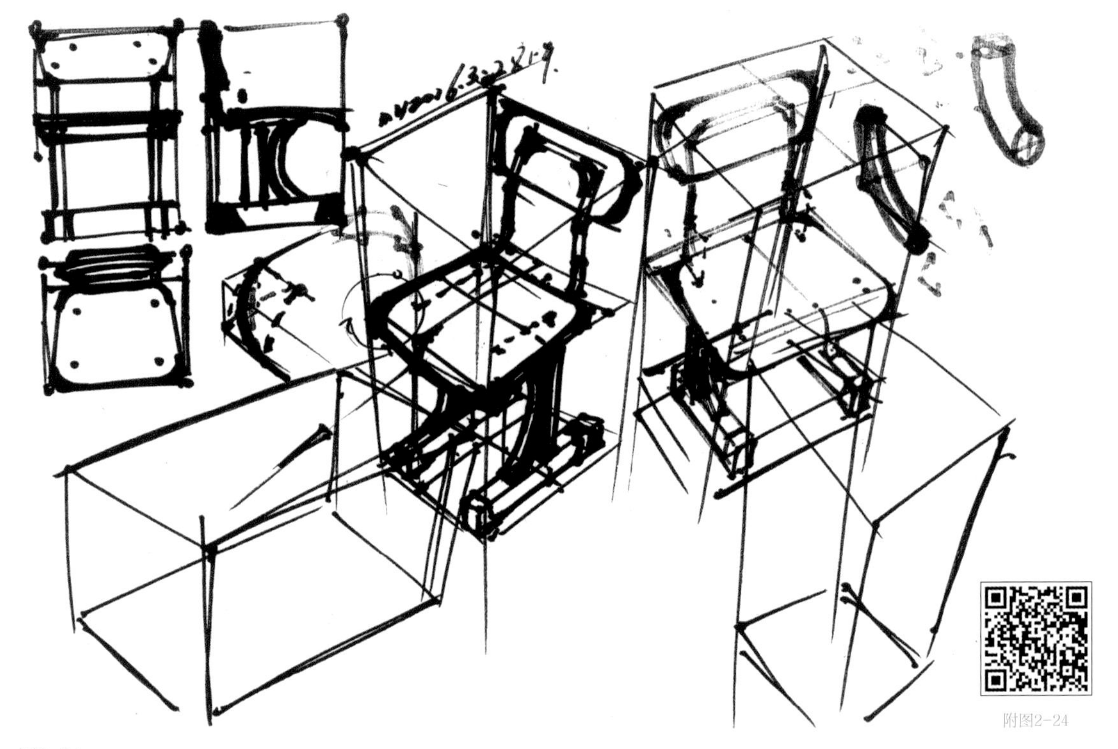

附图2-24

图2-24

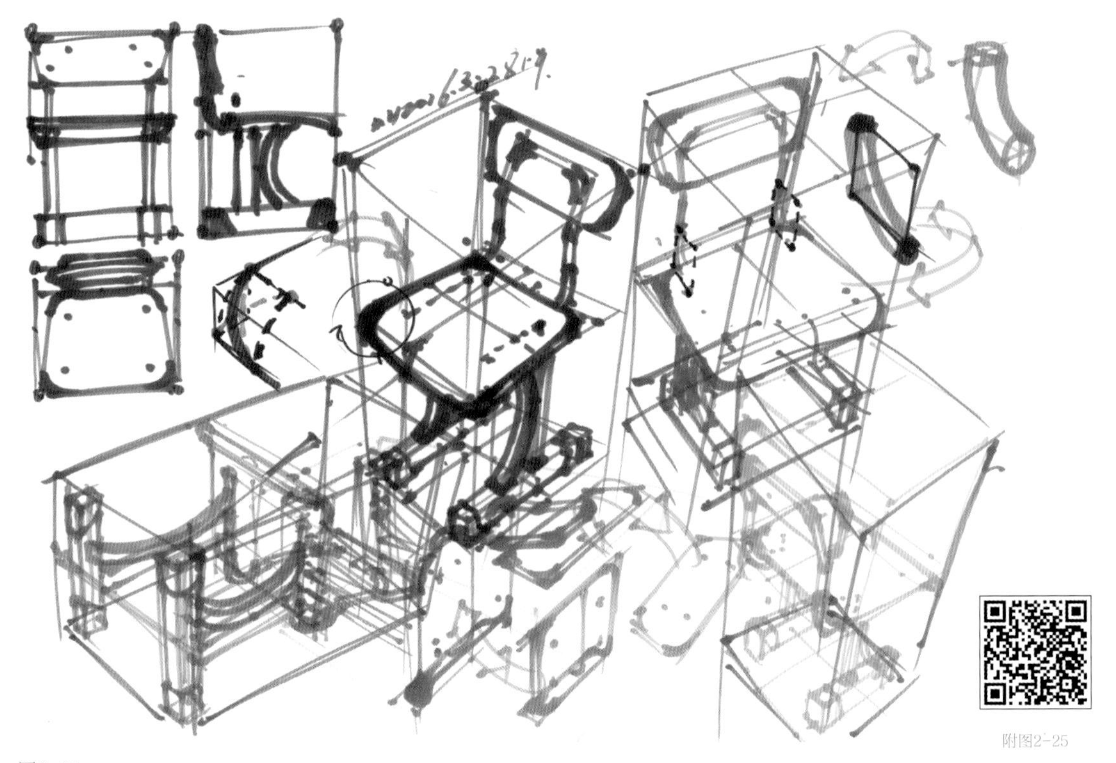

附图2-25

图2-25

2.1.2　曲线

1）原理

曲线包含很多种类，既有有规律可循的圆、椭圆、抛物线等，也有无规律可循的自由曲线。绘制曲线最基本的要求是保持曲线的连续性和光滑性。绘制的过程尽量一次成型，见图2-26。

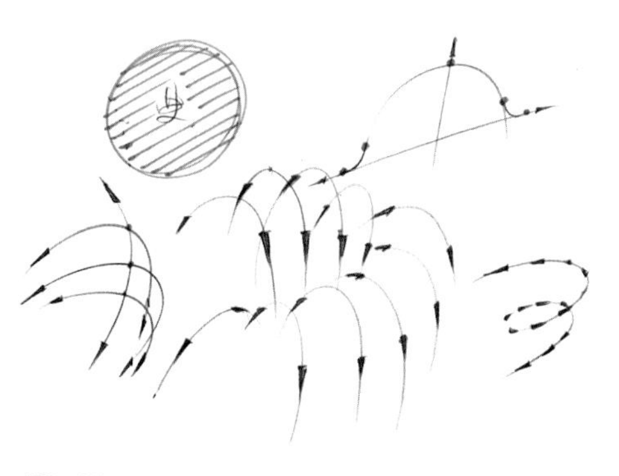

图2-26

2）练习

曲线线条和直线线条相比，有更多的不确定性，要想画好曲线，必须经过大量的练习，不仅要练习曲线的流畅与美感，还需要练习曲线的形态。

初学者可以采用下列几种方法来练习曲线线条的绘制。

（1）三点、四点曲线练习。先在纸上随意点三个或者四个点，然后用连贯的曲线连接这三个或者四个点，见图2-27、图2-28。

附图2-27

附图2-29

附图2-30

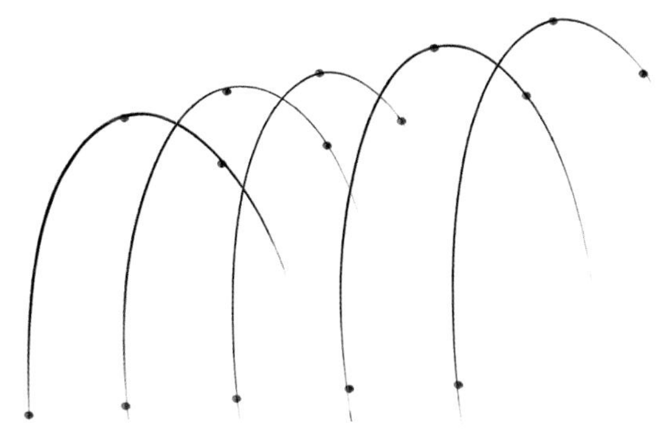

图2-27

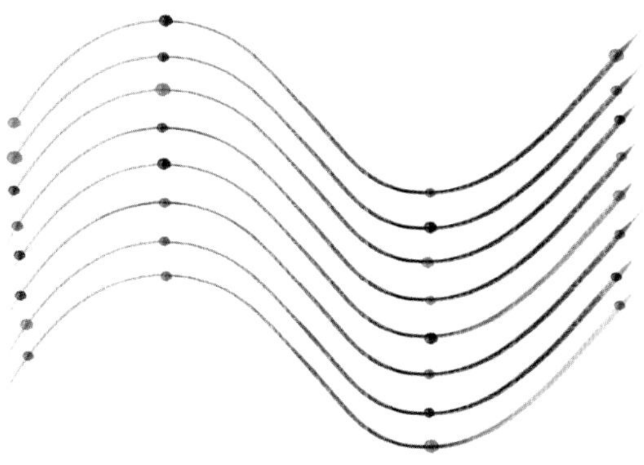

图2-28

（2）多点曲线练习。在纸上随意点多个点，然后用连贯的曲线连接这些点，见图2-29、图2-30。

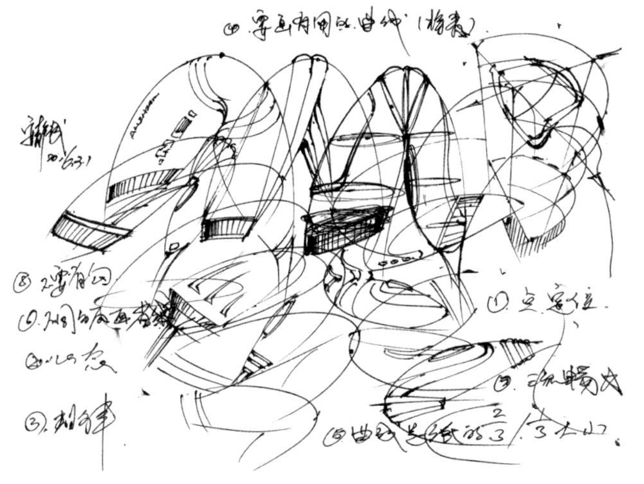

图2-29

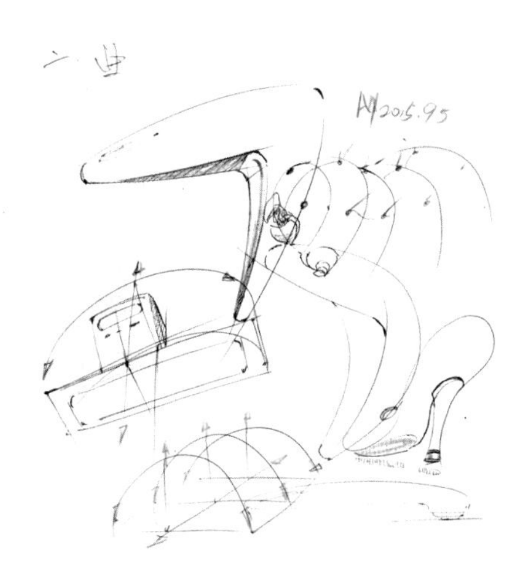

图2-30

3）应用

曲线产品绘制，见图2-31—图2-53。

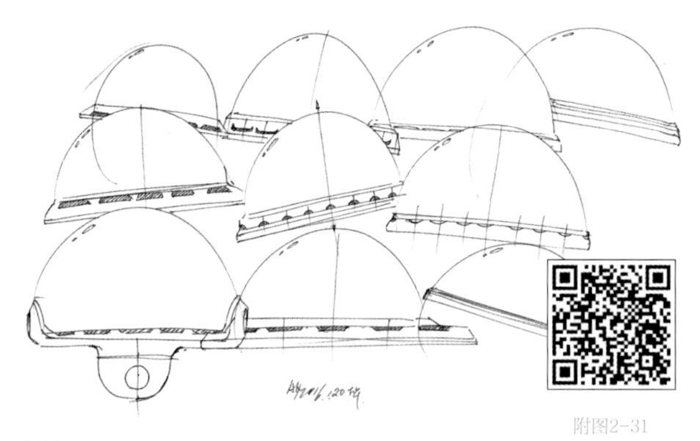

附图2-31

图2-31

图2-32

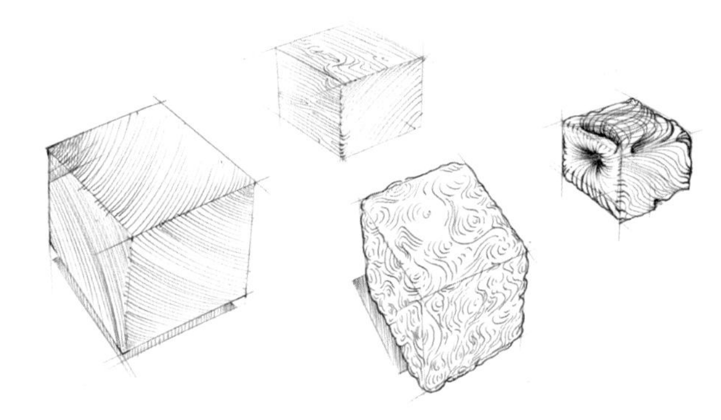

图2-33

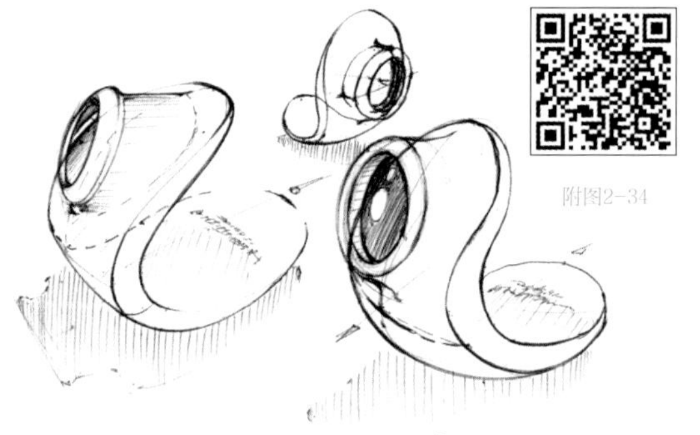

附图2-34

图2-34

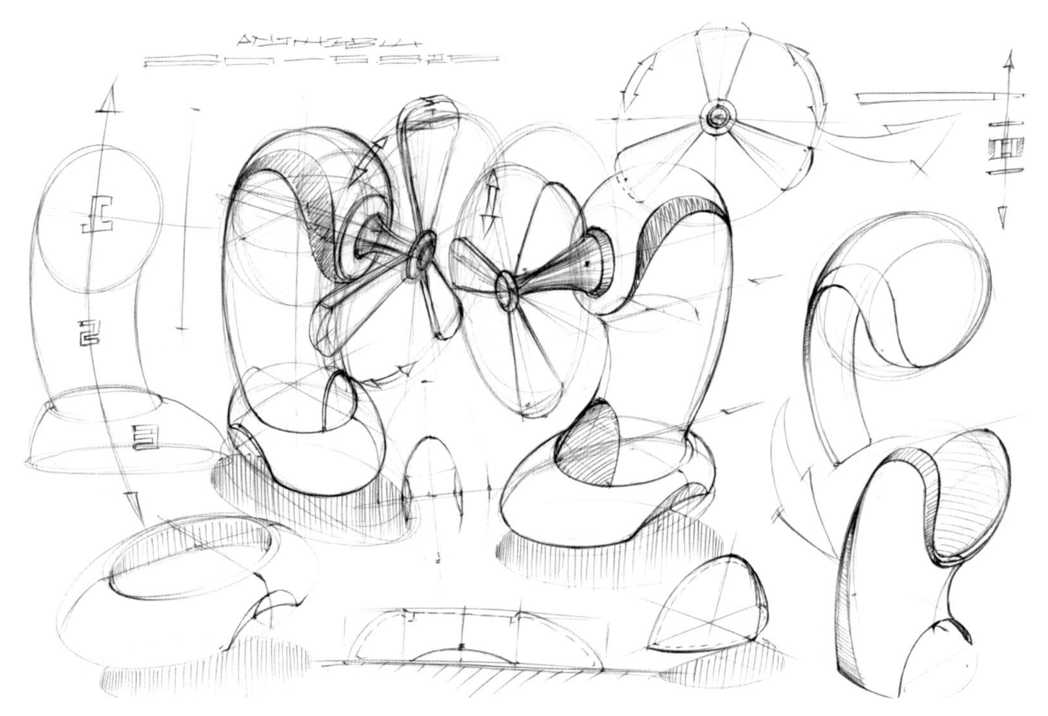

图2-35

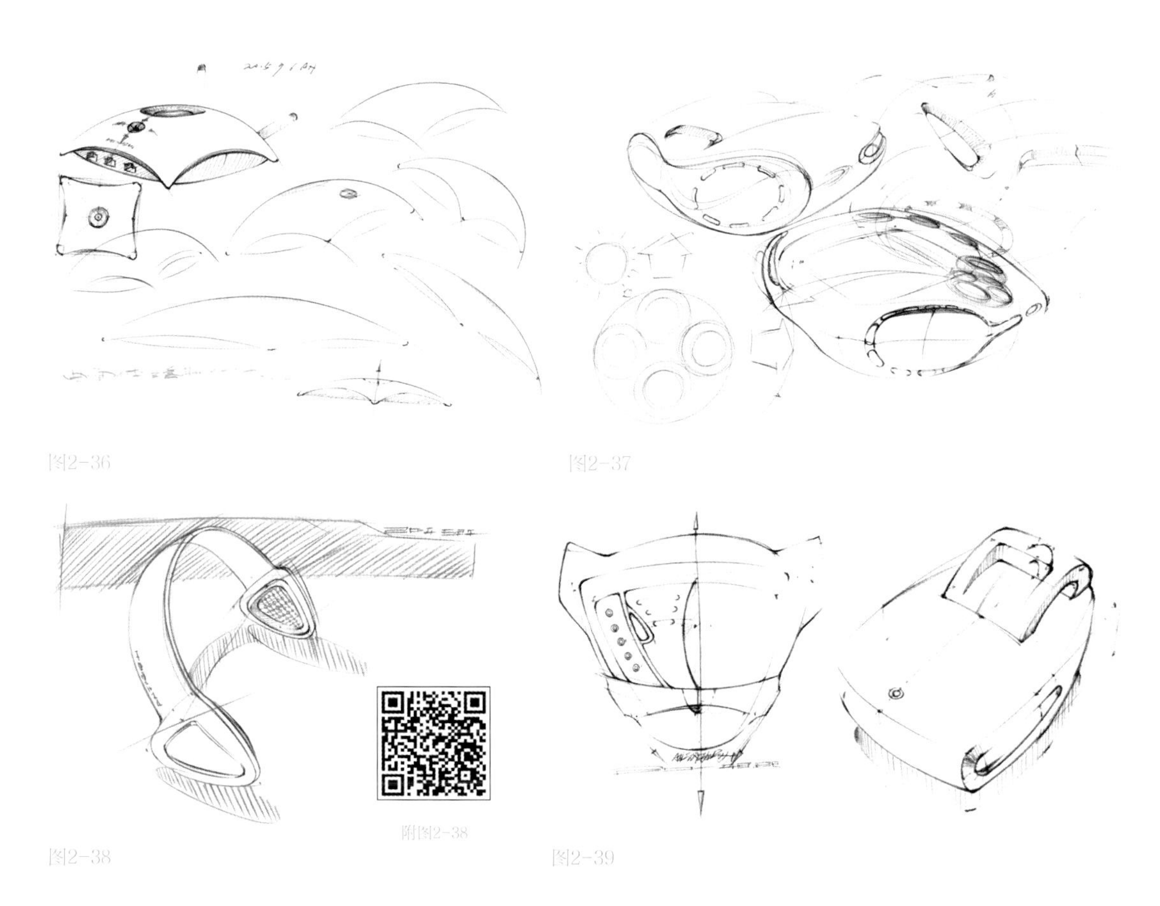

图2-36

图2-37

附图2-38

图2-38

图2-39

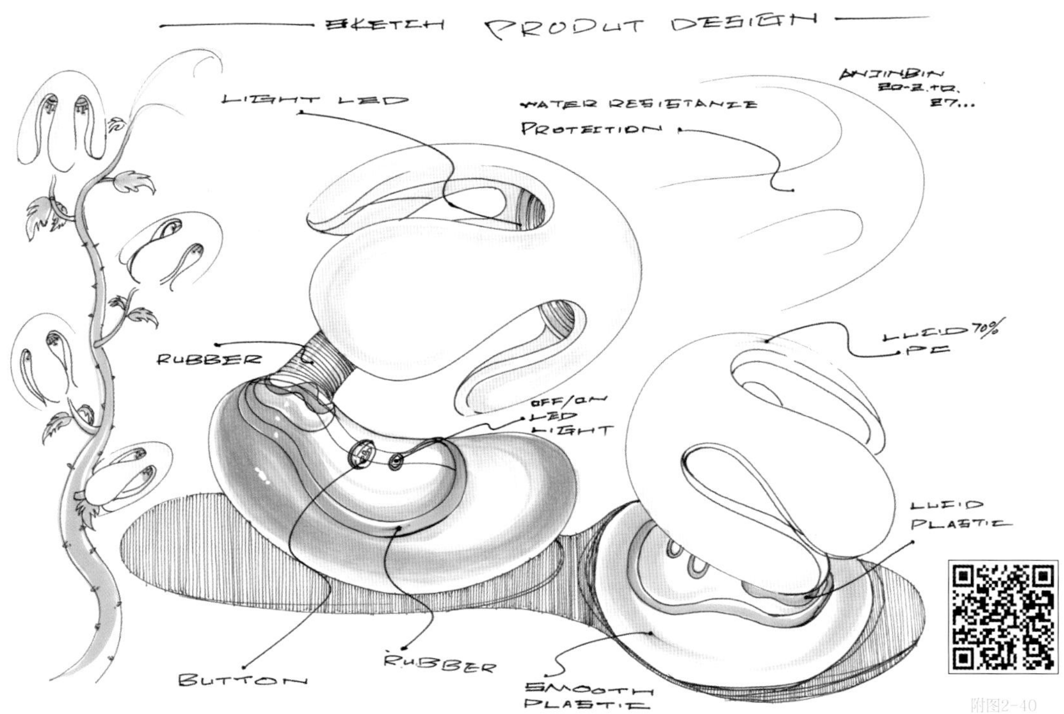

附图2-40

图2-40

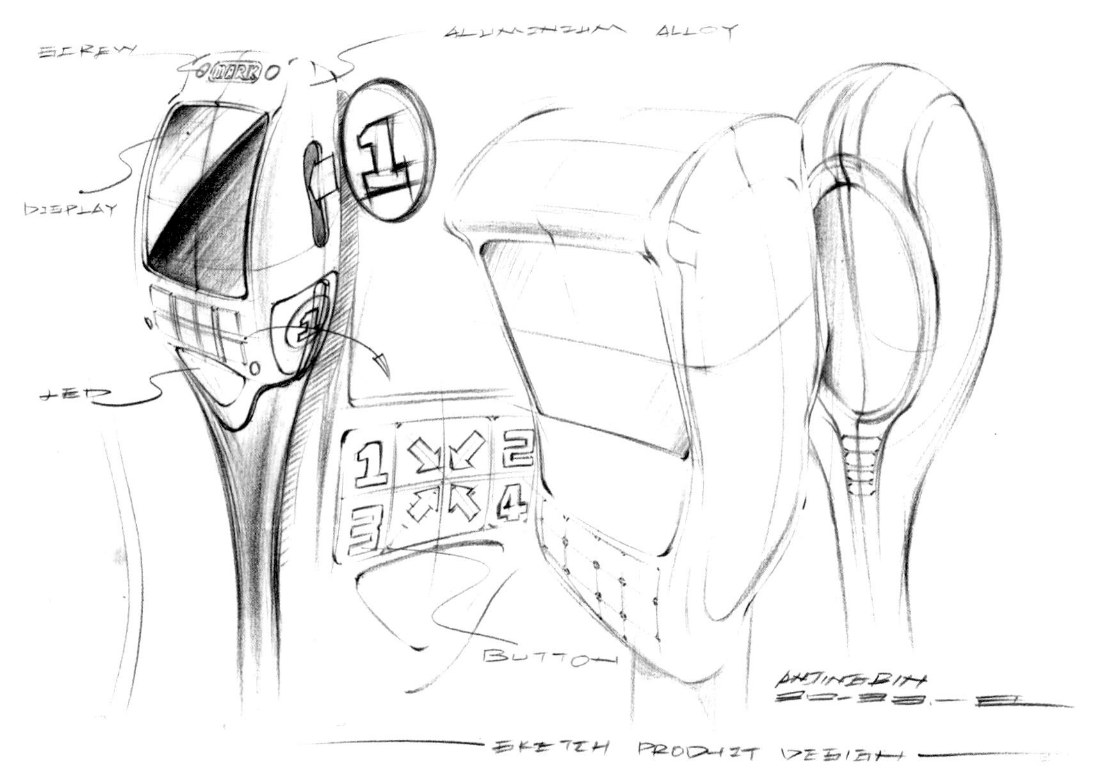

SCREW
ALUMINIUM ALLOY
DISPLAY
LED
BUTTON
SKETCH PRODUCT DESIGN

图2-41

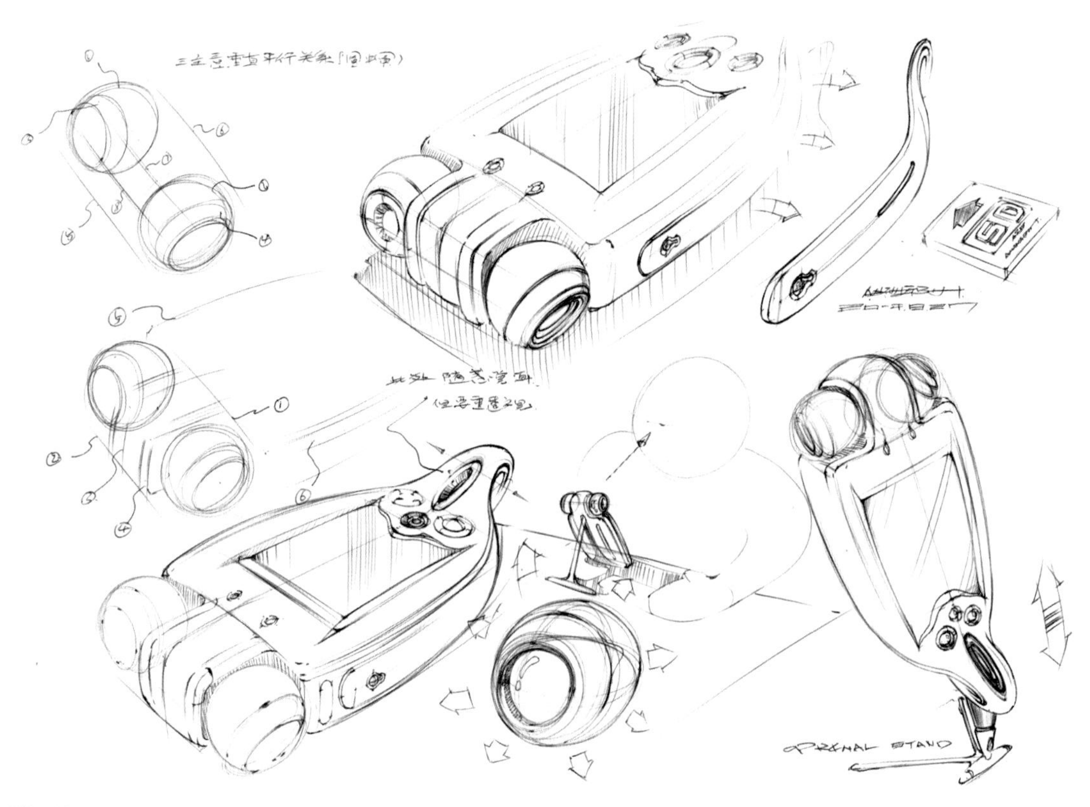

图2-42

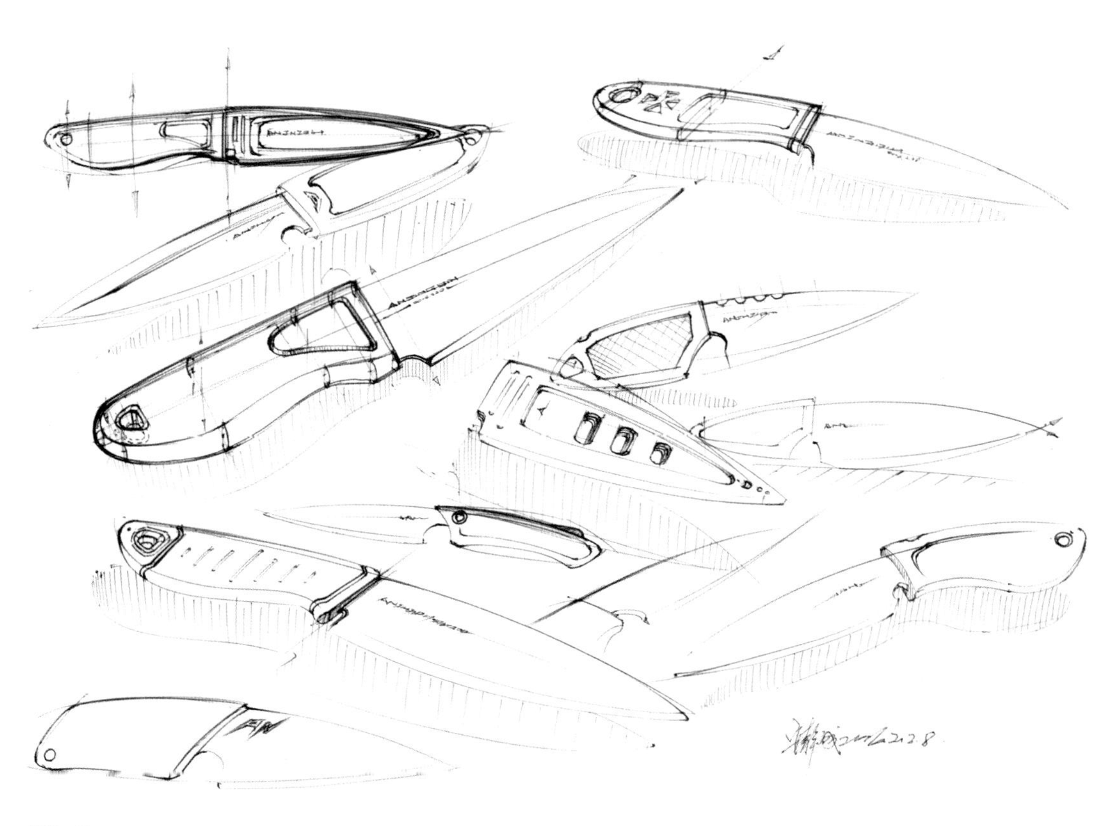

图2-43

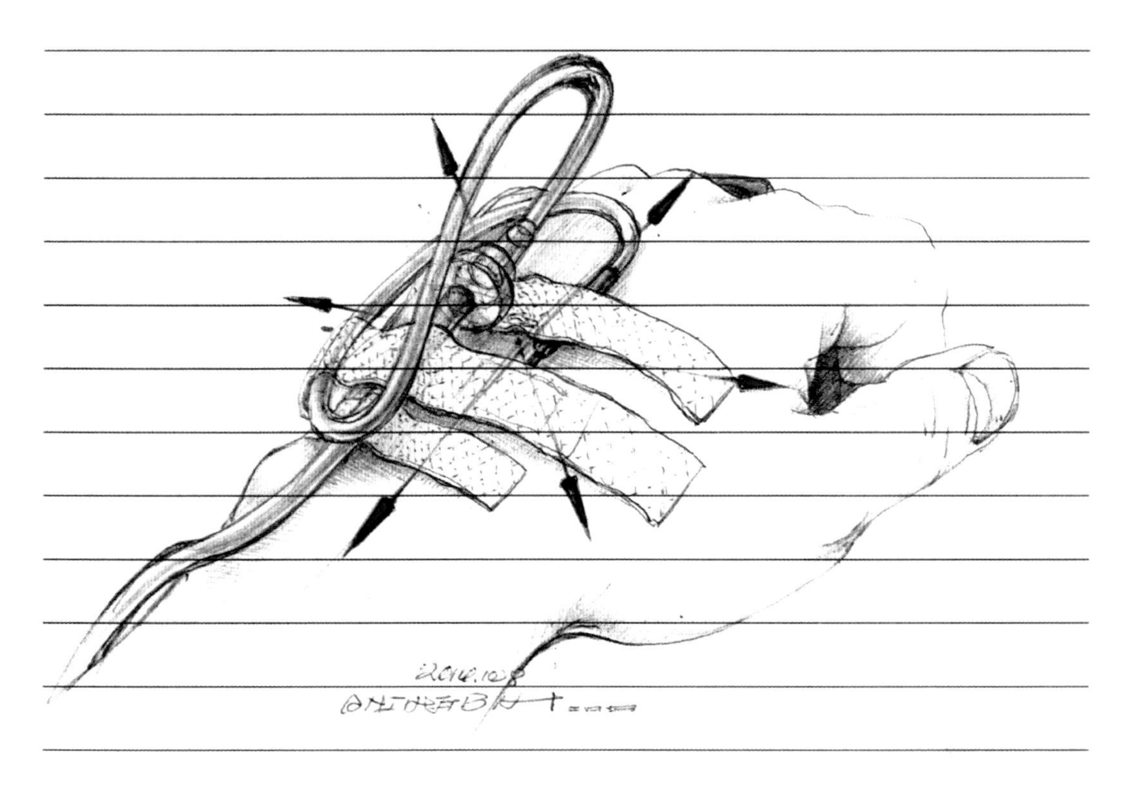

图2-44

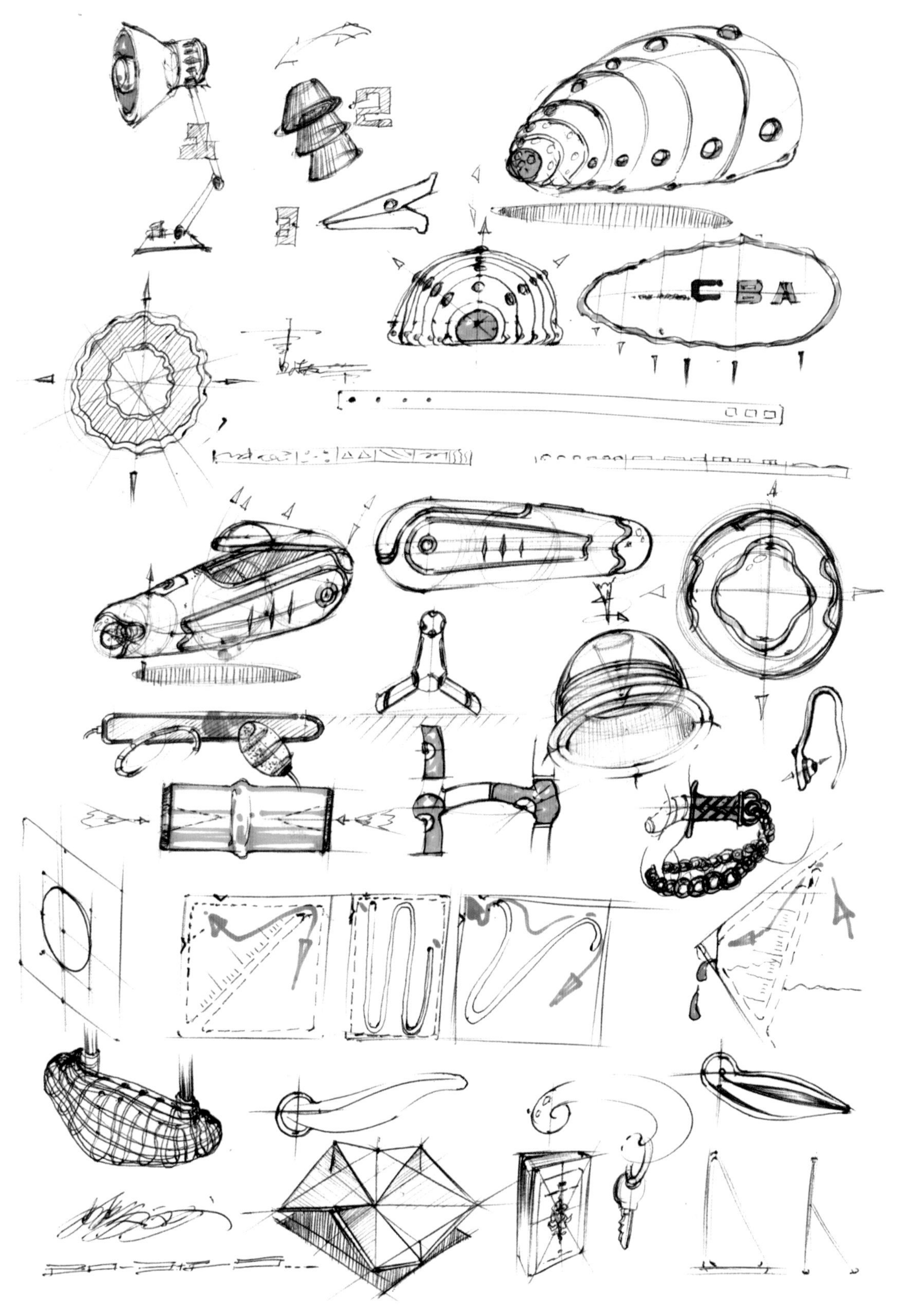

图2-45

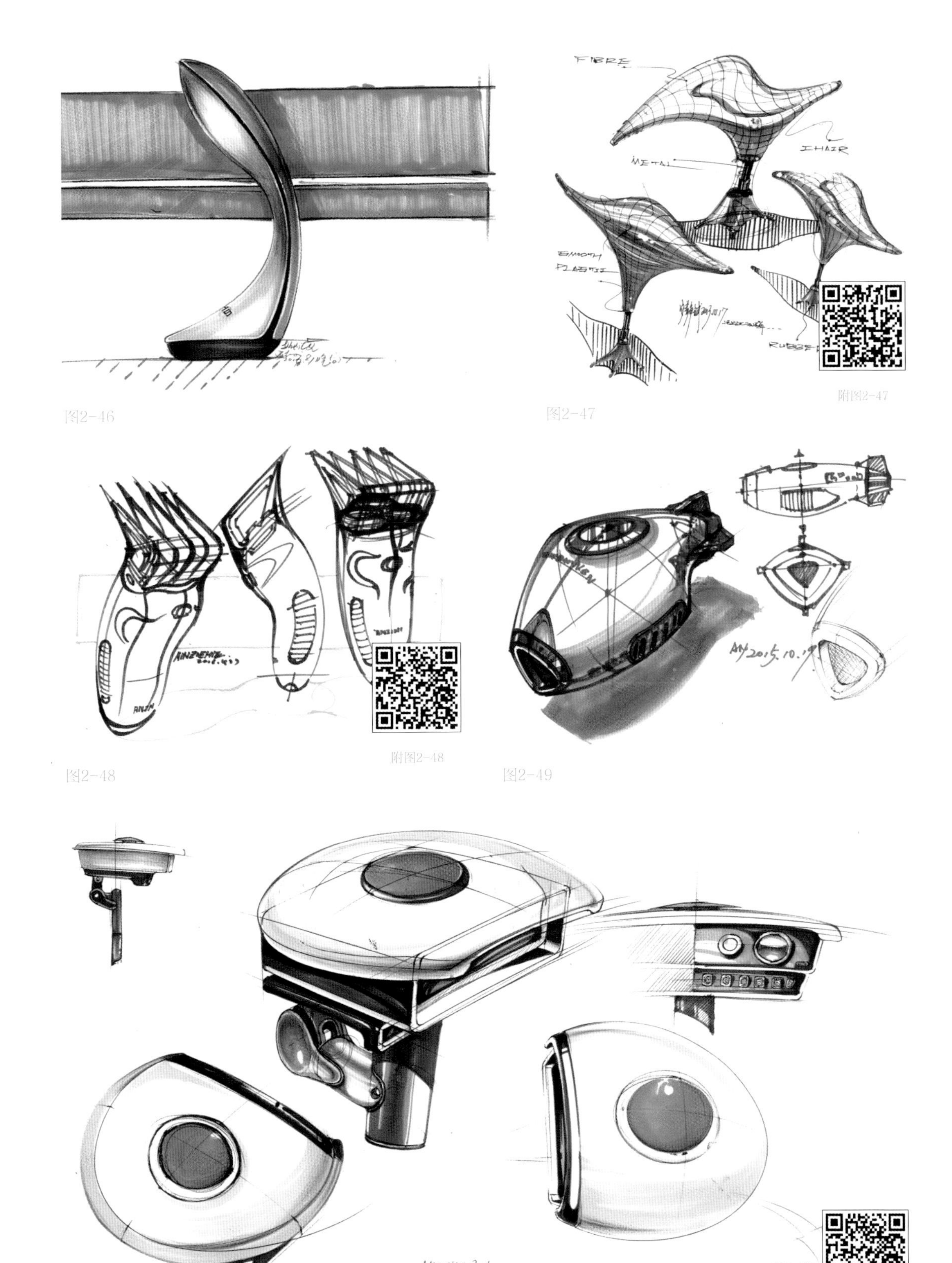

图2-46

附图2-47

图2-47

附图2-48

图2-48

图2-49

附图2-50

图2-50

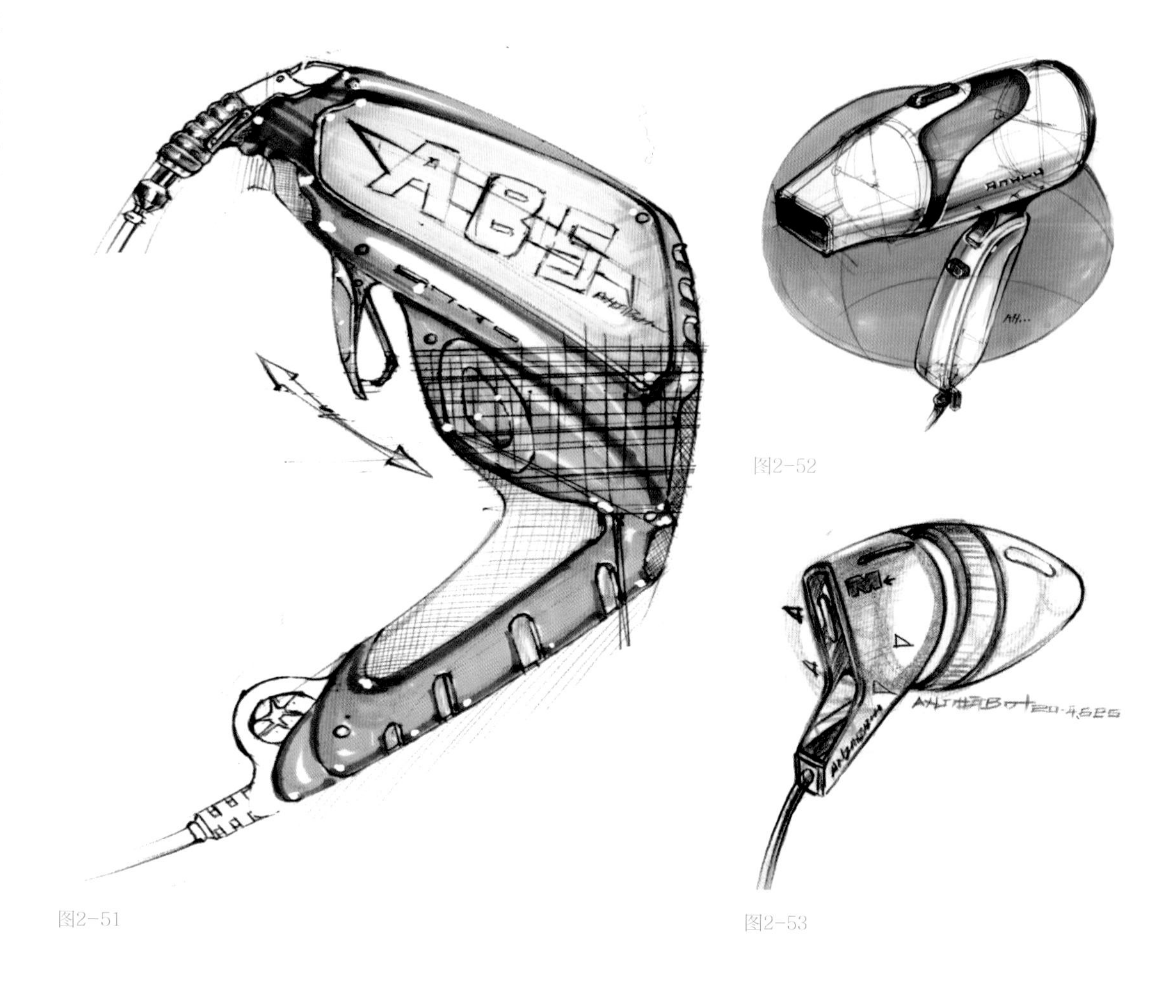

图2-52

图2-51

图2-53

2.1.3 圆（椭圆）

1）原理

圆（椭圆）形的绘制原理和曲线的绘制原理一样，要求线条连续、光滑，最基本的原则为方中求圆（图2-54）。先找到圆（椭圆）形上的点，然后用光滑的曲线连接这些点，形成圆（椭圆）（图2-55）。

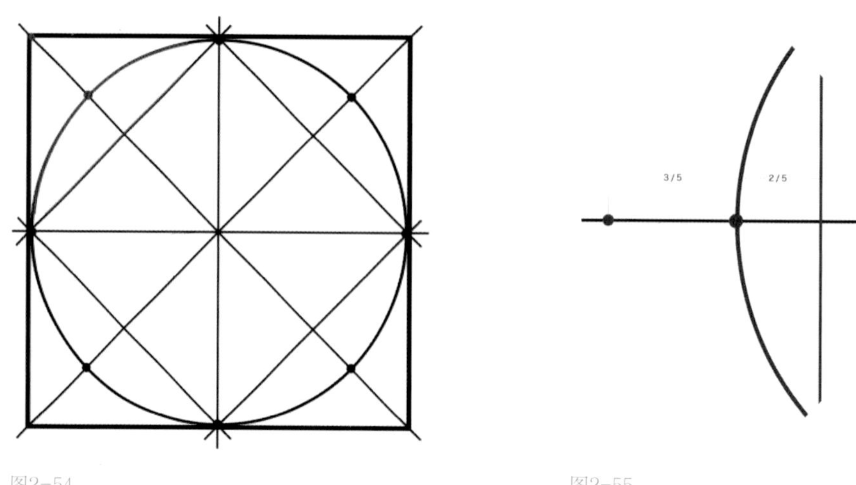

附图2-55

图2-54

图2-55

2）练习

圆（椭圆）形的绘制练习见图2-56、图2-57。

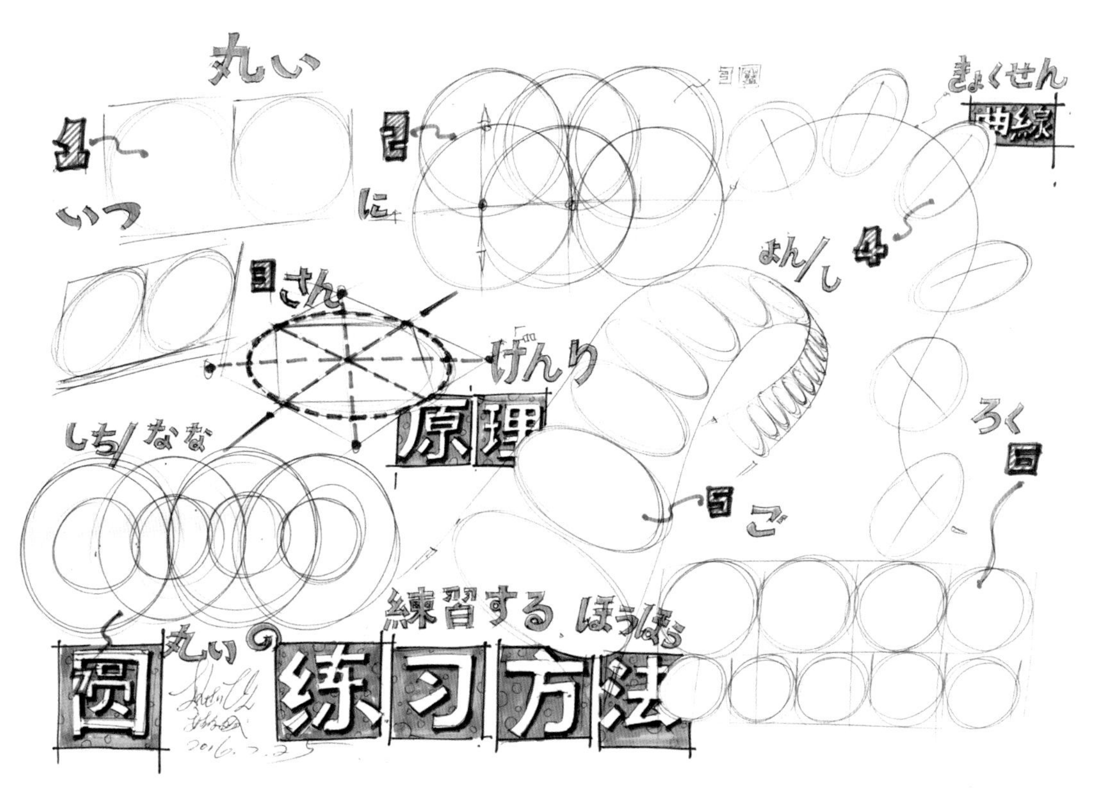

图2-56

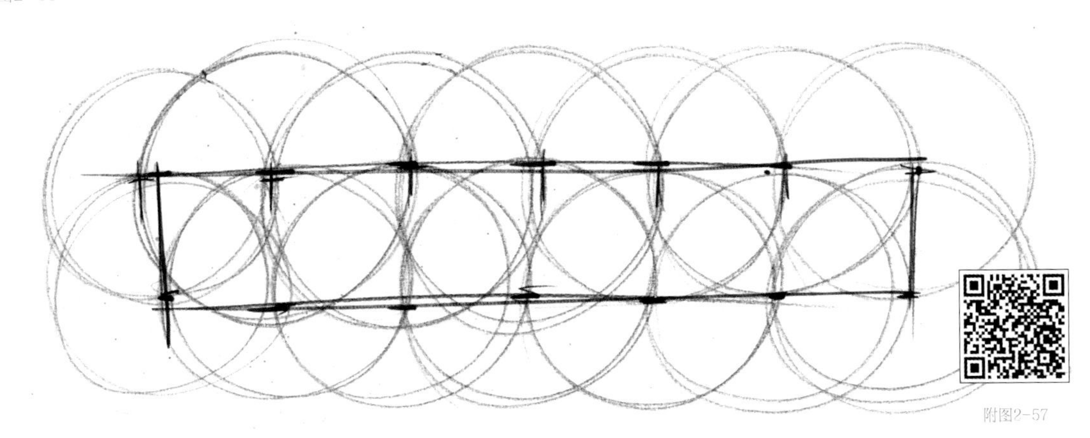

附图2-57

图2-57

3）应用

圆（椭圆）形产品绘制应用，见图2-58—图2-61。

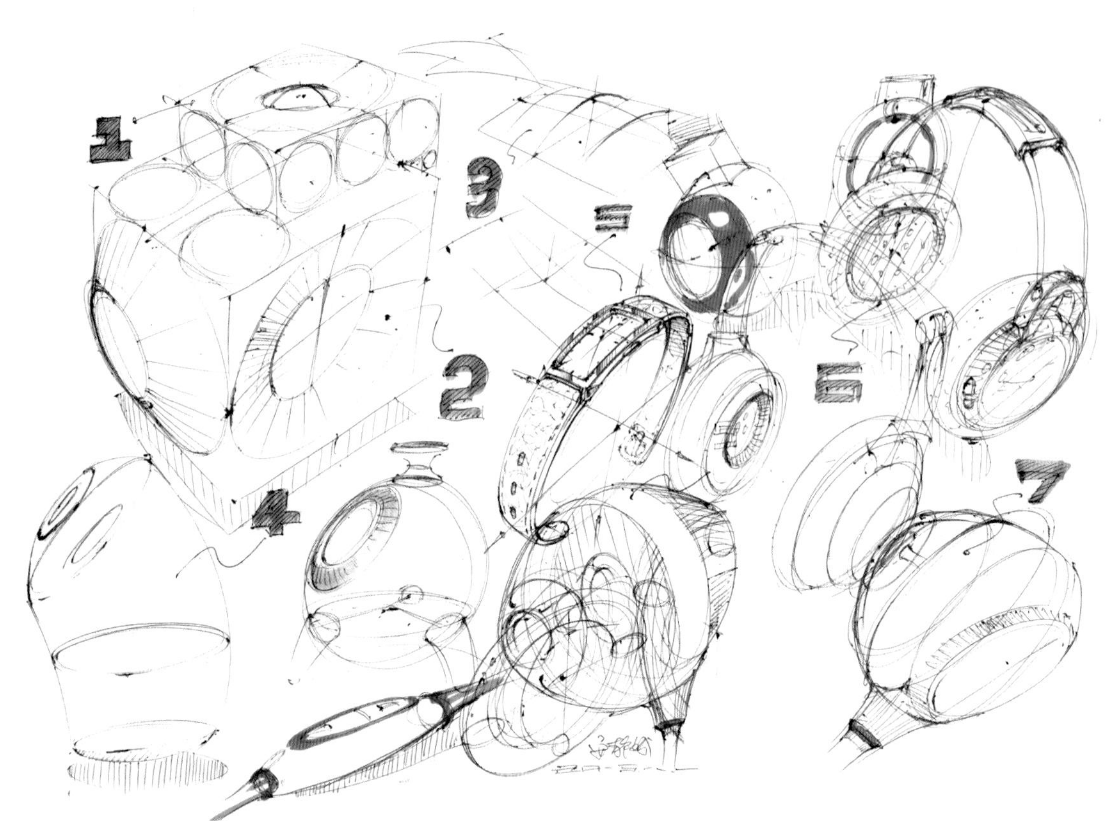

图2-58

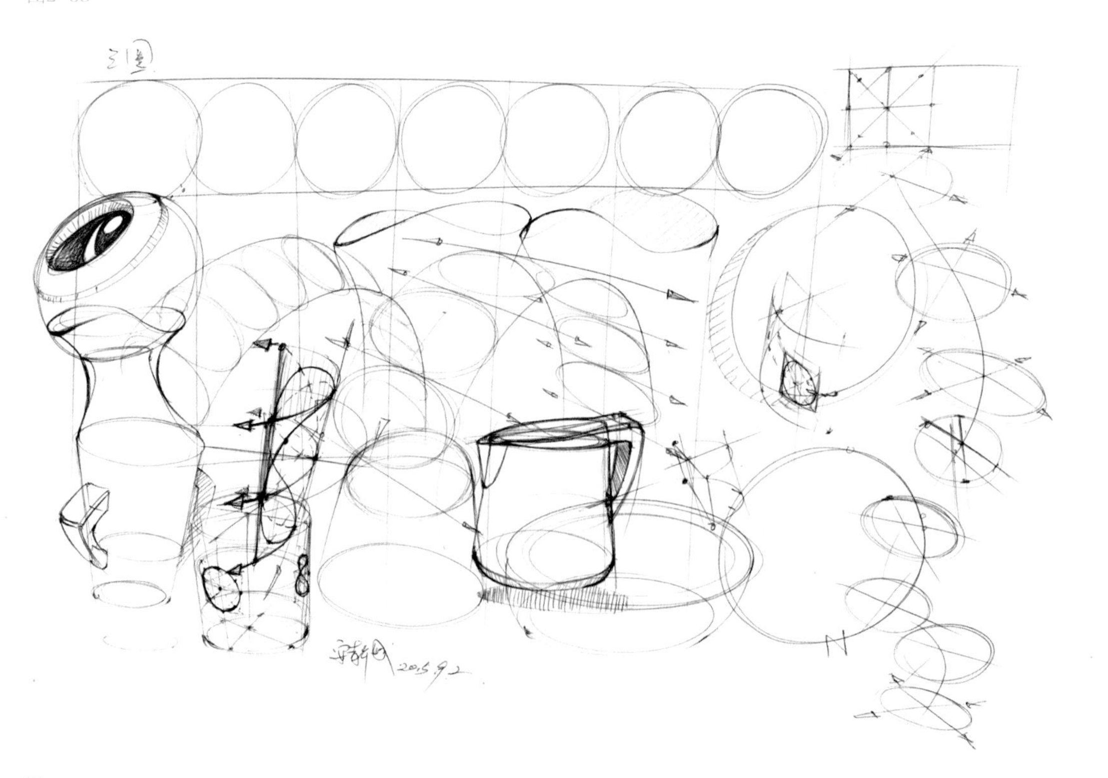

图2-59

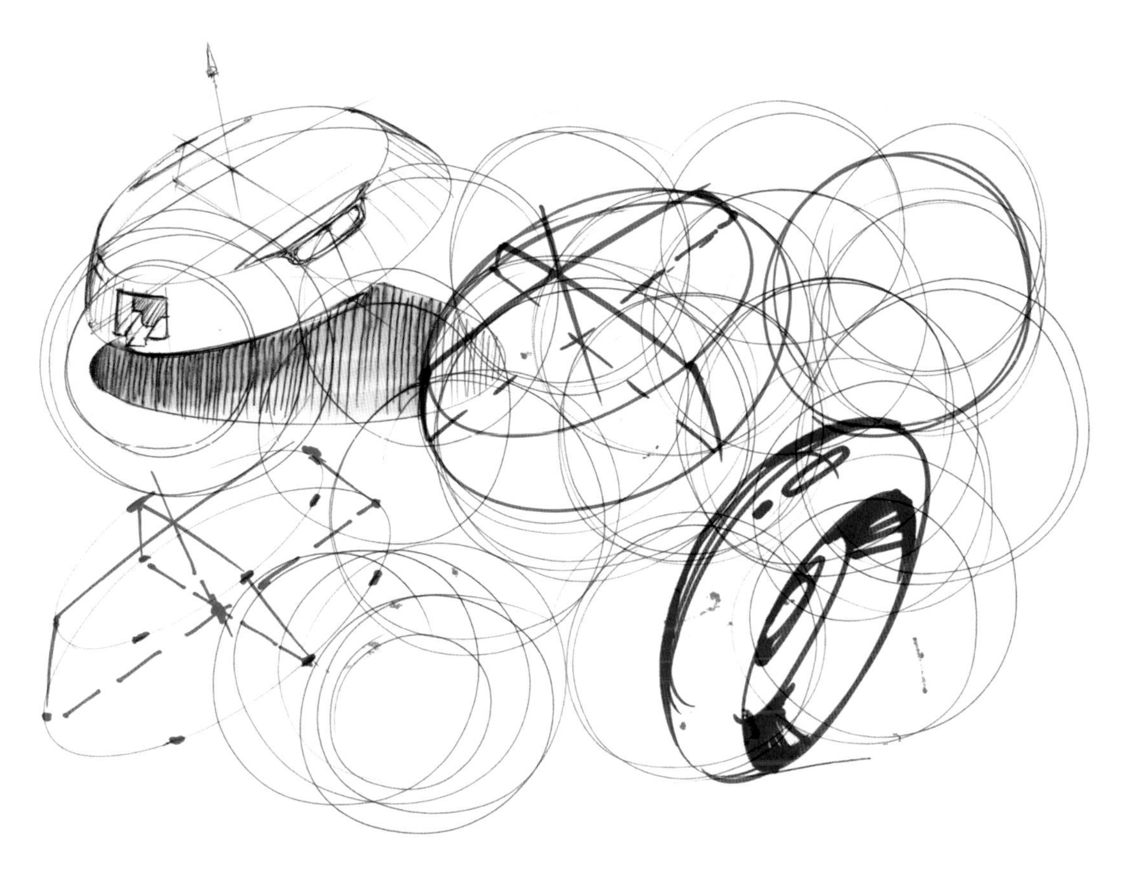

图2-60

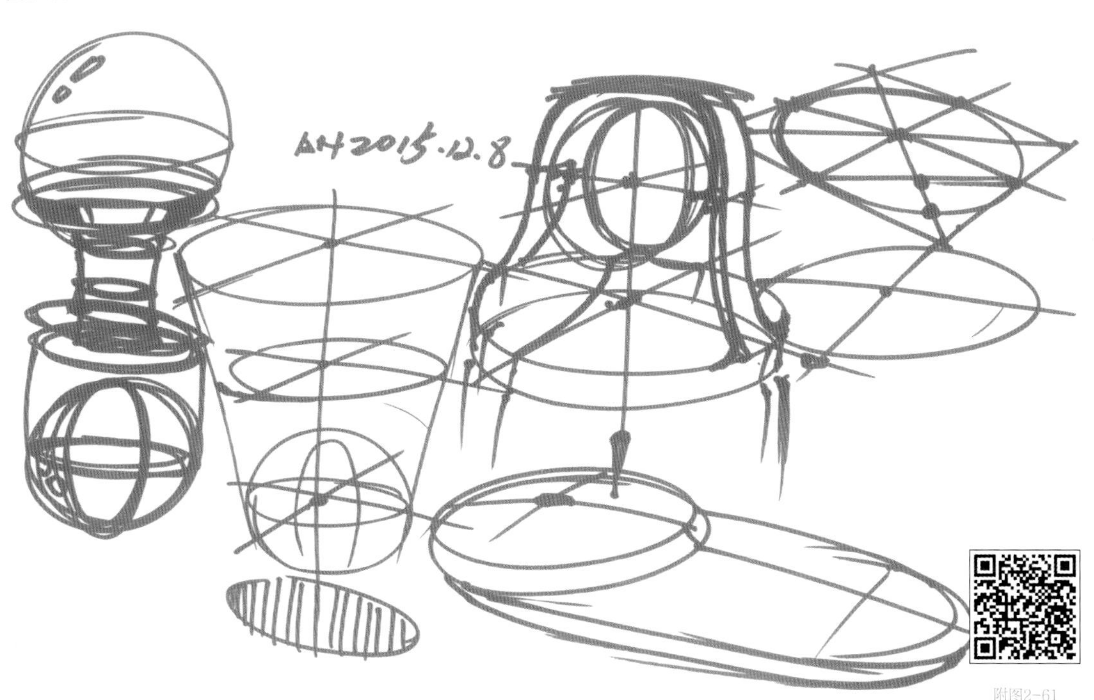

附图2-61

图2-61

2.2 透视

在产品设计效果图的绘制过程中，为更准确地表现产品的造型及细节，往往会尽可能地表现产品在人眼中的真实状态。人眼在观察物体的过程中，由于眼睛的聚焦原理，落在视网膜上的物体形象会产生透视变形，因此产品设计效果图透视必须准确，在此有必要再次提及透视知识。

透视的产生是因为观察者视点的位置与高度不同，也与物体和画面的放置角度有关。通常，透视可分为三类：一点透视（又称为平行透视）、两点透视（又称为成角透视）和三点透视。由于三点透视通常呈现俯视和仰视状态，常用于加强透视纵深感，表现高大物体，在建筑设计里常用，但在产品设计快图中应用较少，所以此处只简单地讲述一点透视和两点透视。

透视形成的主要原理是从物体发出无数条光线进入人的眼睛，这些光线与假想画面的交点被称为透视图。

2.2.1 一点透视

当正方体三组棱线中的两组平行于画面时，这两组棱线则仍保持原来的水平或垂直状态不变。这两组与画面平行的棱线被称为原线。只有与画面垂直的那一组棱线会产生透视变形，并且向远处延伸相交于视平线上的心点（主点），这组与画面不平行的棱线被称为变线。这种只有一组棱线产生透视变形的透视现象称为“一点透视”。一点透视没有太多的透视变化，因此多用来表现主立面较复杂而其他面较简单的产品。

长方体的一点透视画法如下：

①在水平线上确定灭点、距点位置。

②确定两组平行于画面的直线及方形边长，连接方形与灭点。

③在距离方形右下侧顶点一个长方体深度的位置连接距点，确定长方体透视纵深距离。

④绘制出长方体。

在练习的过程中，还可以利用直线终点及平行线原理对立方体进行分割（图2-62）和扩展（图2-63）。

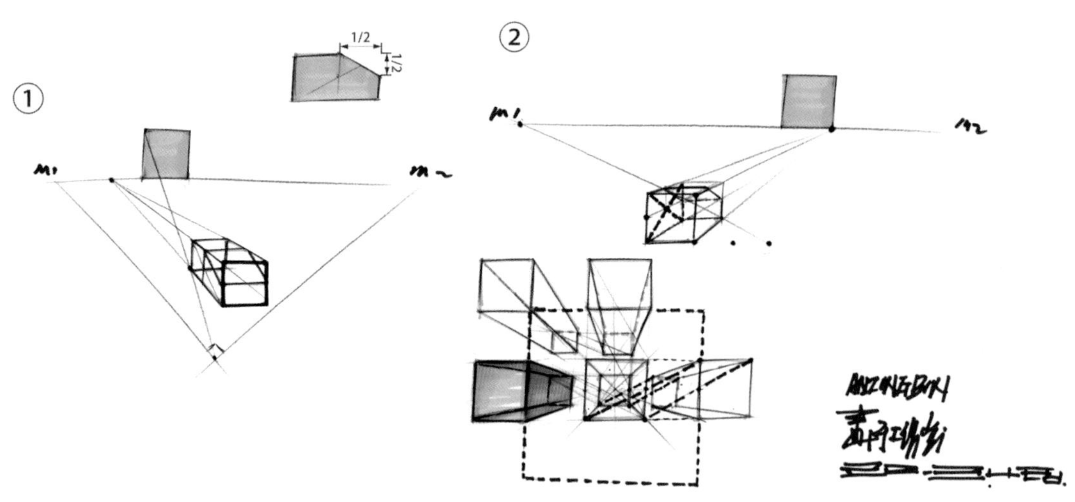

图2-62

一点透视（步骤图）

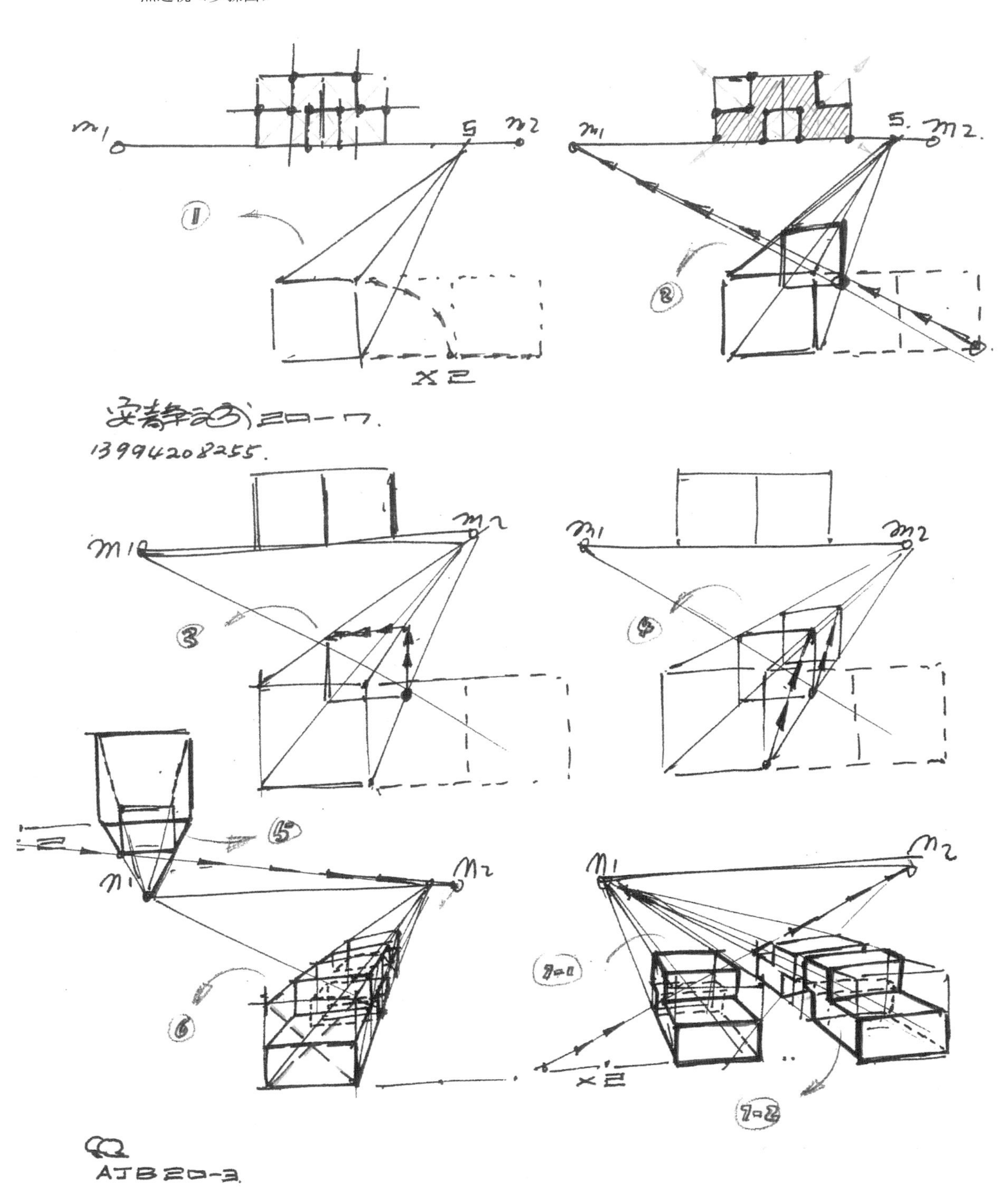

图2-63

初学者可以从同一长方体不同位置的一点透视开始练习（图2-64、图2-65），并在练习的过程中体会不同方位的长方体透视形态变化。

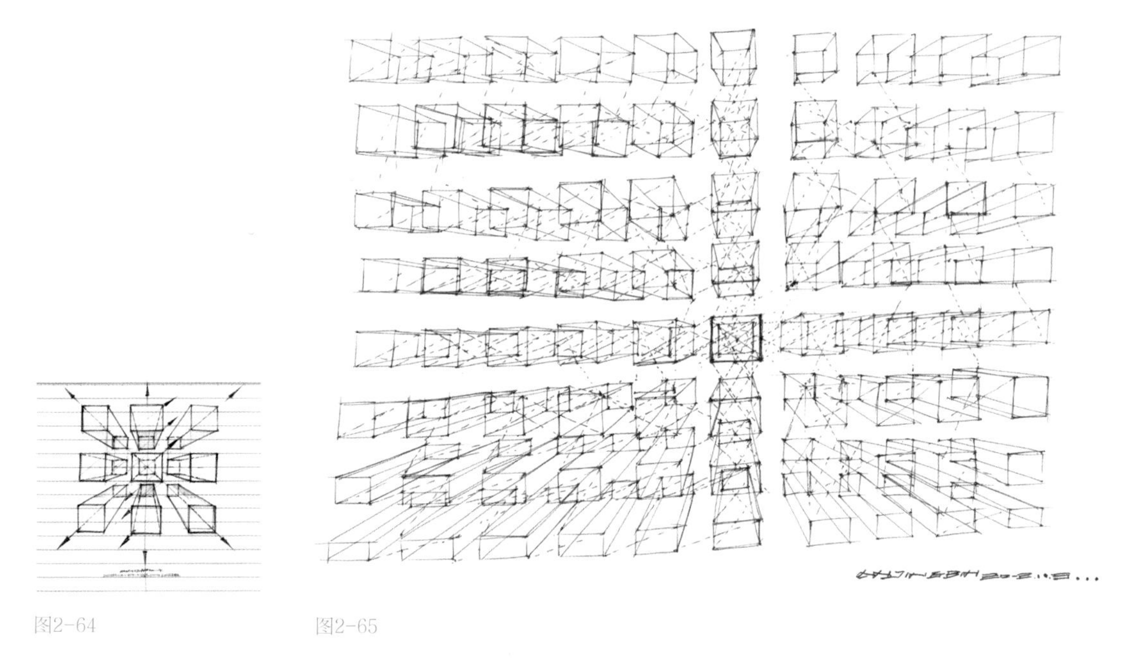

图2-64　　图2-65

在掌握一点透视的形体变化规律之后，进一步将一点透视画法运用到实际产品中。先将产品的外接立方体透视绘制出来，再在立方体中去勾勒产品外形并进一步完善，见图2-66。

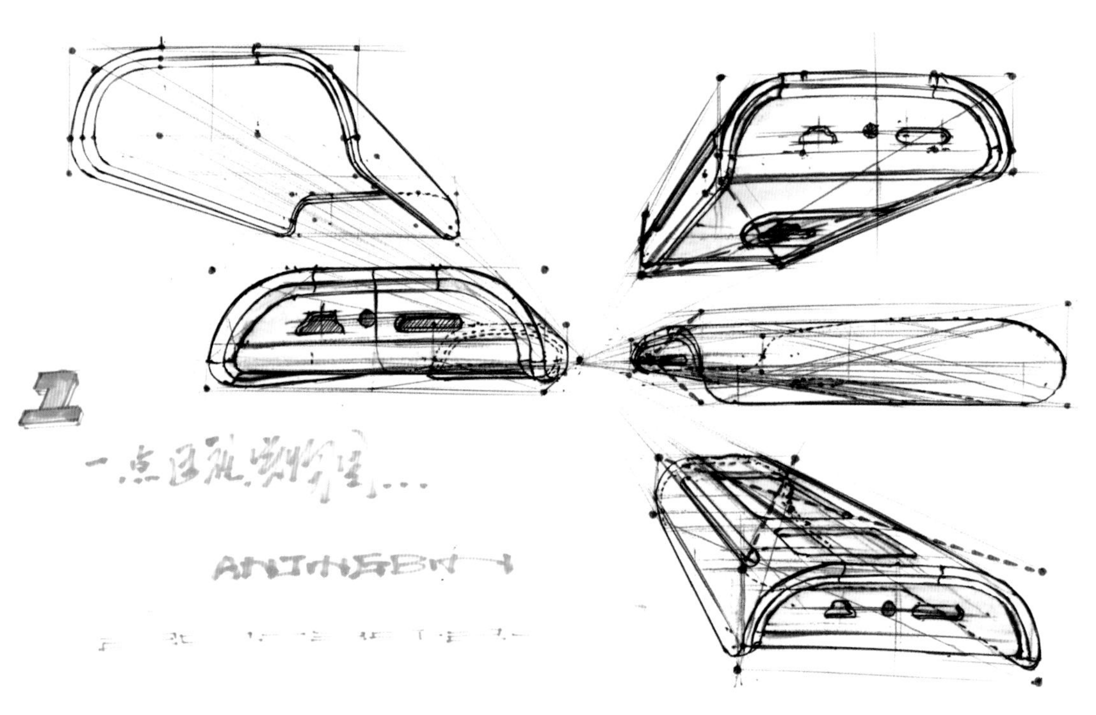

图2-66

2.2.2　两点透视

两点透视（步骤图）

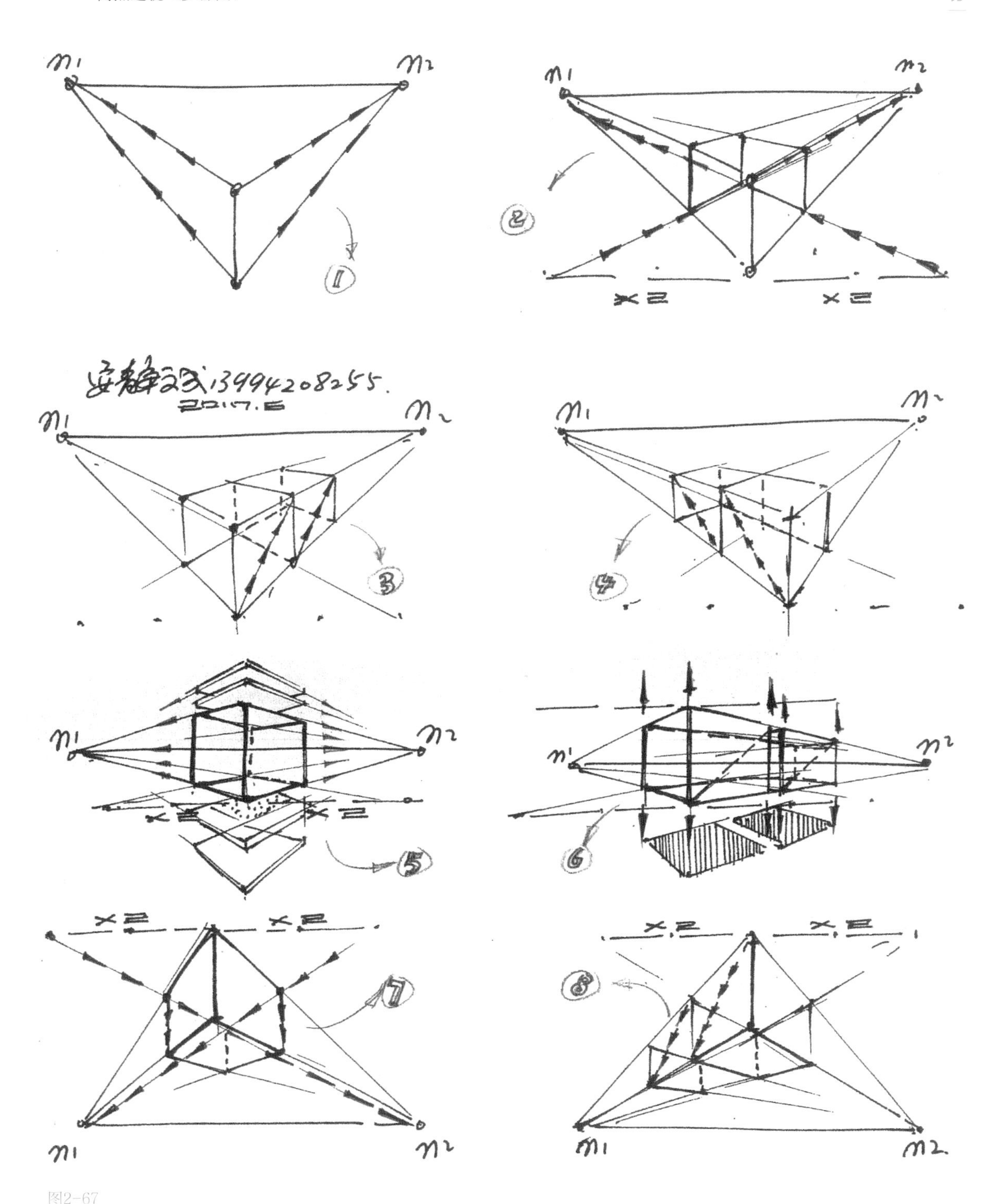

图2-67

当立方体只有一组棱线（通常为高度）平行于画面时，则长与宽两组的棱线各向左、右方向延伸，相交于视平线上的两个灭点。因为物体的正、侧两个面均与画面成一定的角度，并在视平线上有两个灭点，故称为“两点透视”。两点透视能较全面地反映物体几个面的情况，且可以根据构图和表现的需要自由地选择角度。透视图形立体感较强，故为效果图中应用最多的透视类型。常用的透视角度有45°、30°和60°。

立方体两点透视45°画法如下：

① 画一条水平线（视平线），并定出线上的主点。

② 在主点左右两侧相同距离确定左右两个灭点。

③在视平线下方画一条水平线（基线），在基线上任意确定立方体最近角的顶点。

④从该顶点分别连接左右两个灭点。

⑤ 从顶点左侧1.4倍立方体边长处连接右侧灭点，从顶点右侧1.4倍边长处连接左侧灭点。

⑥过顶点向上作长度为立方体边长的垂线。

⑦过垂线上顶点连接左右两个灭点。

⑧从立方体其余四个顶点引垂线完成立方体透视图。

立方体两点透视30°和60°画法如下：

①画一条水平线（视平线），并定出线上的主点。

②在主点左侧l距离处确定左侧灭点，在主点右侧$3l$处确定右侧灭点。

③在视平线下方画一条水平线（基线），在基线上任意确定立方体最近角的顶点。

④从该顶点分别连接左右两个灭点。

⑤从顶点左侧两倍立方体边长处连接右侧灭点，从顶点右侧2/3倍边长处连接左侧灭点。

⑥过顶点向上作长度为立方体边长的垂线。

⑦过垂线上顶点连接左右两灭点。

⑧从立方体其余四个顶点引垂线完成立方体透视图。

练习立方体的两点透视时可以从同一立方体同一角度、同一位置重复绘制开始（图2-67），到同一立方体同一角度、不同位置的练习（图2-68），最后是同一立方体不同角度、不同位置的练习（图2-69、图2-70），同时也可以利用中点对形体进行快速分割（图2-71）。

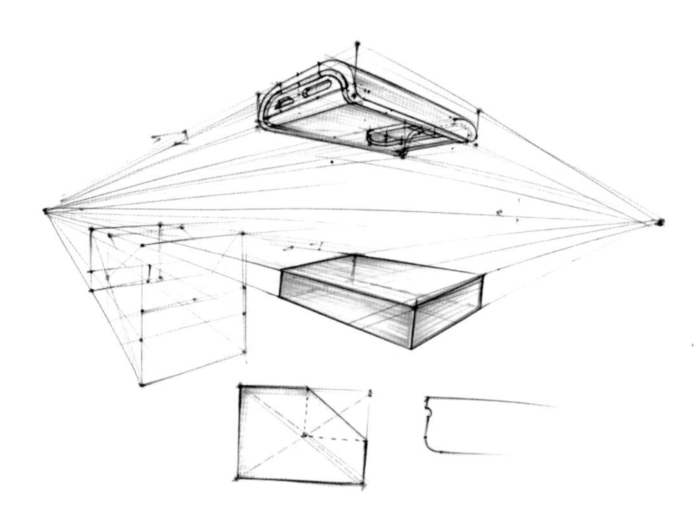

图2-68

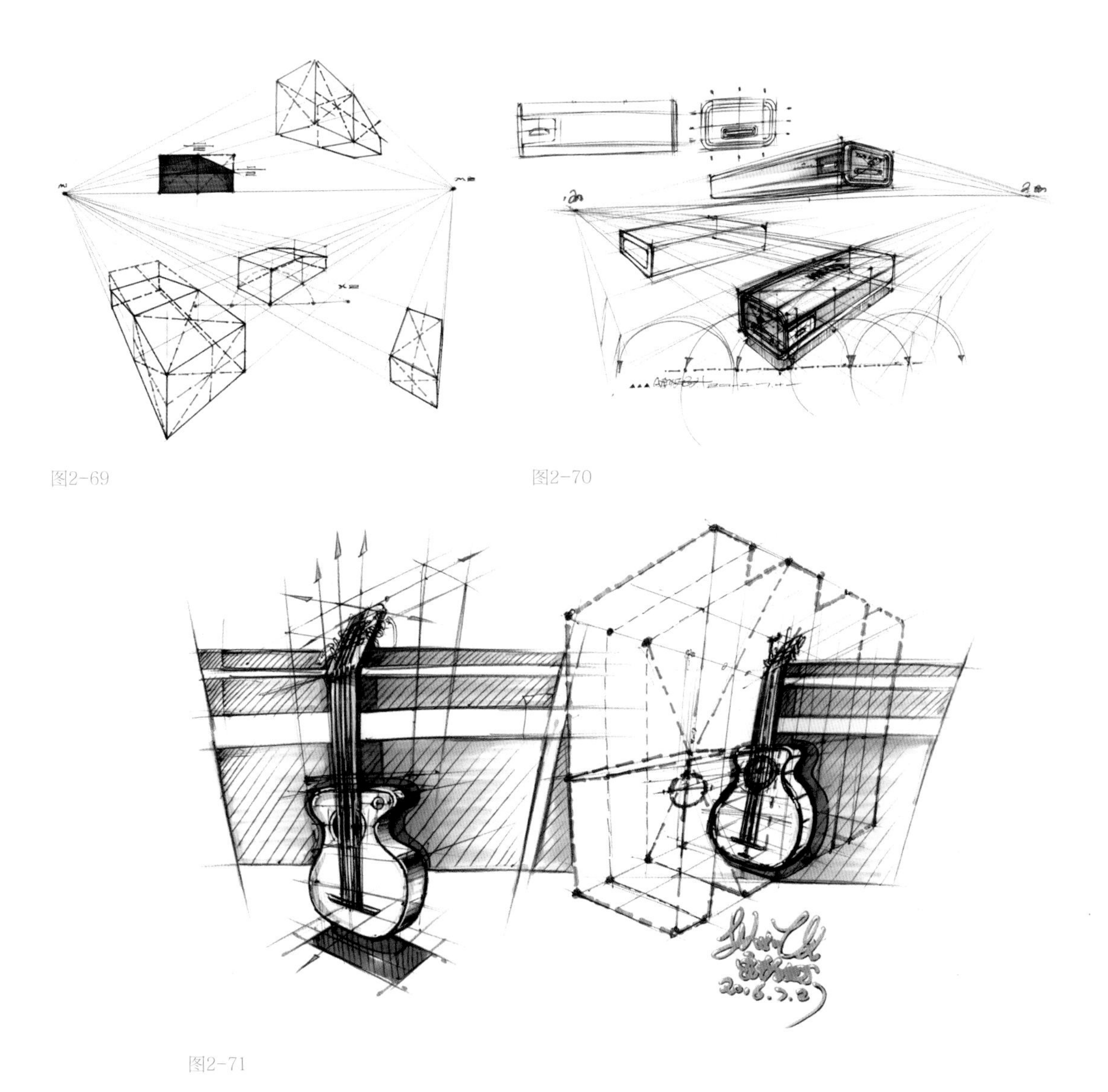

图2-69

图2-70

图2-71

2.2.3 圆的透视

任何曲线的透视绘制大原则都是直中求曲、方中求圆，圆的透视最常见的方法如下（图2-72、图2-73）：

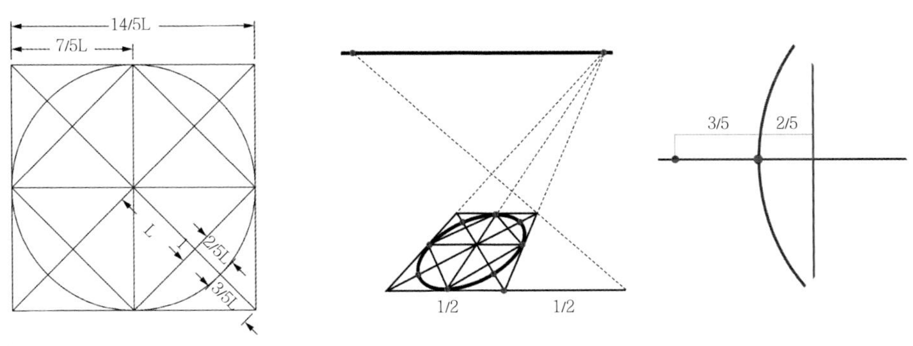

图2-72

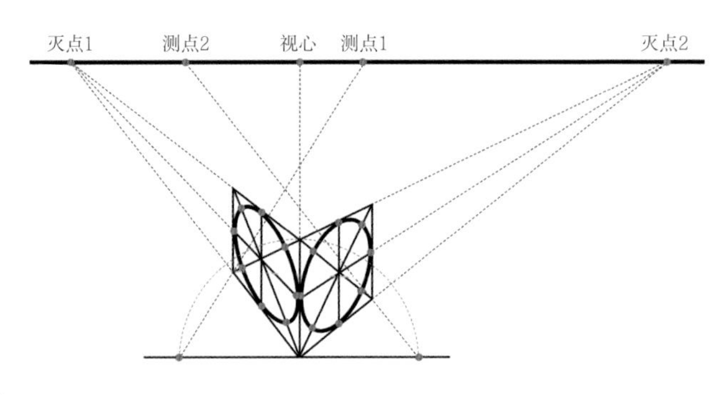

图2-73

①利用长方体的透视画法先确定圆的外接正方形的透视图。

②连接正方形的对角线与中线，利用图2-72所示的比例关系找到圆形与外接正方形对角线和中线的八个交点。

③用光滑的曲线连接八个交点，完成圆的透视。

画图时，除了透视要准外，透视角度的选择要注意以下几点：

①选择能够最大限度地展现产品主要特征和细节的视角。

②选择有助于确定产品比例尺度的角度。

③选择能引起观者兴趣的角度。

2.2.4 立方体快速加减法

1）加减法

立方体的快速加减法主要利用正方形对角线交点和中线交点均在正方形中心的特点。利用这一特点，可以快速地在已有立方体基础上进行增加立方体或者分割已有立方体。

立方体分割练习，见图2-74。

立方体部分切除练习，见图2-75—图2-78。

立方体切角练习，见图2-79。

立方体切除切角综合练习，见图2-80、图2-81。

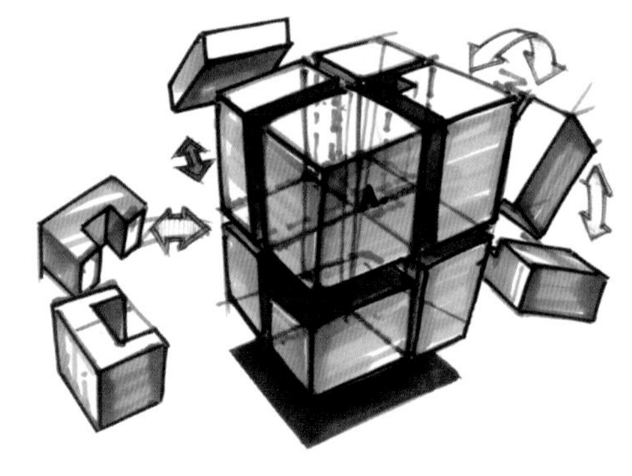

图2-74

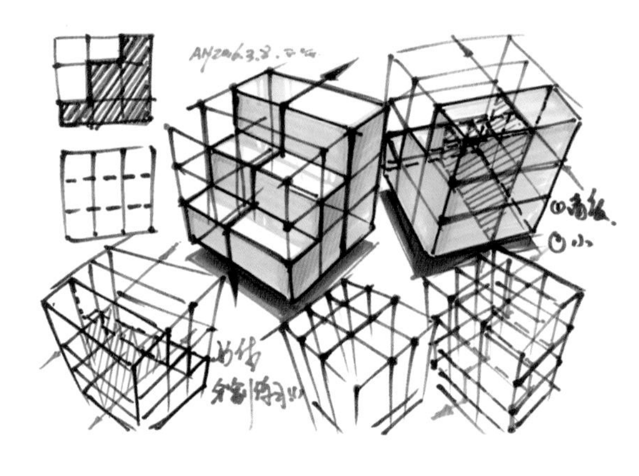

图2-75

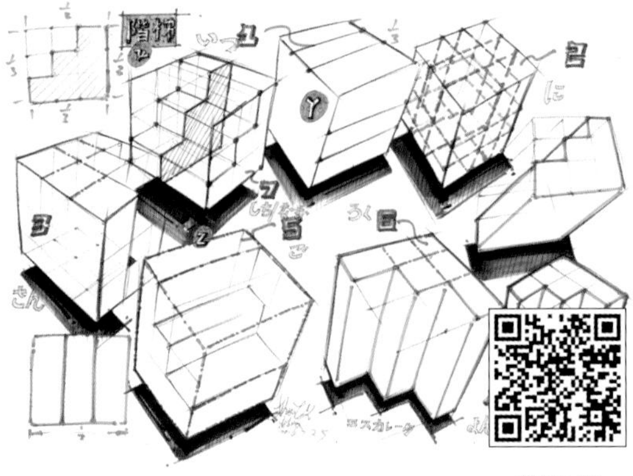

附图2-76

图2-76

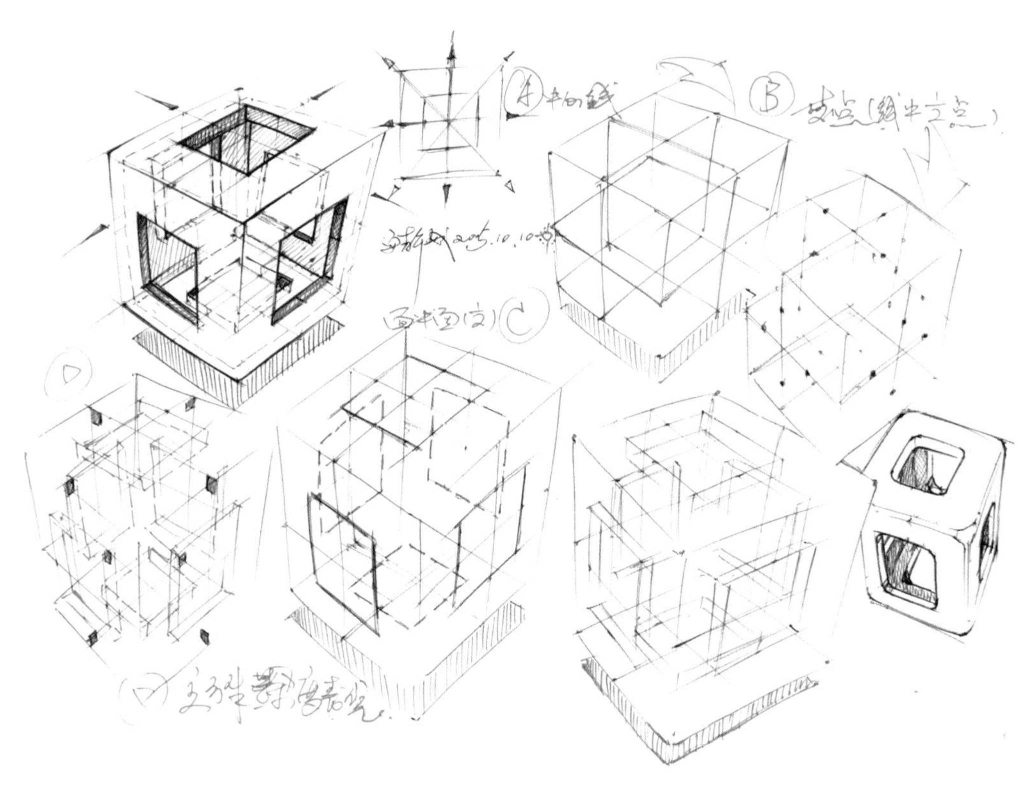

图2-77

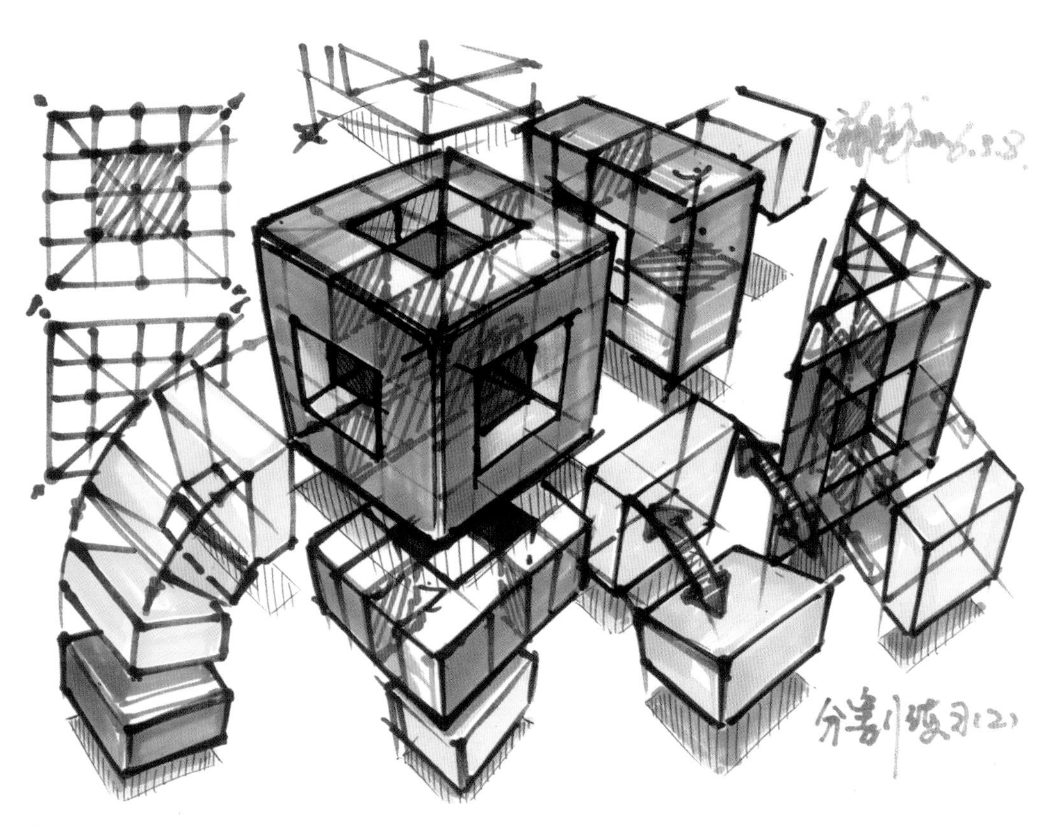

图2-78

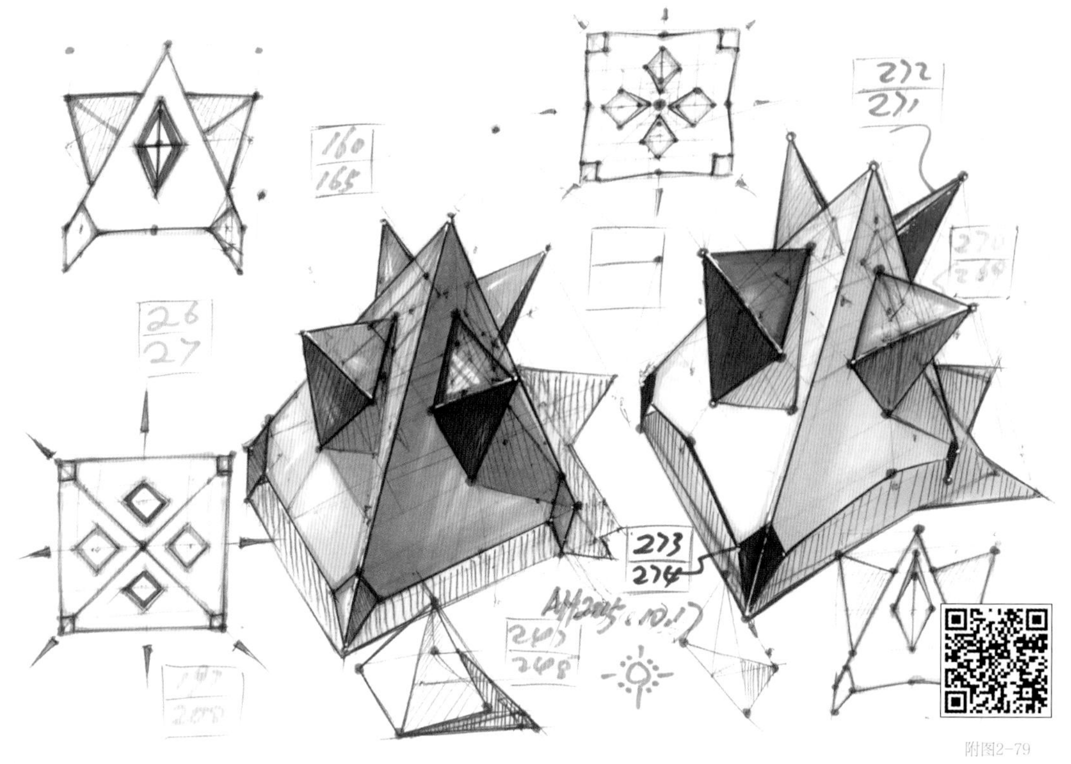

图2-79

附图2-79

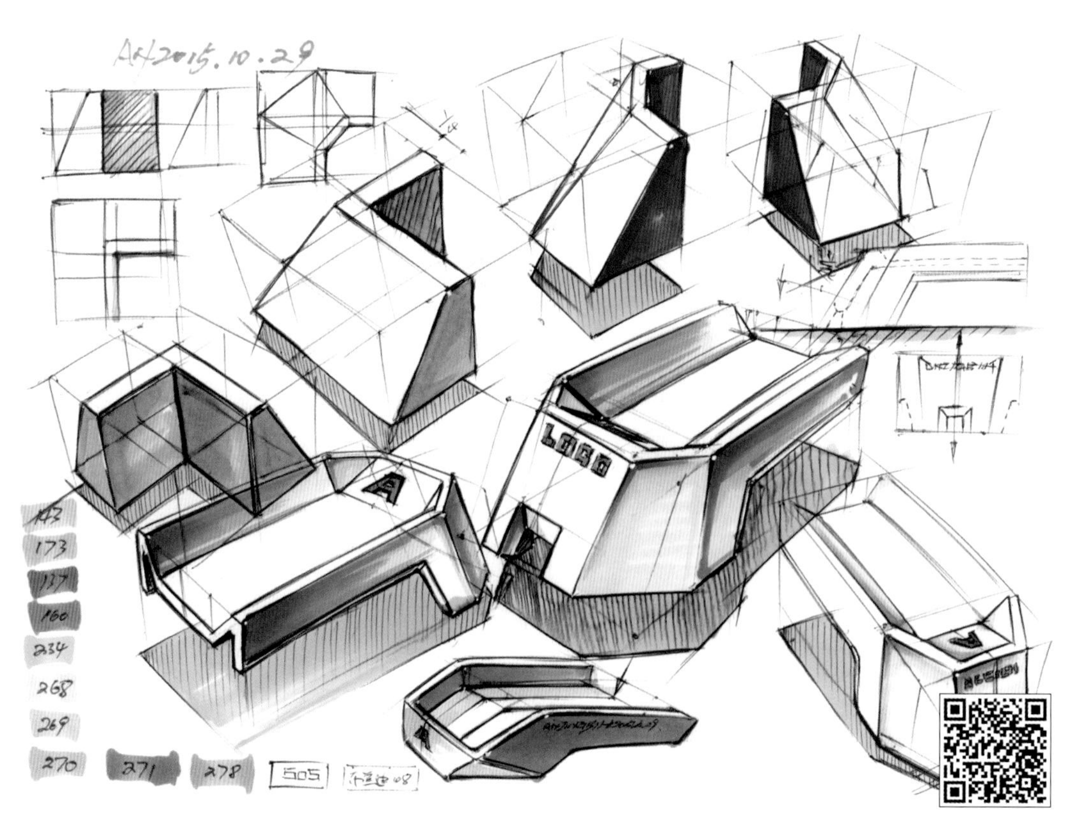

图2-80

附图2-80

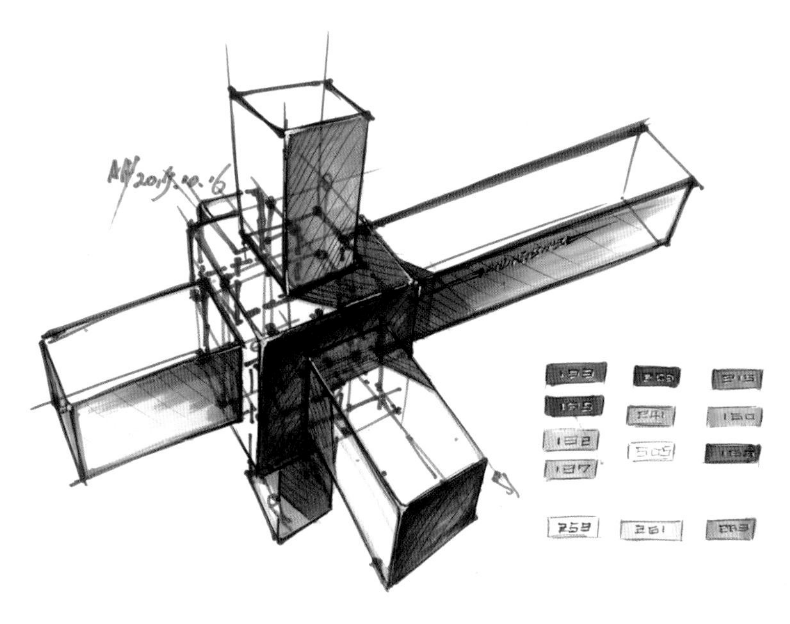

图2-81

2）立方体角度转动分析

立方体的角度转动，如盒体的开盖、门的转动等。由于这些立方体转动的路径为曲线，转动后的透视可以参照圆的透视画法来进行。

立方体角度转动练习，见图2-82—图2-84。

包装盒开启练习，见图2-85—图2-94。

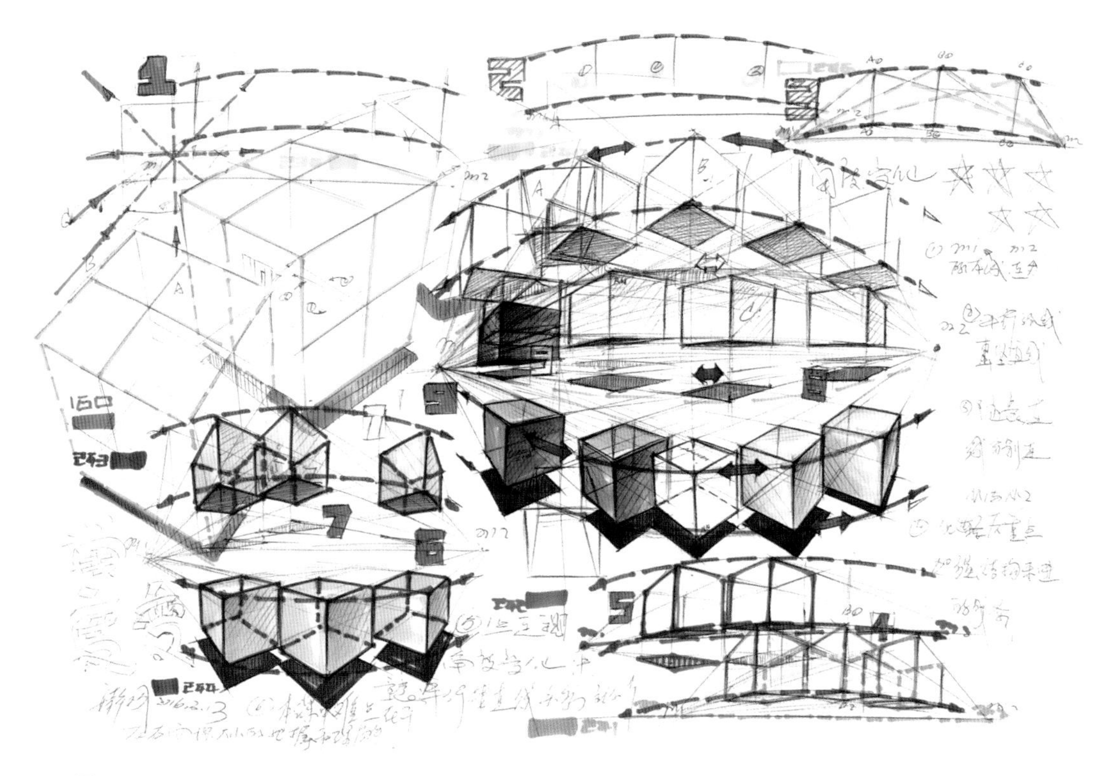

图2-82

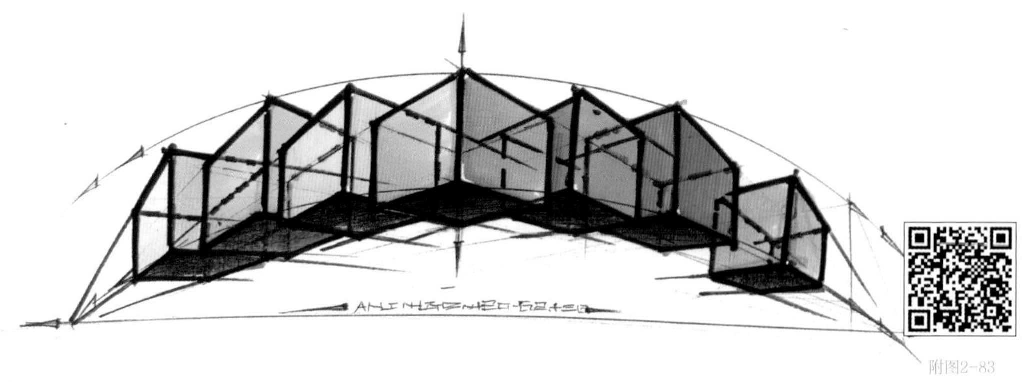

附图2-83

图2-83

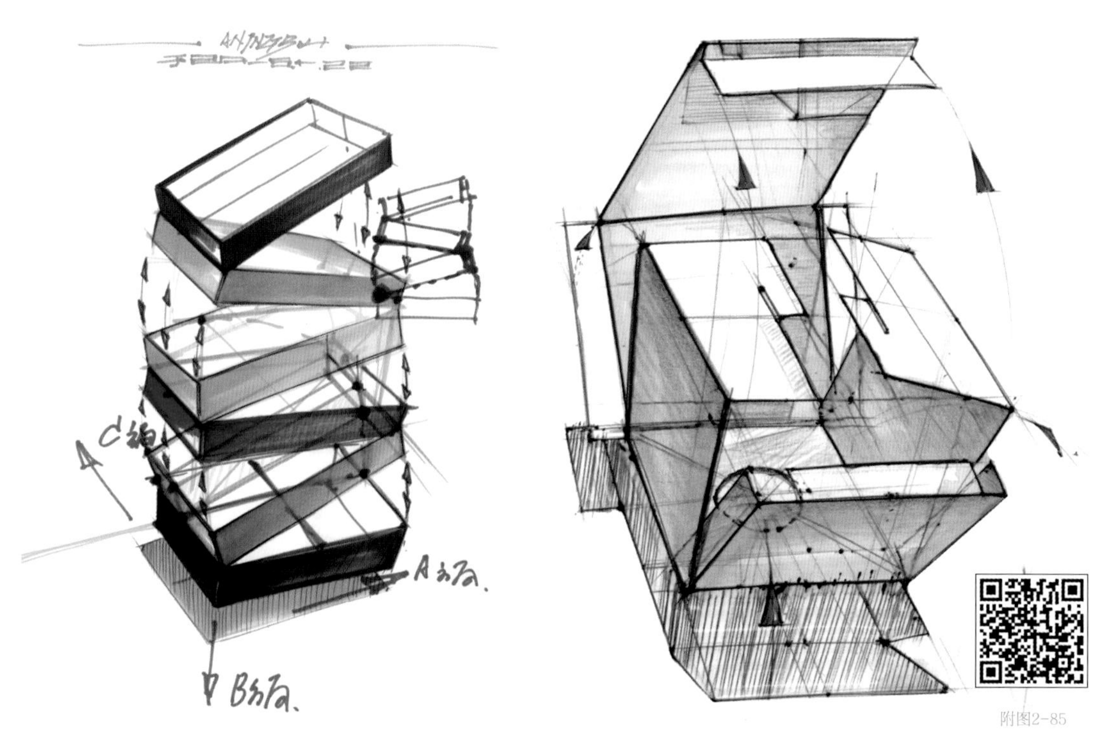

附图2-85

图2-84

图2-85

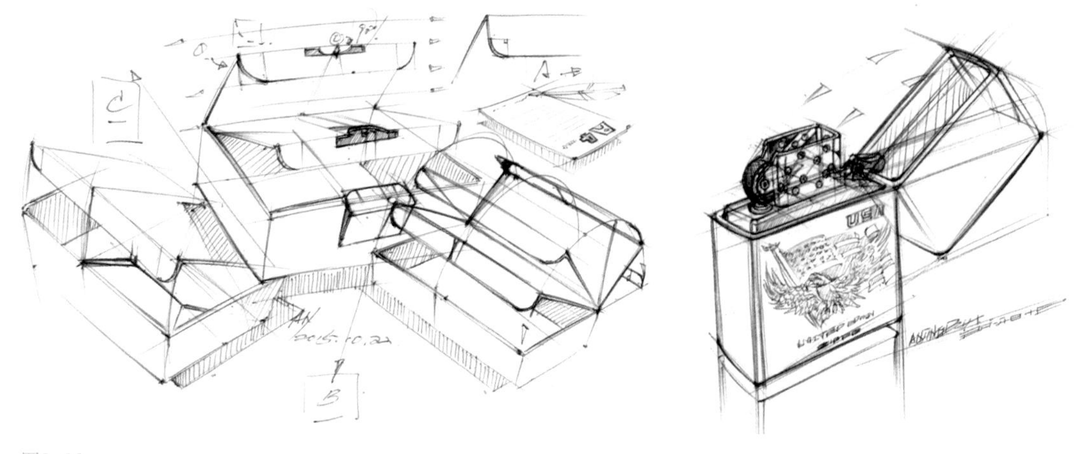

图2-86

图2-87

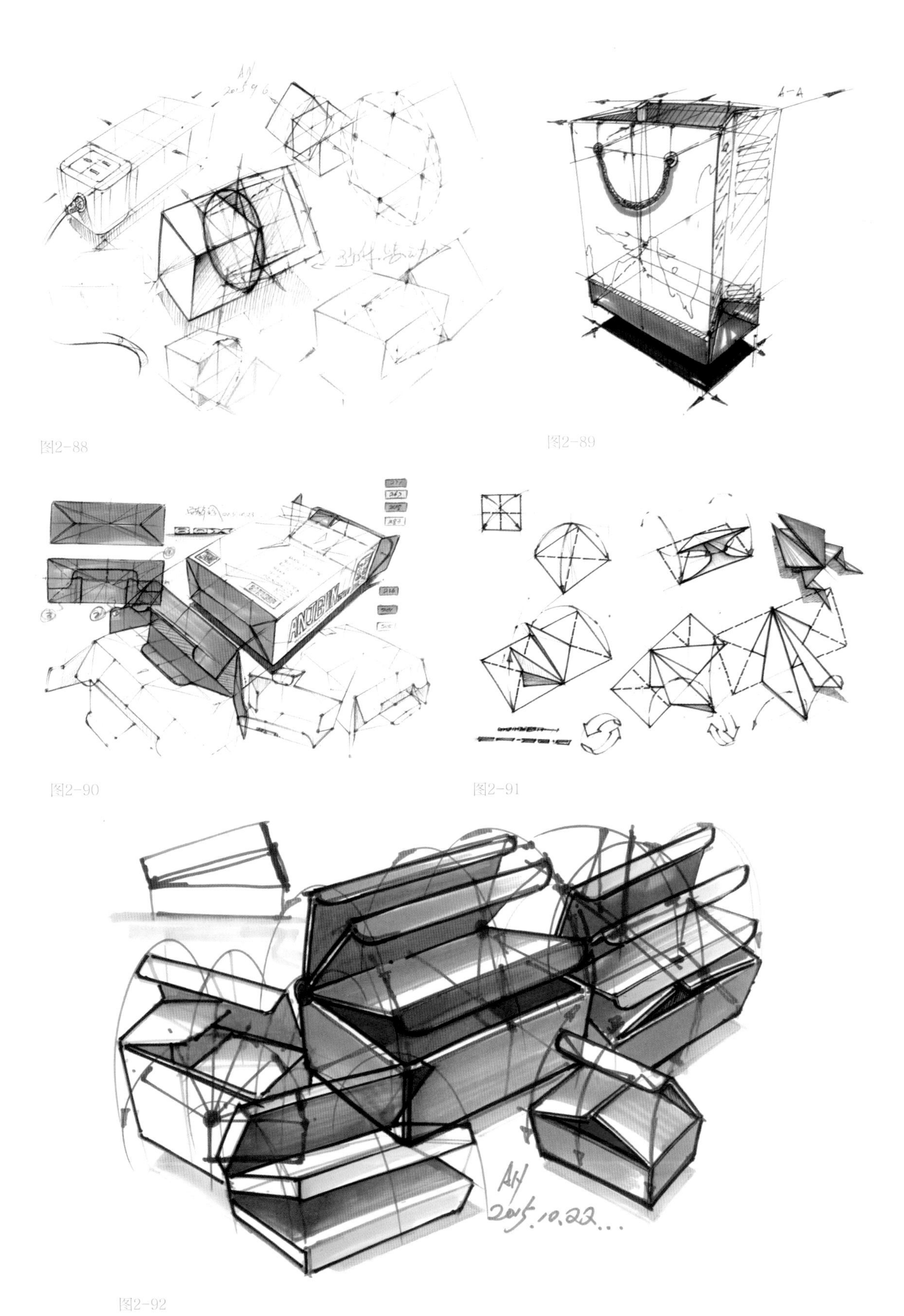

图2-88

图2-89

图2-90

图2-91

图2-92

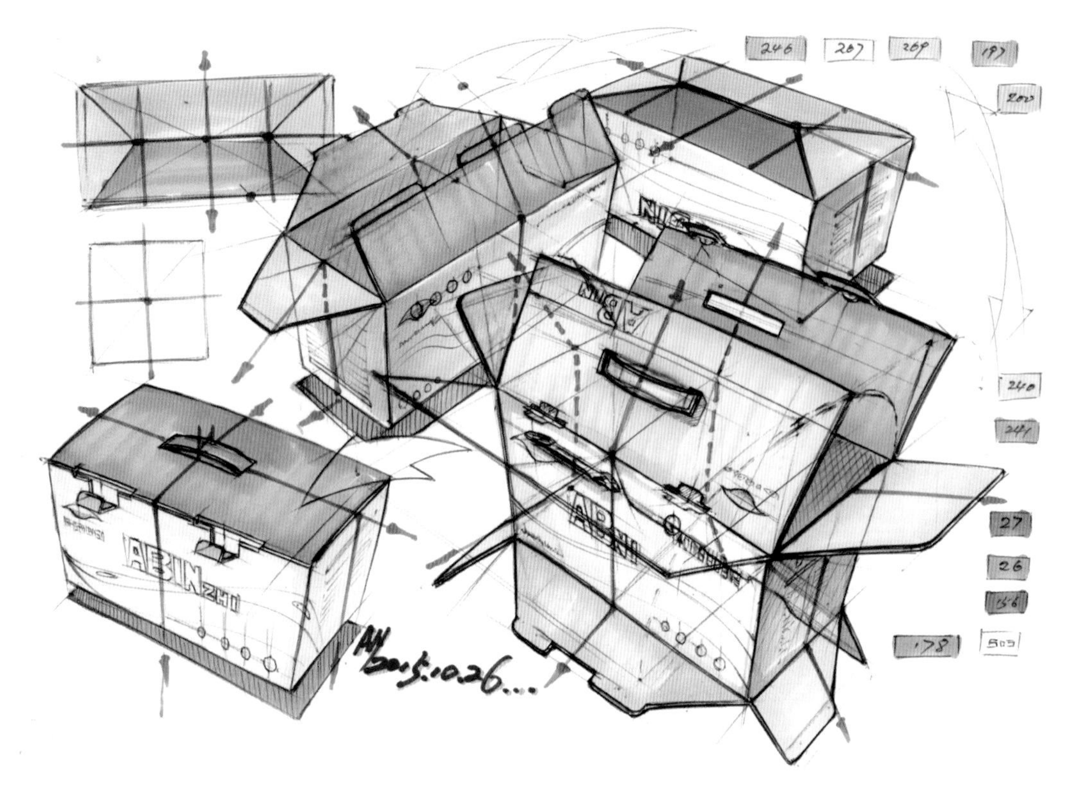
246
207
269
197
200
240
241
27
26
56
178
509
ABIN ZHI
AH 2015.10.26...

图2-93

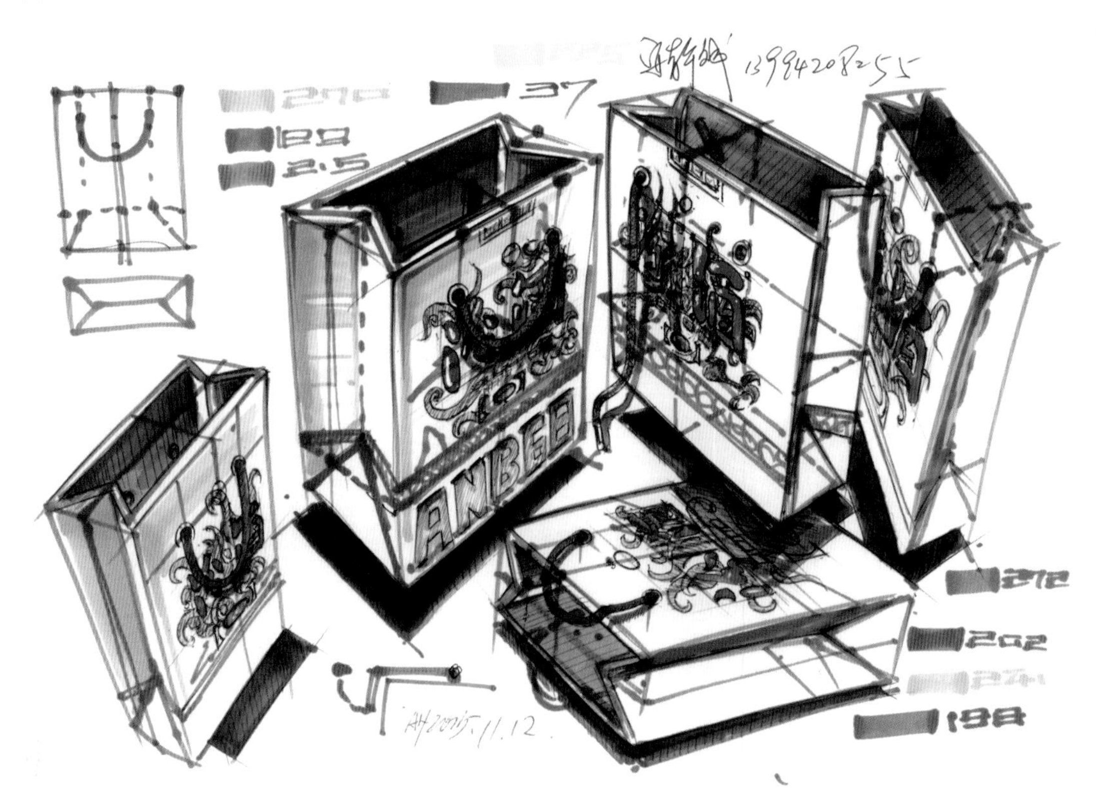
270
37
183
2.5
ANBEB
272
202
198
AH 2015.11.12

图2-94

多方向细节产品练习，见图2-95—图2-97。

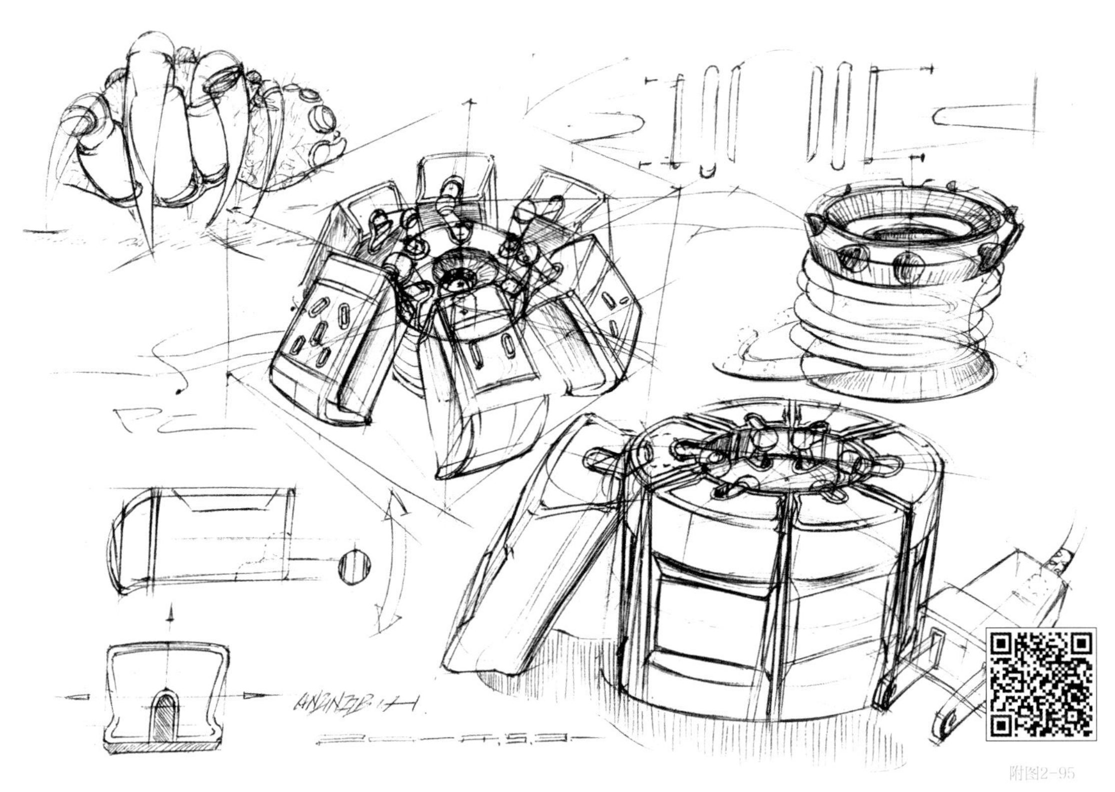

附图2-95

图2-95

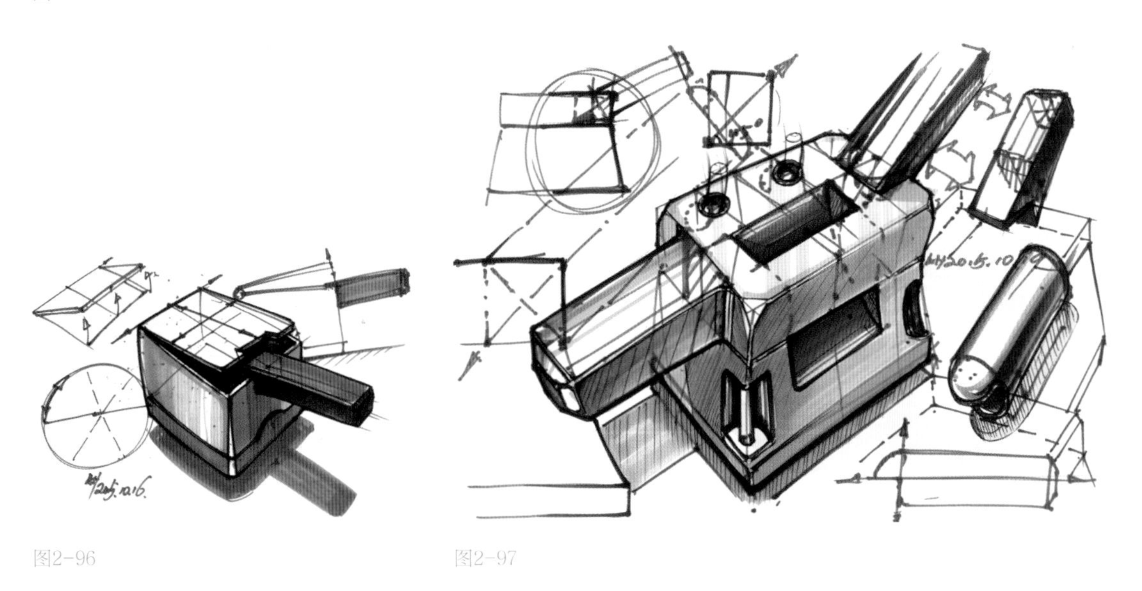

图2-96　　图2-97

3）立方体加减法应用

药品包装多角度开启效果，见图2-98。

电子产品多角度效果，见图2-99。

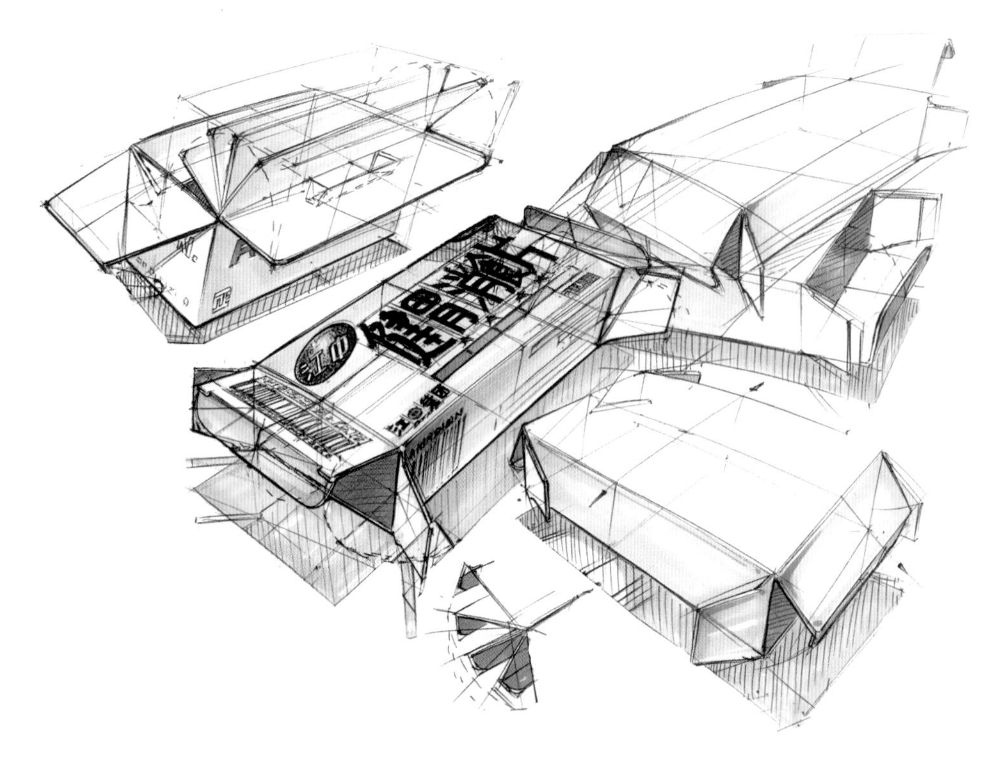

图2-98

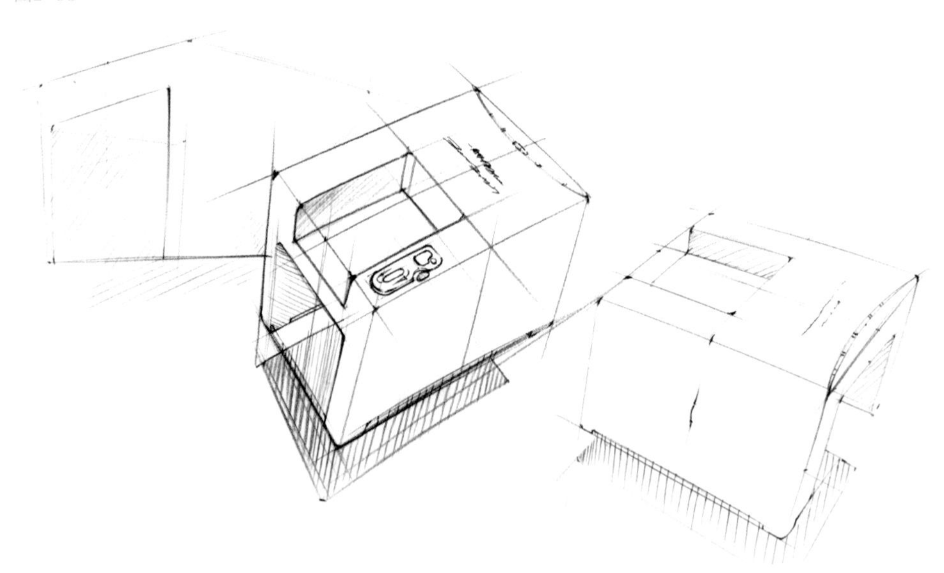

图2-99

纸巾包装多角度效果，见图2-100。

瓦楞纸盒多角度效果，见图2-101。

电器产品多角度效果，见图2-102。

音响产品多角度效果，见图2-103。

机械产品多角度效果，见图2-104。

电动工具产品多角度效果，见图2-105。

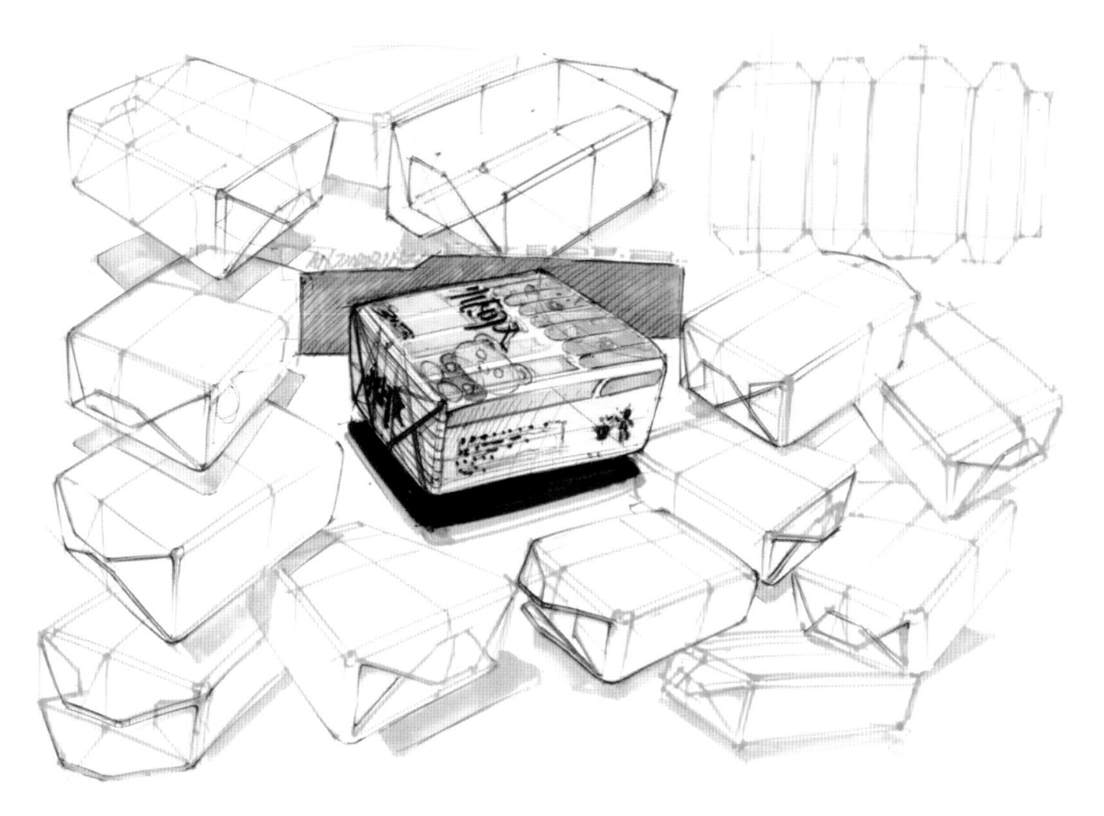

图2-100

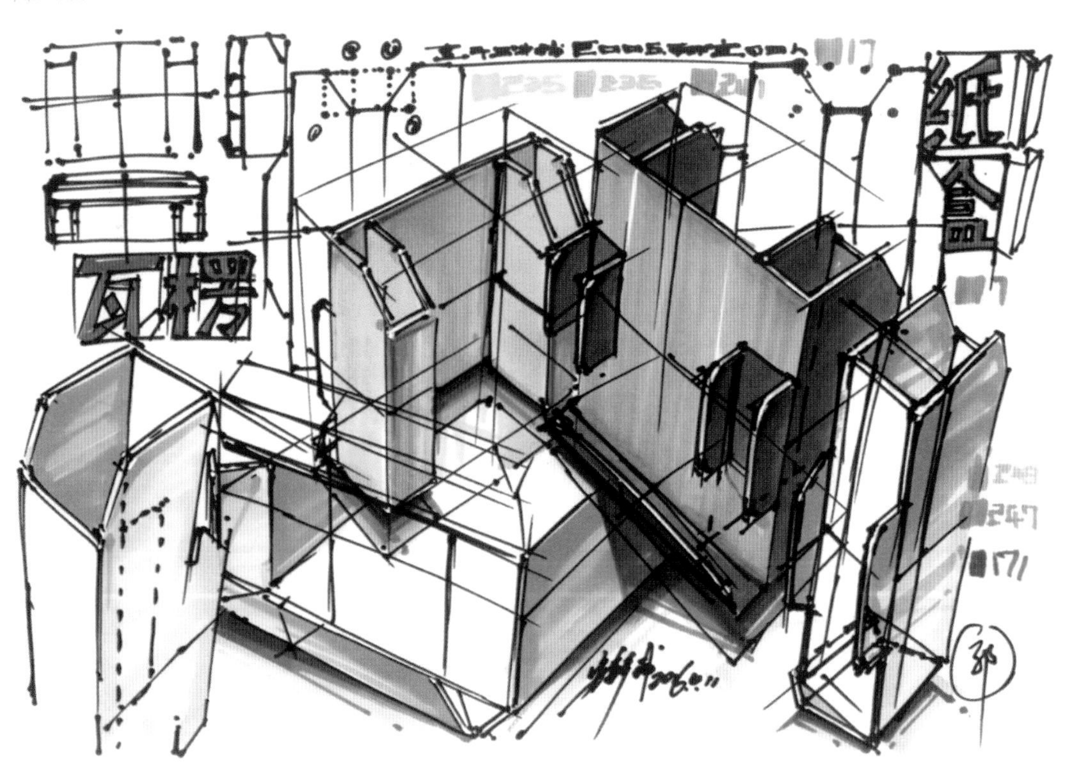

图2-101

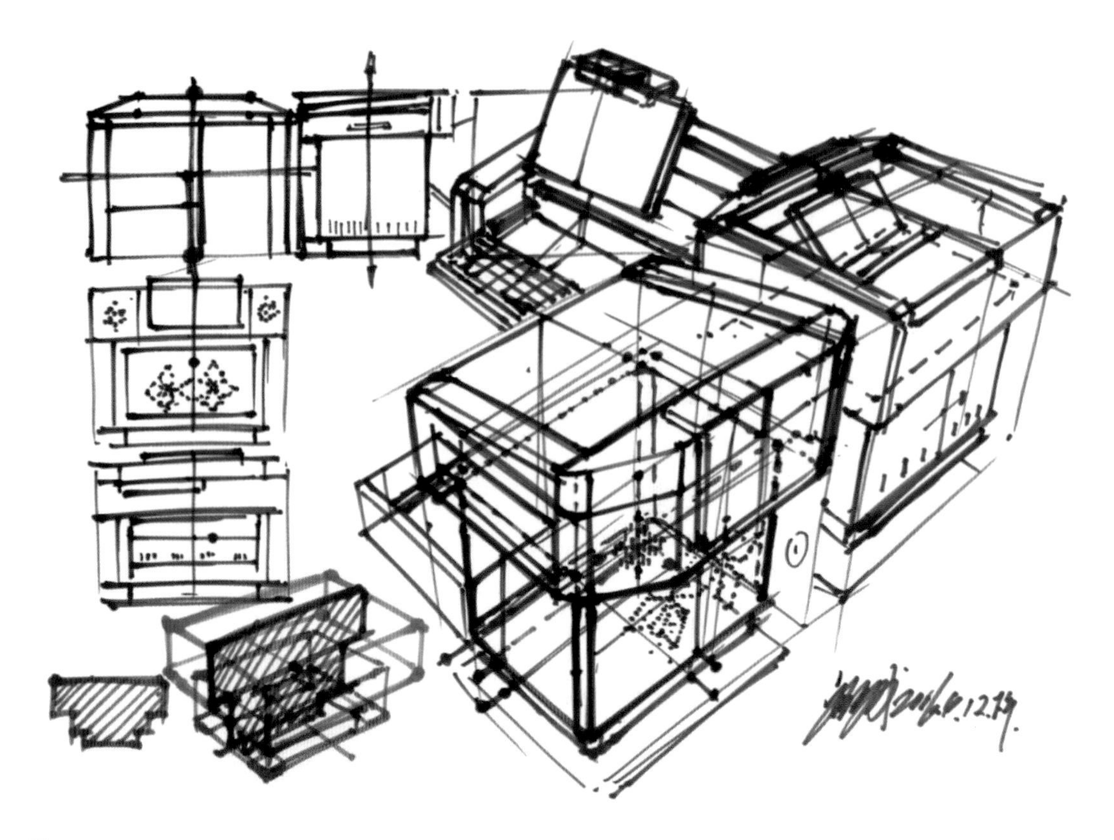

图2-102

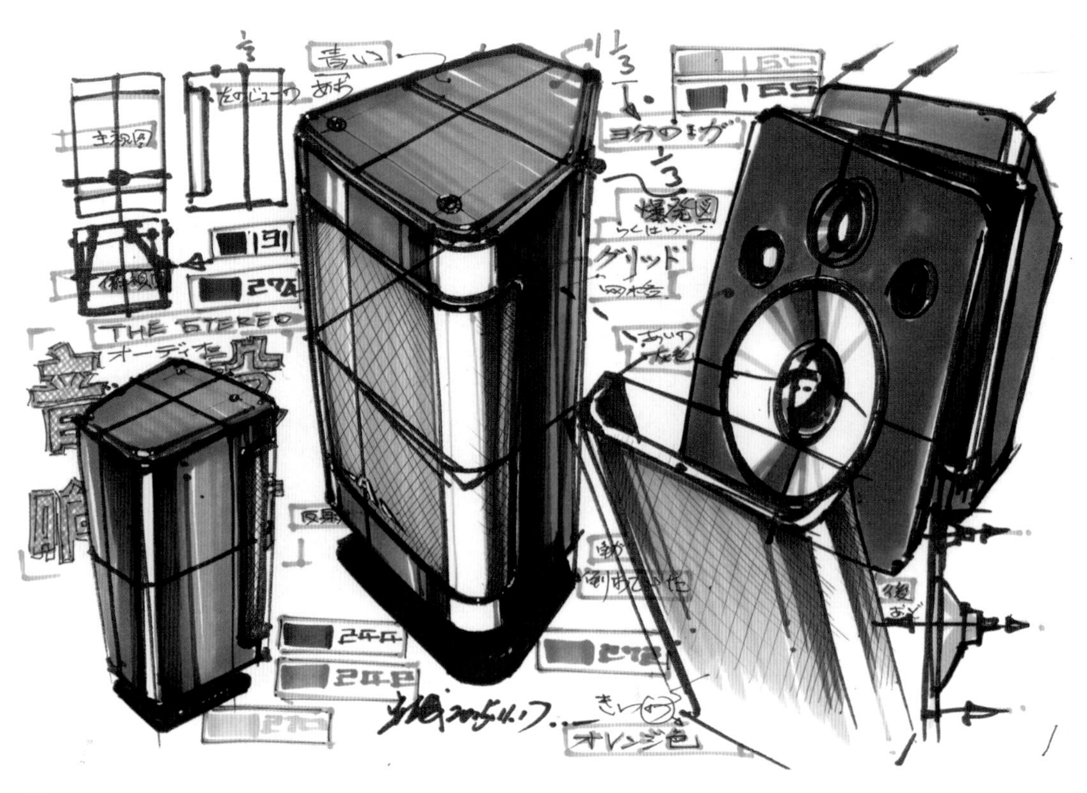

图2-103

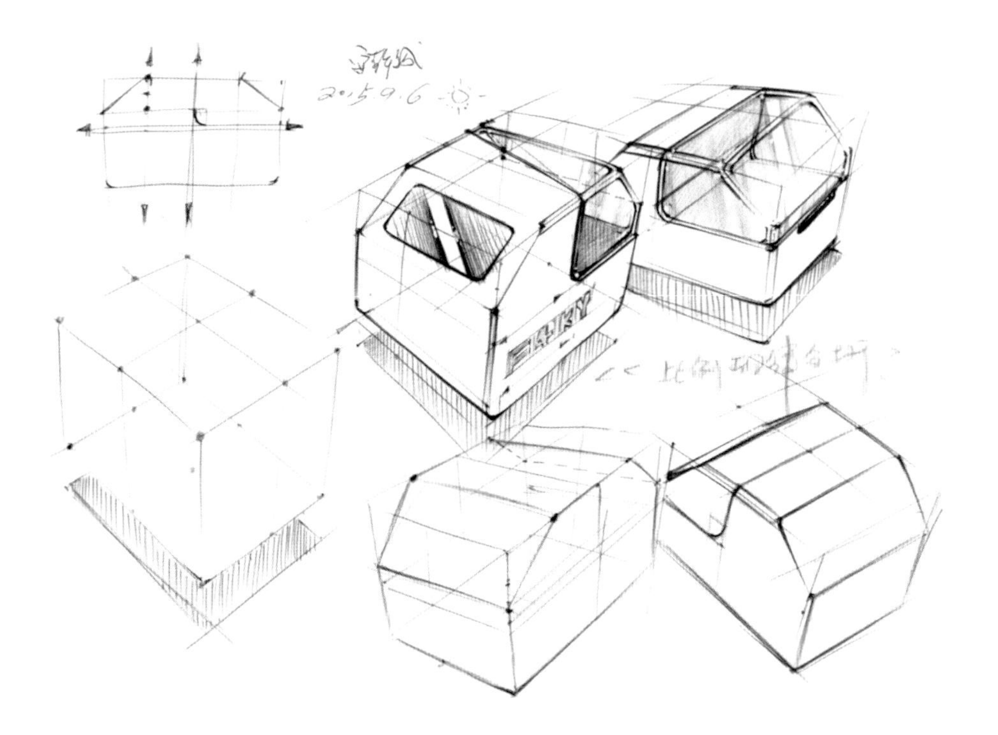

图2-104

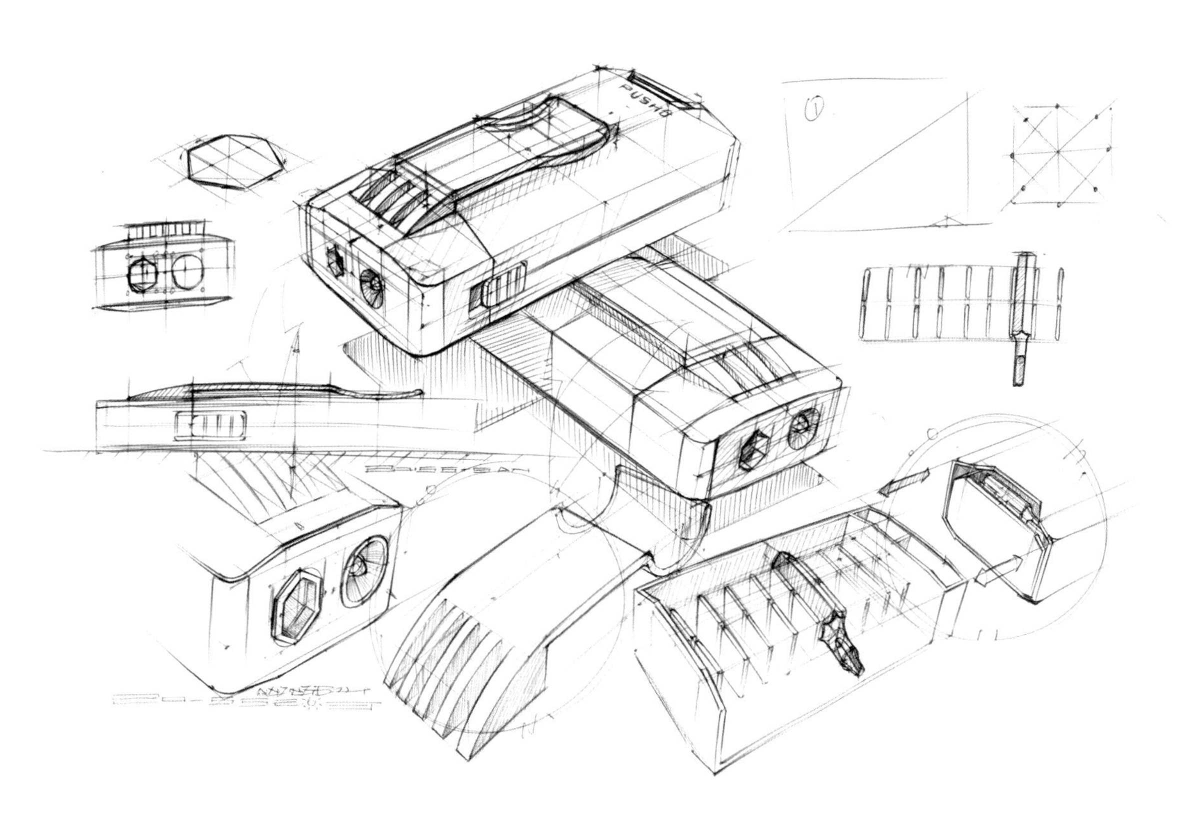

图2-105

2.3 倒角手绘表现

任何产品都存在或大或小的倒角，倒角又分为直线圆角和多次转折直线圆角（图2-106）。在曲面产品中，还存在曲面的拉伸和旋转的情况。倒角不仅可以让产品的细节更加丰富，而且不同半径的倒角还能体现出不同的造型风格（图2-107）。

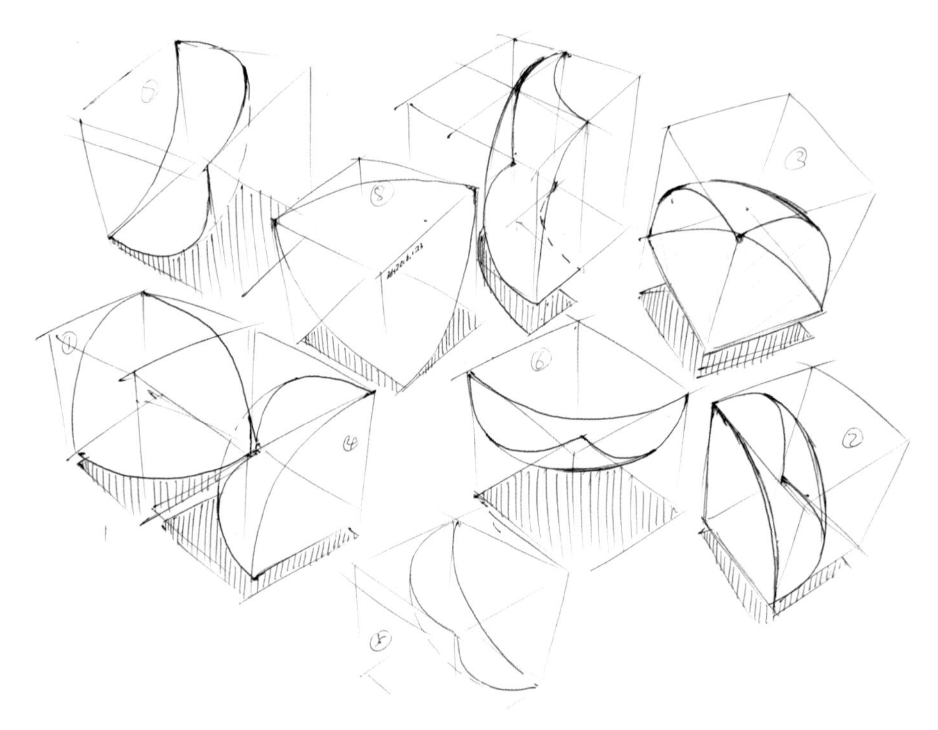

图2-106

图2-107

2.3.1 直线圆角

直线圆角可以看作四分之一的圆形，因此可以借用圆形的画法来绘制直线圆角（图2-108）。

2.3.2 多次转折直线圆角

多次转折直线圆角是与立方体定点相连的两条或三条棱都存在圆角的现象，大部分情况为三条棱存在圆角，两条棱圆角比较少见。在绘制多次转折直线圆角的过程中，需要将不同方向的圆角都画出来，每个方向的圆角画法借鉴圆形的画法（图2-109）。

如果三个方向的圆角半径一致，则这个多转折直线圆角面等同于八分之一球面（图2-110）。

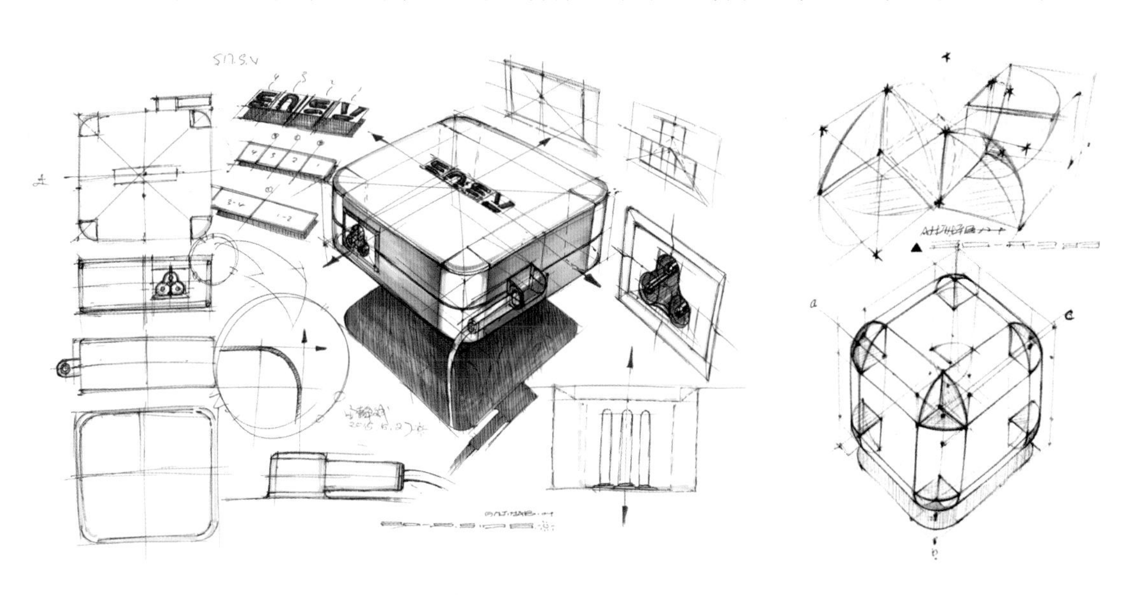

图2-108

图2-109

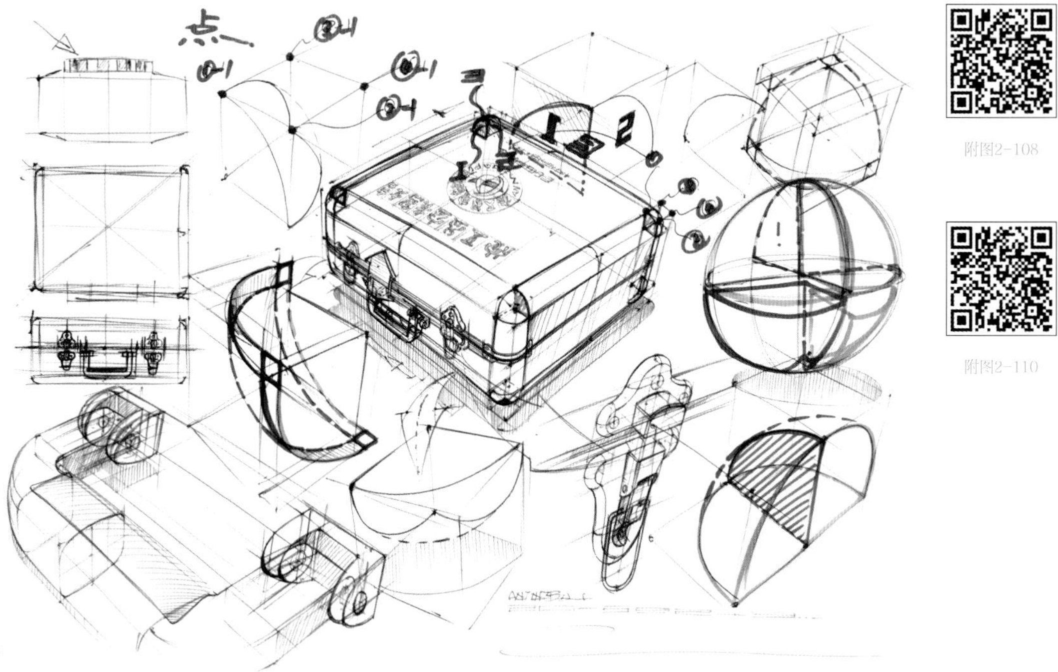

附图2-108

附图2-110

图2-110

2.3.3 圆角的拉伸和挤压

产品中还存在不同位置圆角半径不同的情况，绘制此类圆角需要找出圆角半径变化的关键位置，参照圆形的绘制方法绘制每个关键位置的圆角，再根据产品的实际外形用直线或光滑曲线连接（图2-111—图2-125）。

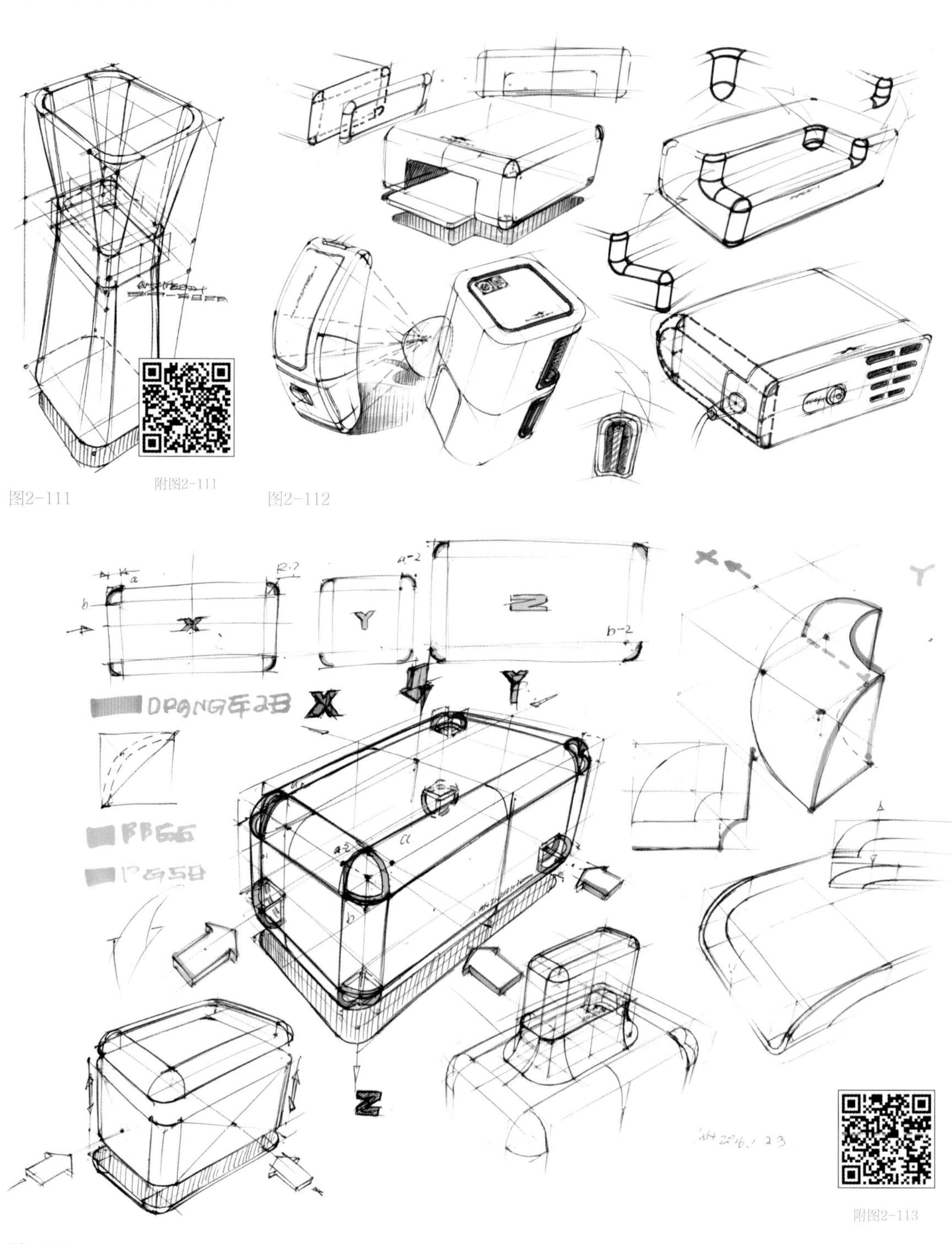

附图2-111

图2-111

图2-112

附图2-113

图2-113

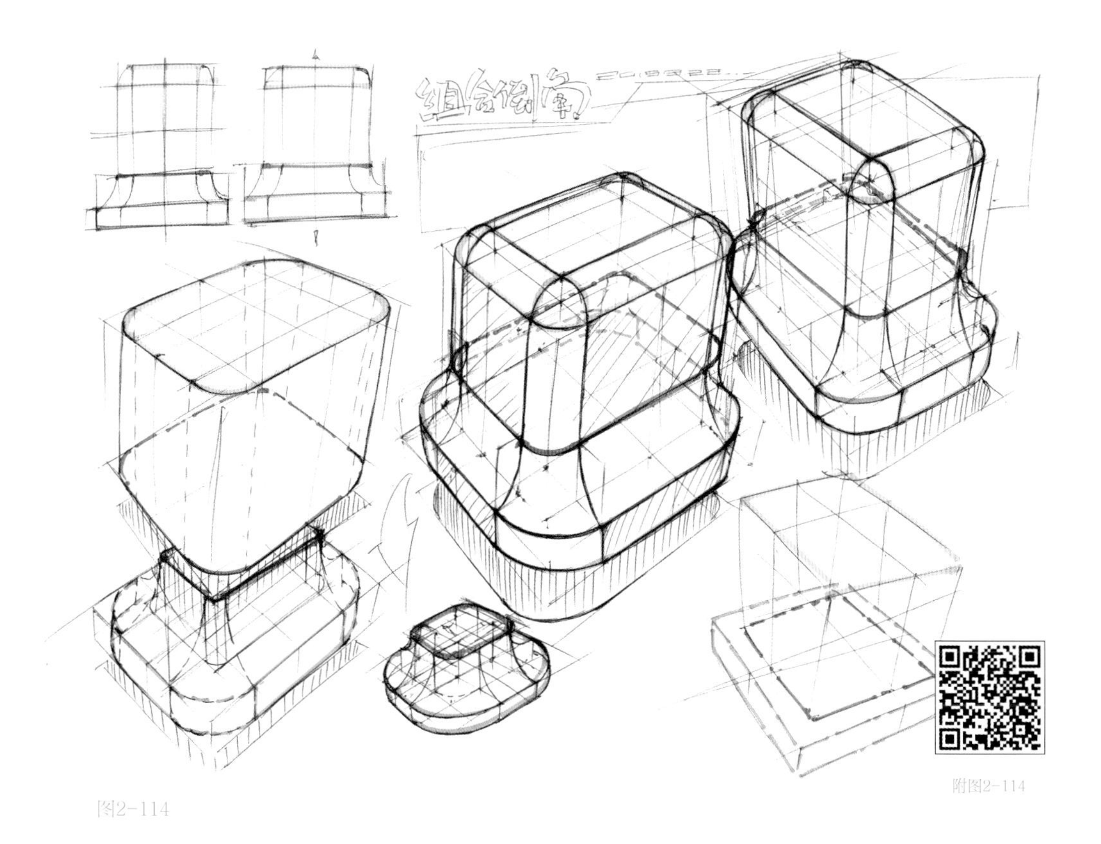

图2-114

附图2-114

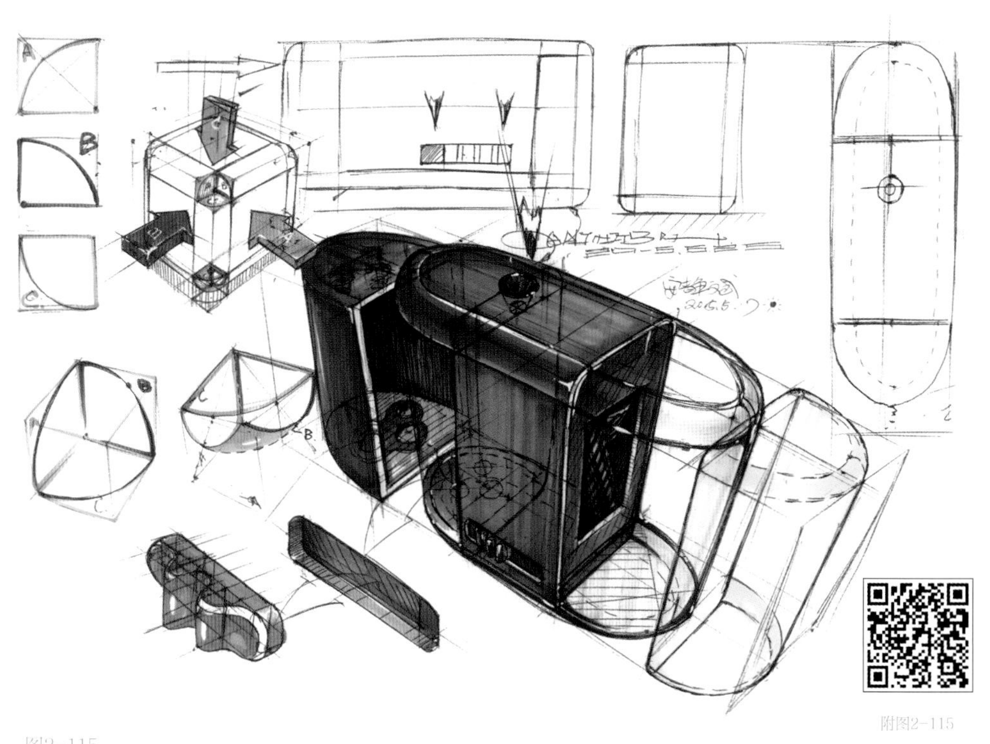

图2-115

附图2-115

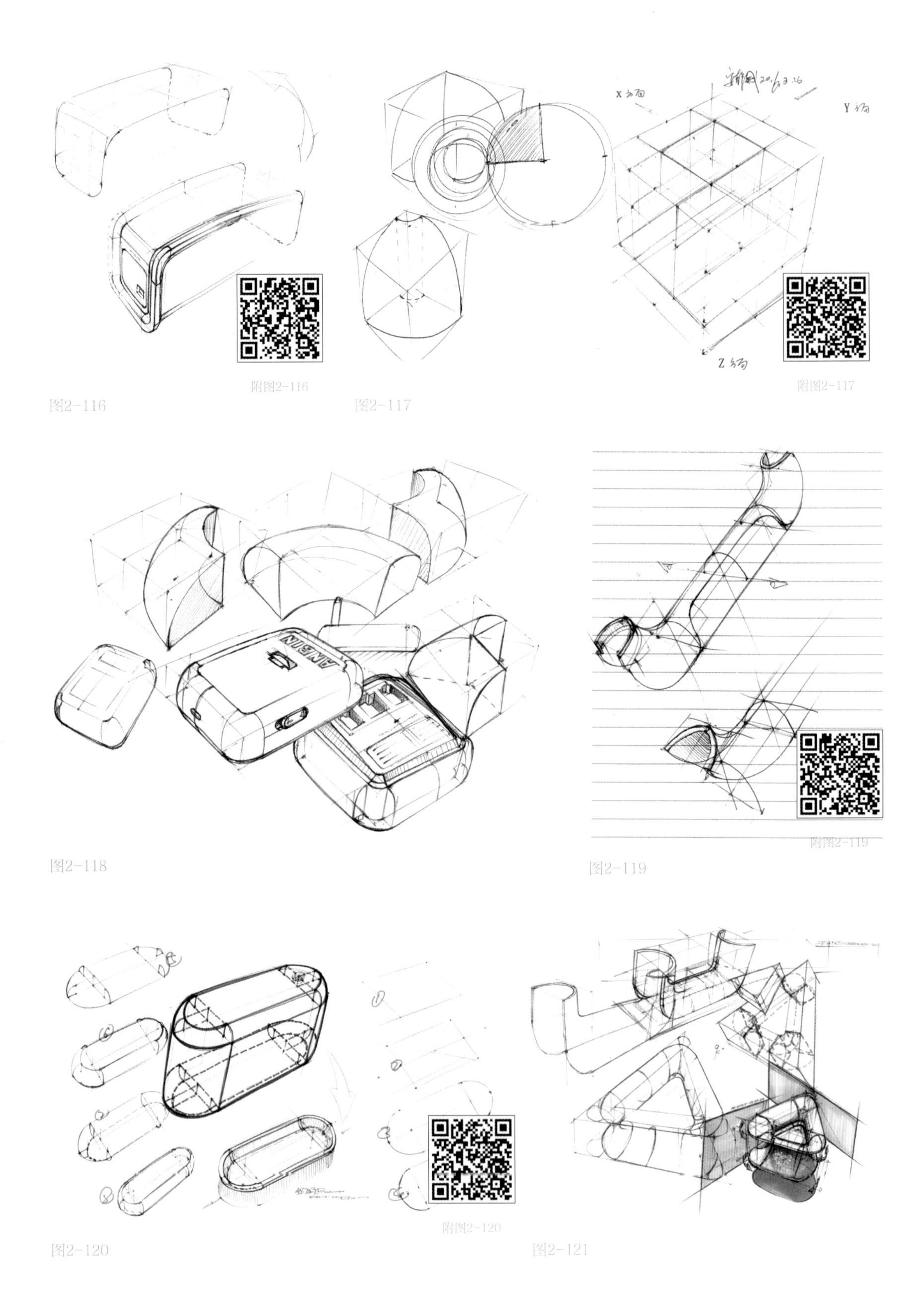

附图2-116
图2-116
图2-117
附图2-117
图2-118
附图2-119
图2-119
附图2-120
图2-120
图2-121

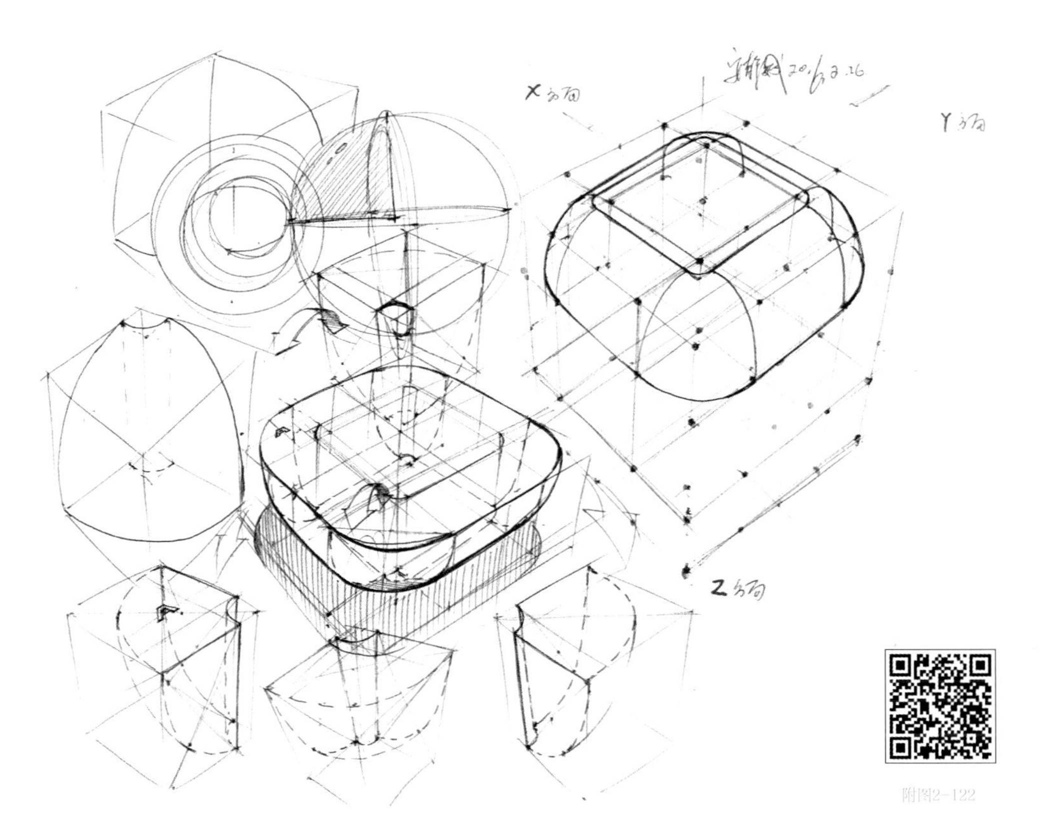

附图2-122

图2-122

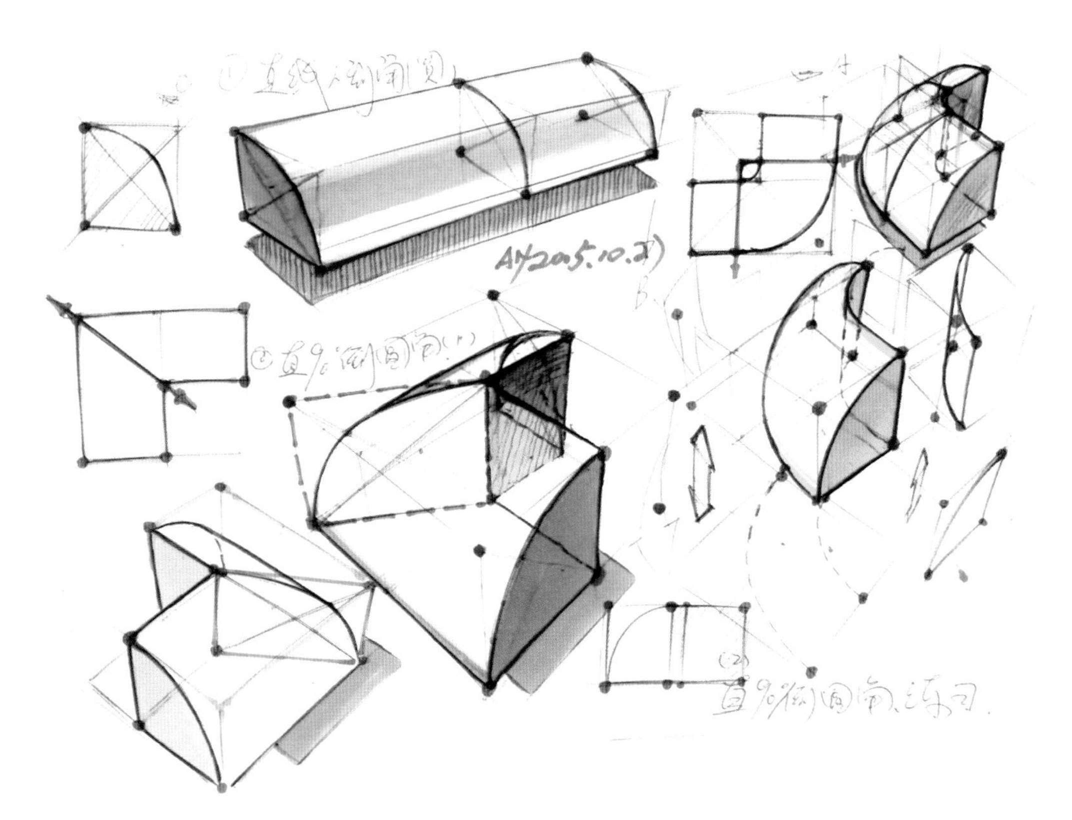

图2-123

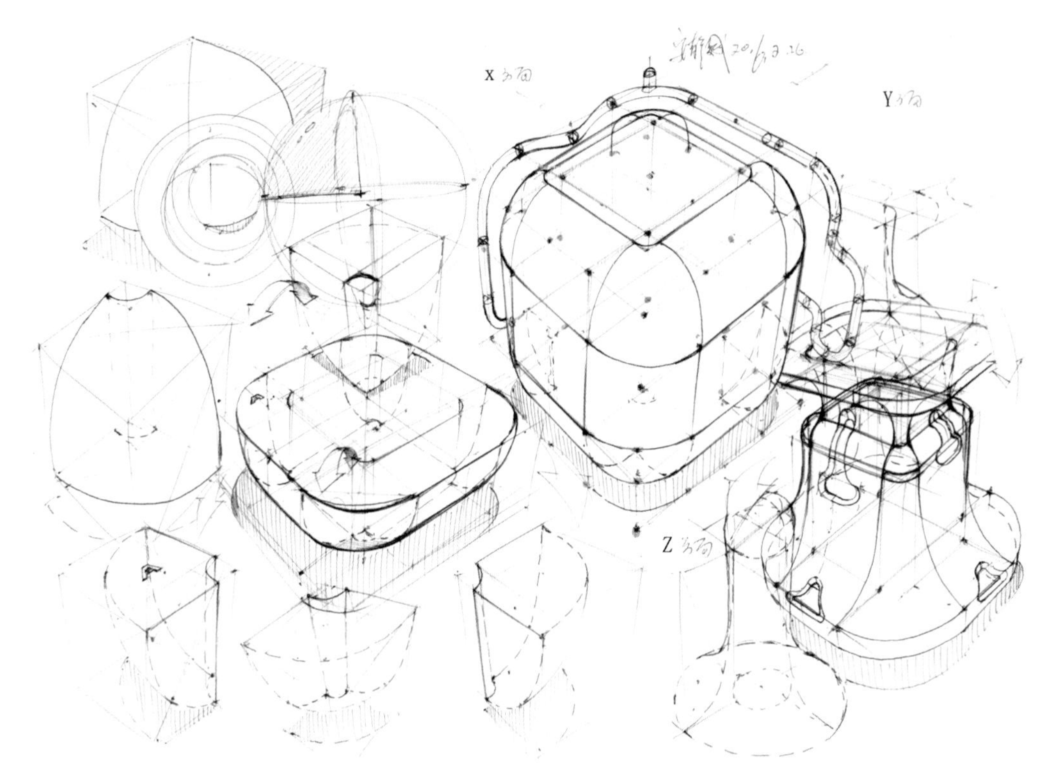

图2-124

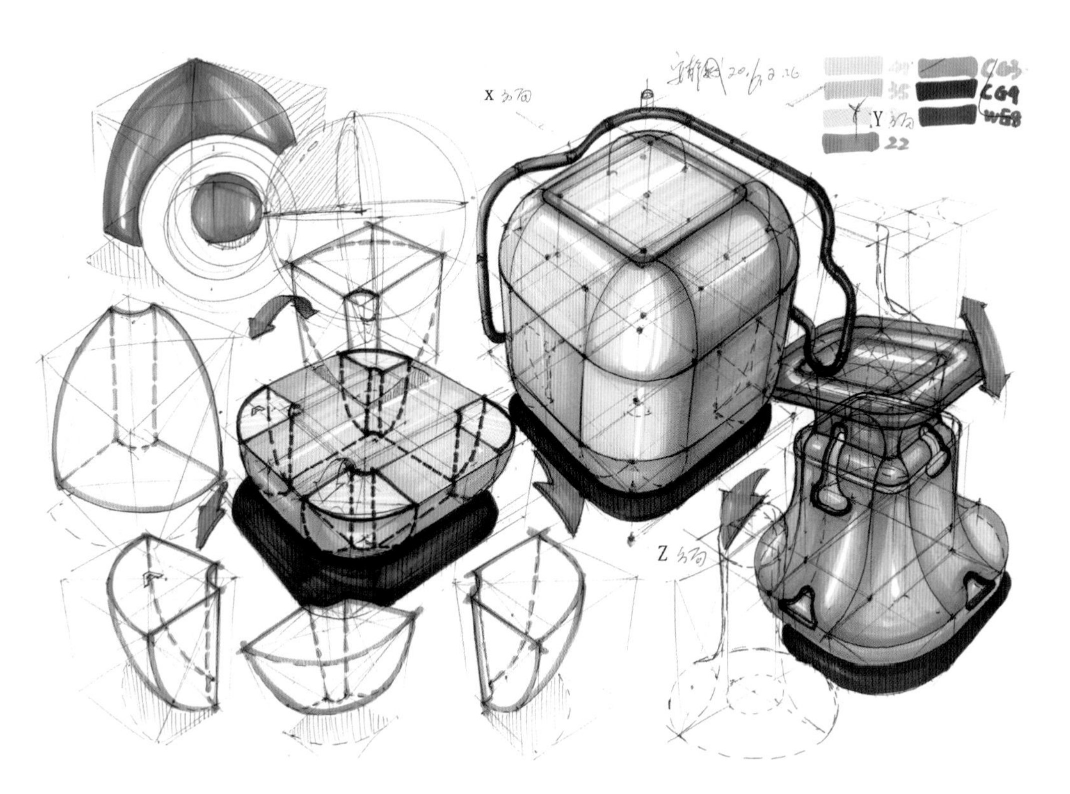

图2-125

2.3.4 倒角在产品中的运用

婴儿电子体温计倒角细节表现，见图2-126。

手机倒角细节体现，见图2-127。

把手倒角细节体现，见图2-128、图2-129。

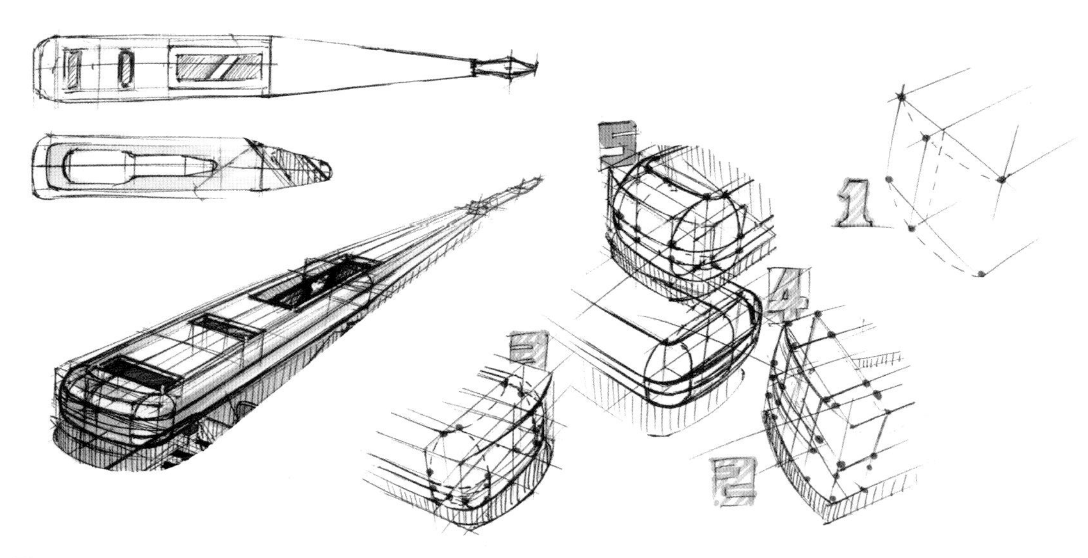

图2-126

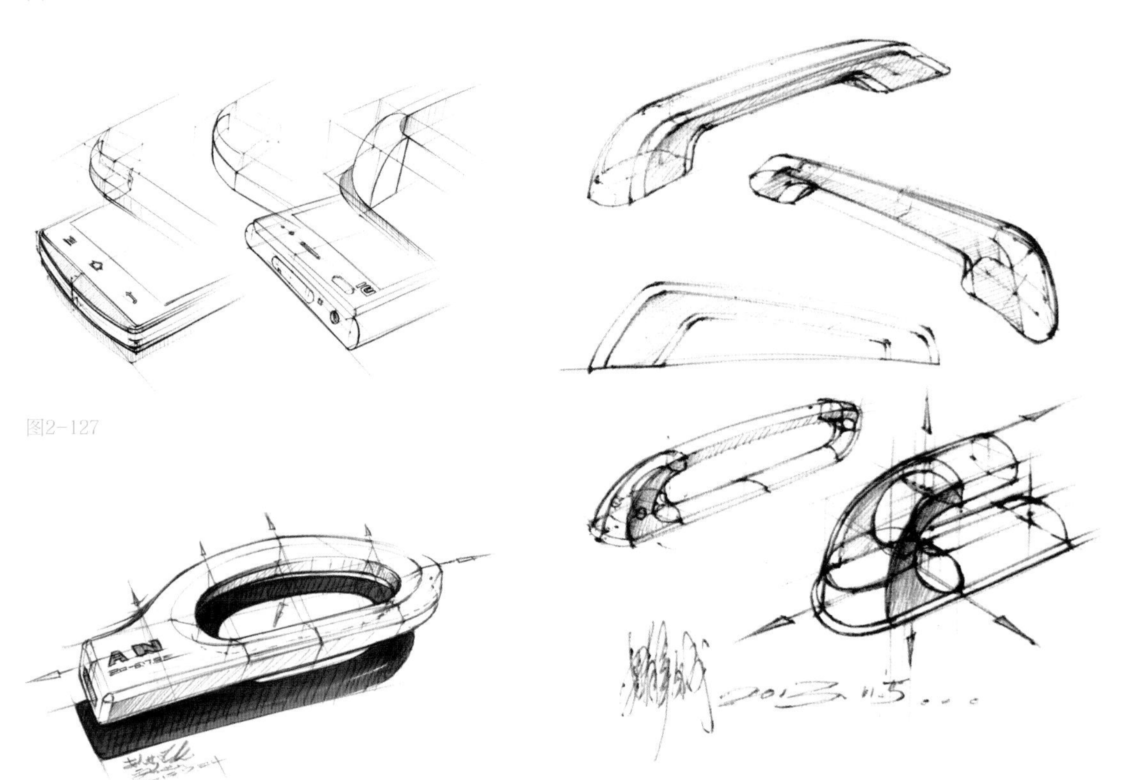

图2-127

图2-128

图2-129

凳子倒角细节体现，见图2-130。

手摇卷笔刀倒角细节体现，见图2-131。

梳子倒角细节表现，见图2-132。

行李箱倒角细节表现，见图2-133。

口香糖倒角细节体现，见图2-134、图2-135。

垃圾桶倒角细节表现，见图2-136、图2-137。

电子产品倒角细节表现，见图2-138—图2-150。

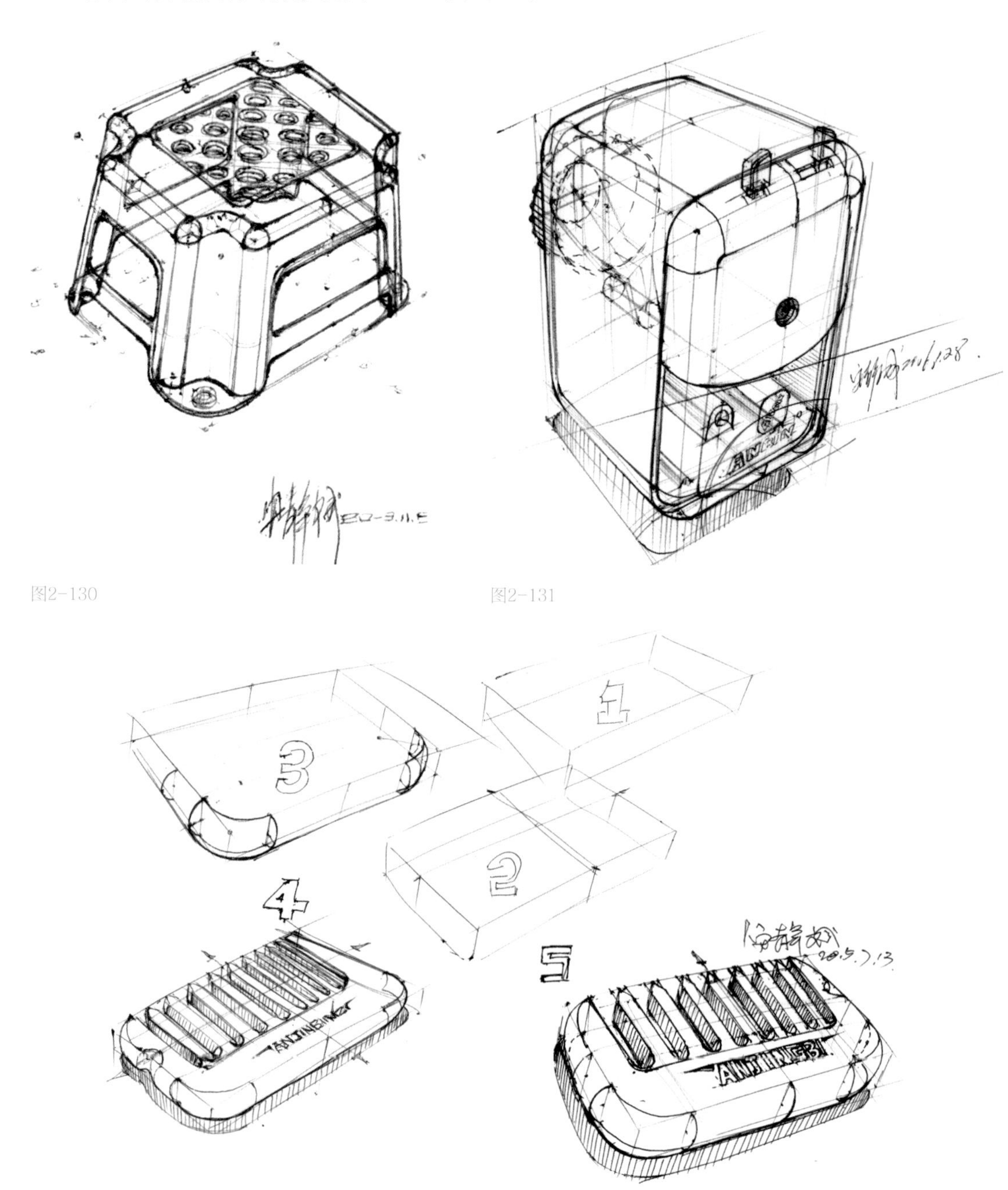

图2-130

图2-131

图2-132

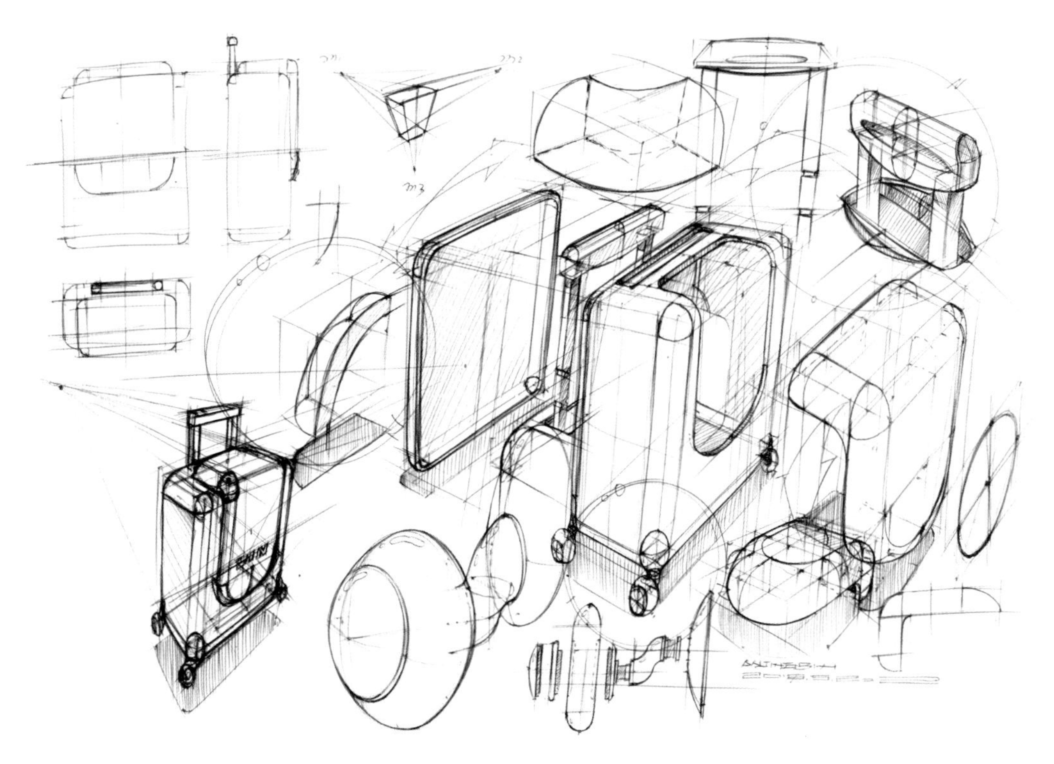

图2-133

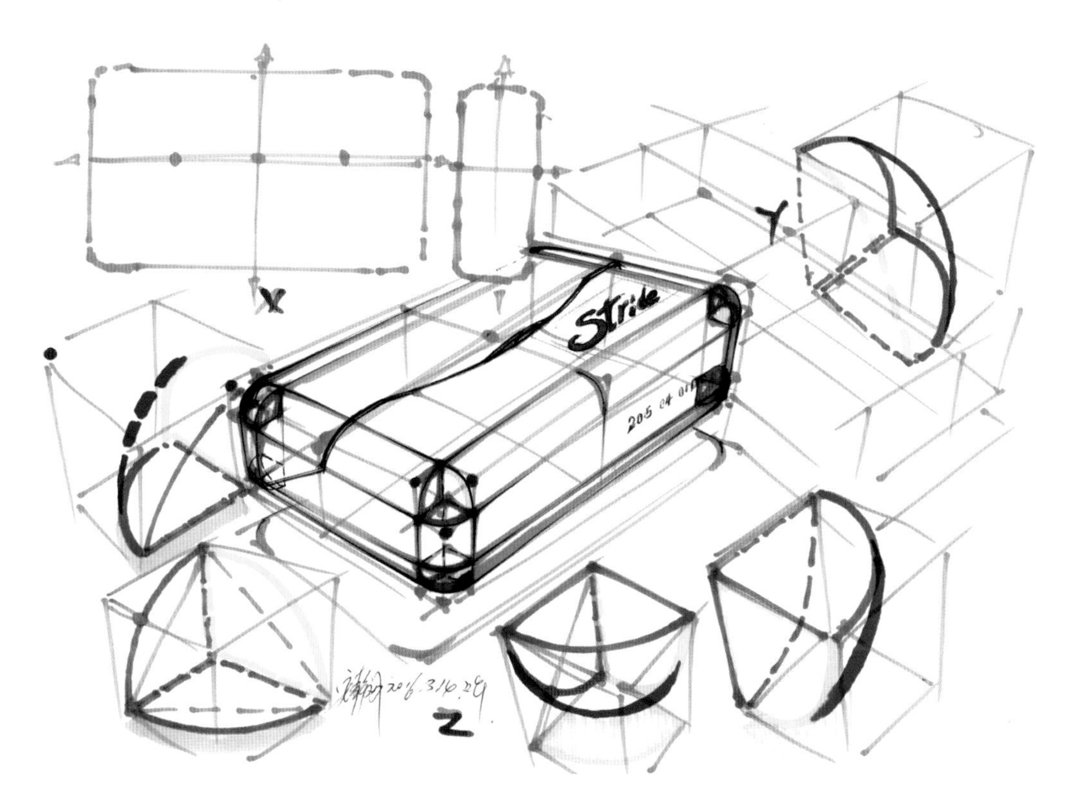

图2-134

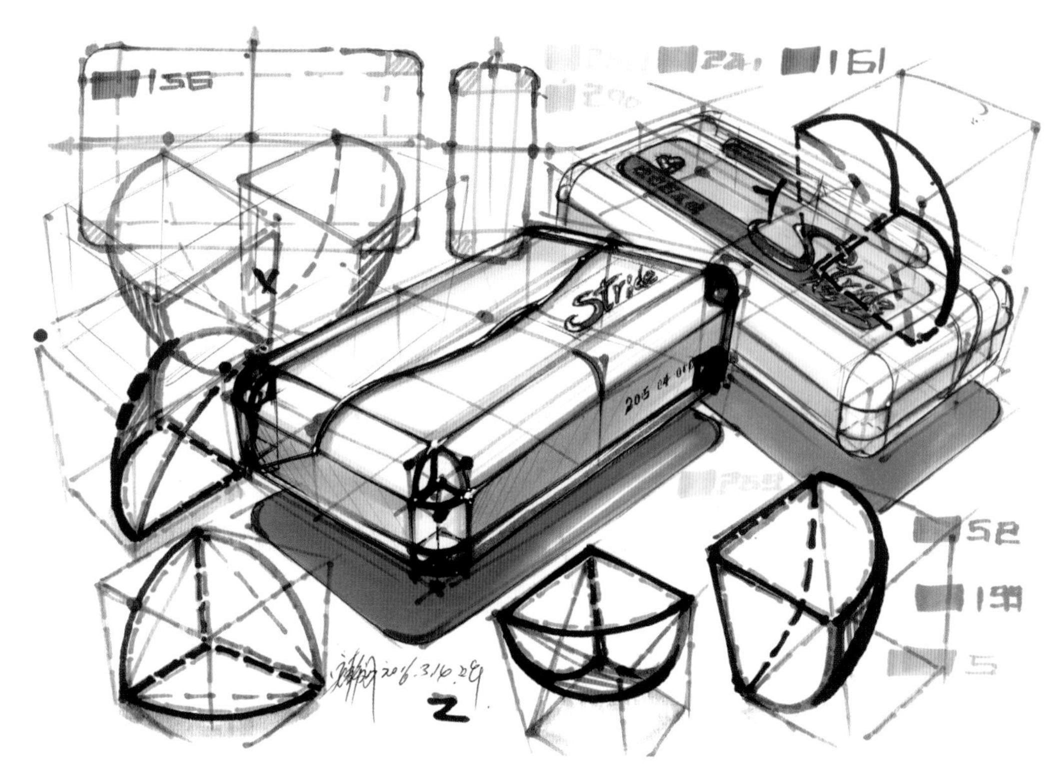

图2-135

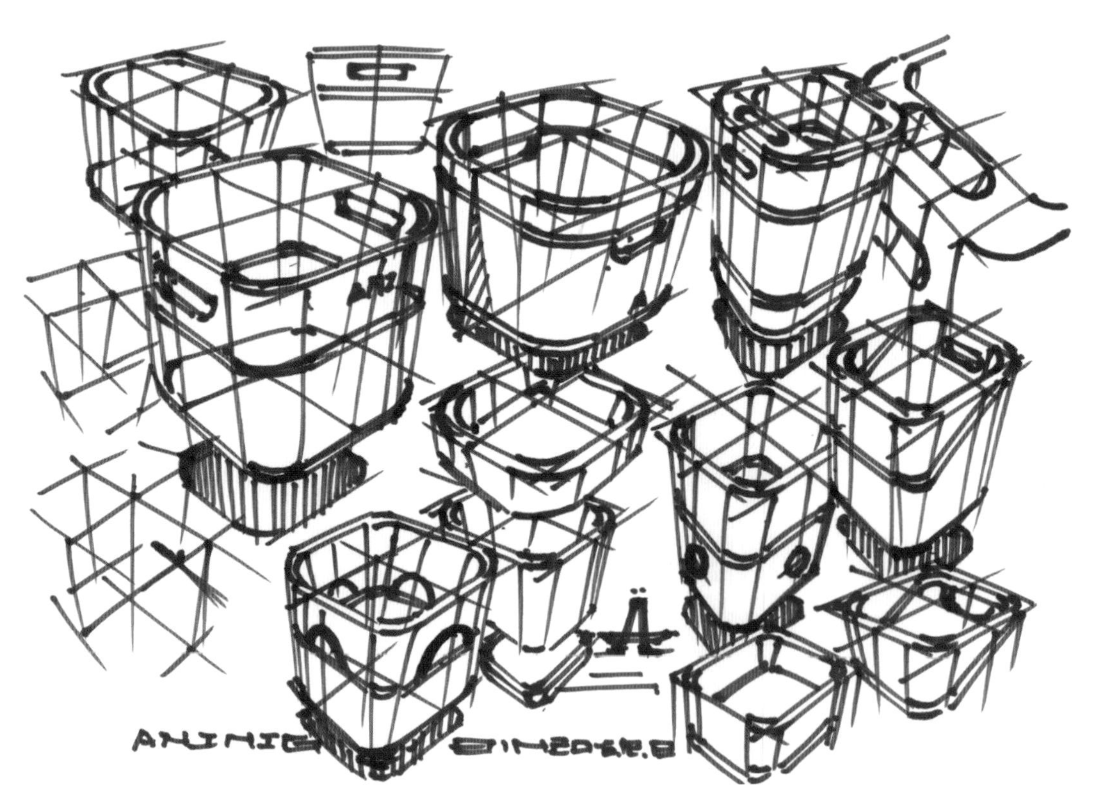

图2-136

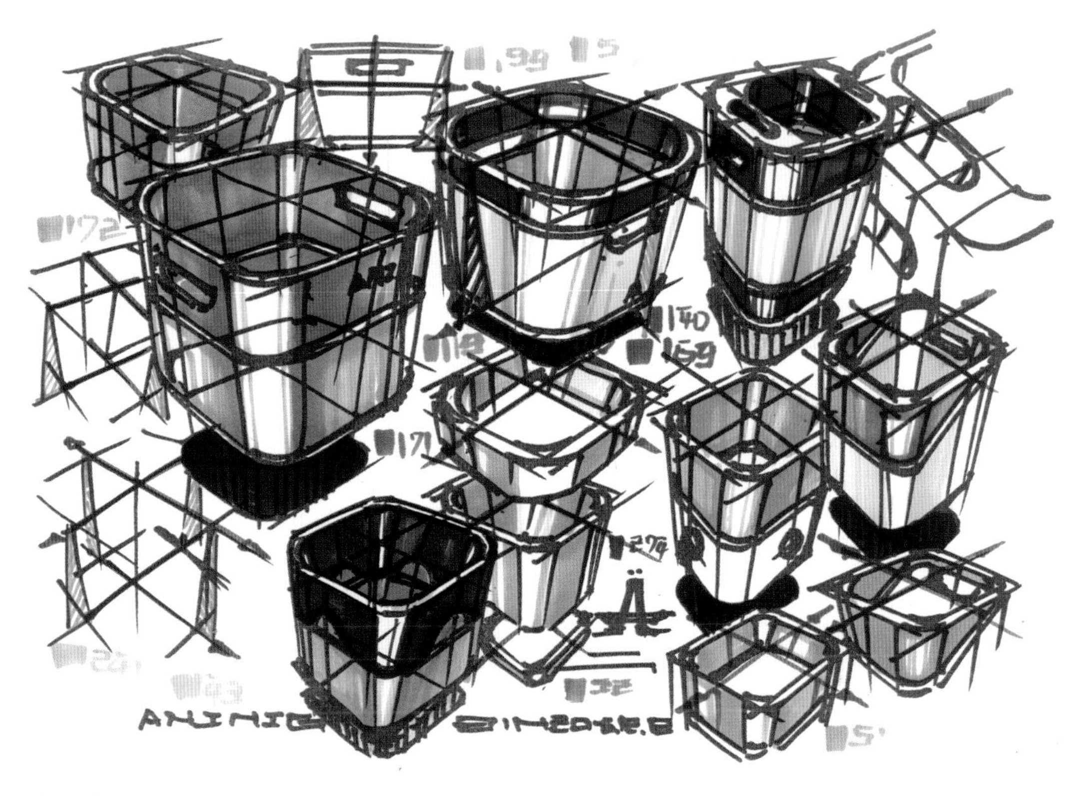

图2-137

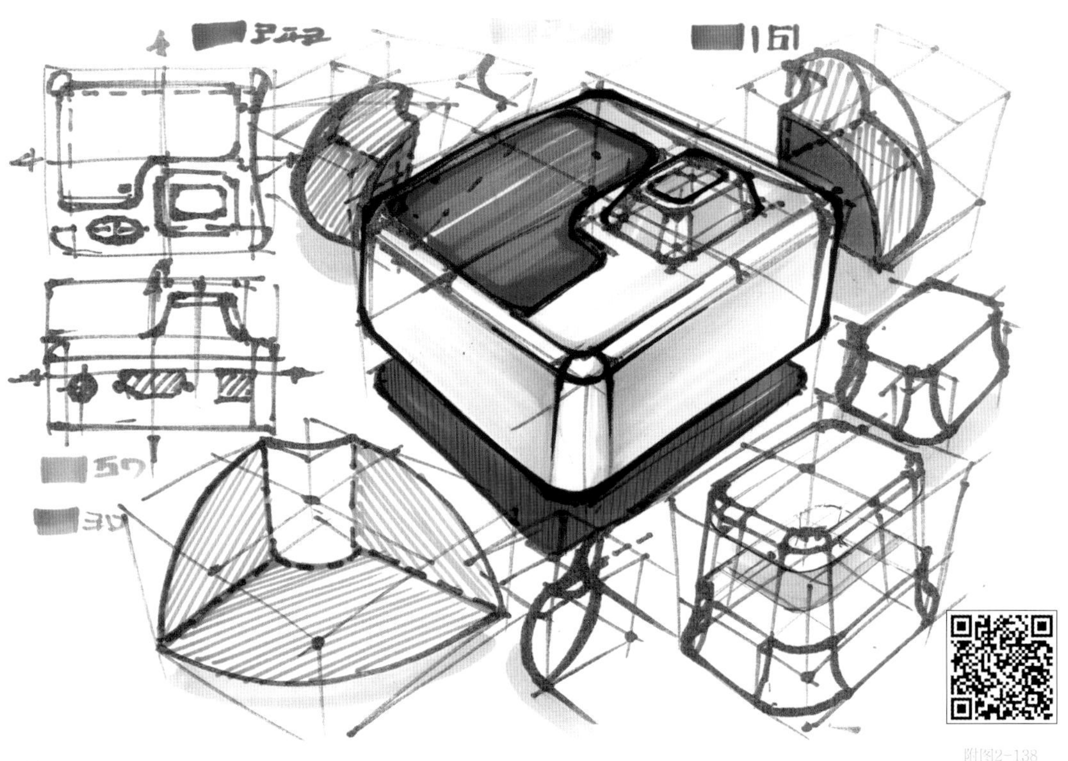

附图2-138

图2-138

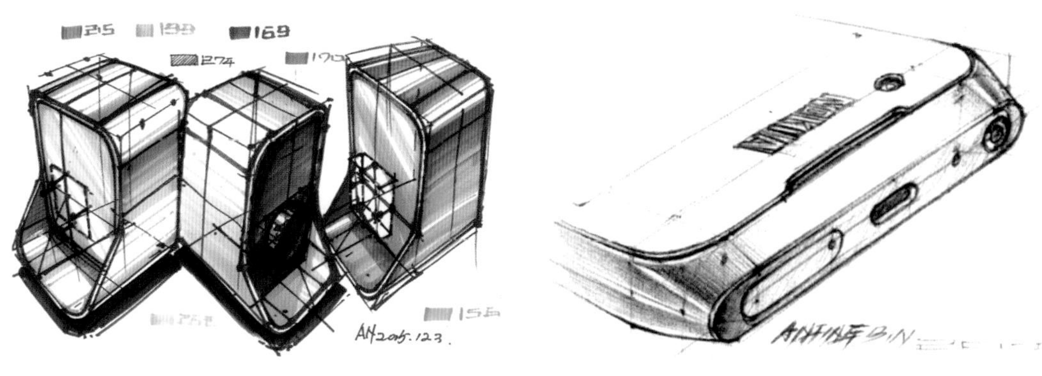

图2-139

图2-140

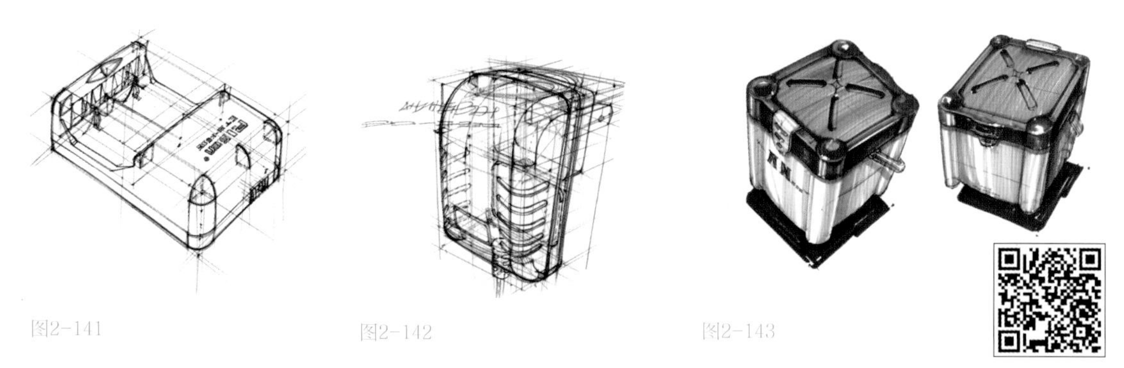

图2-141

图2-142

图2-143

附图2-143

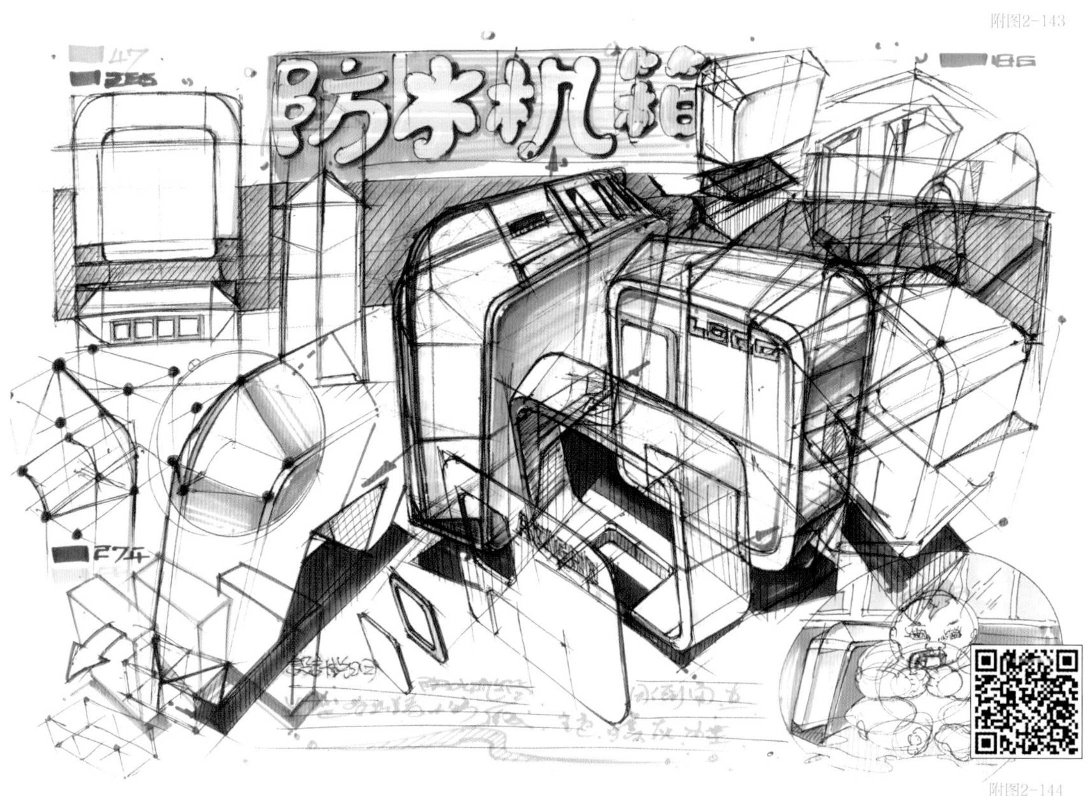

附图2-144

图2-144

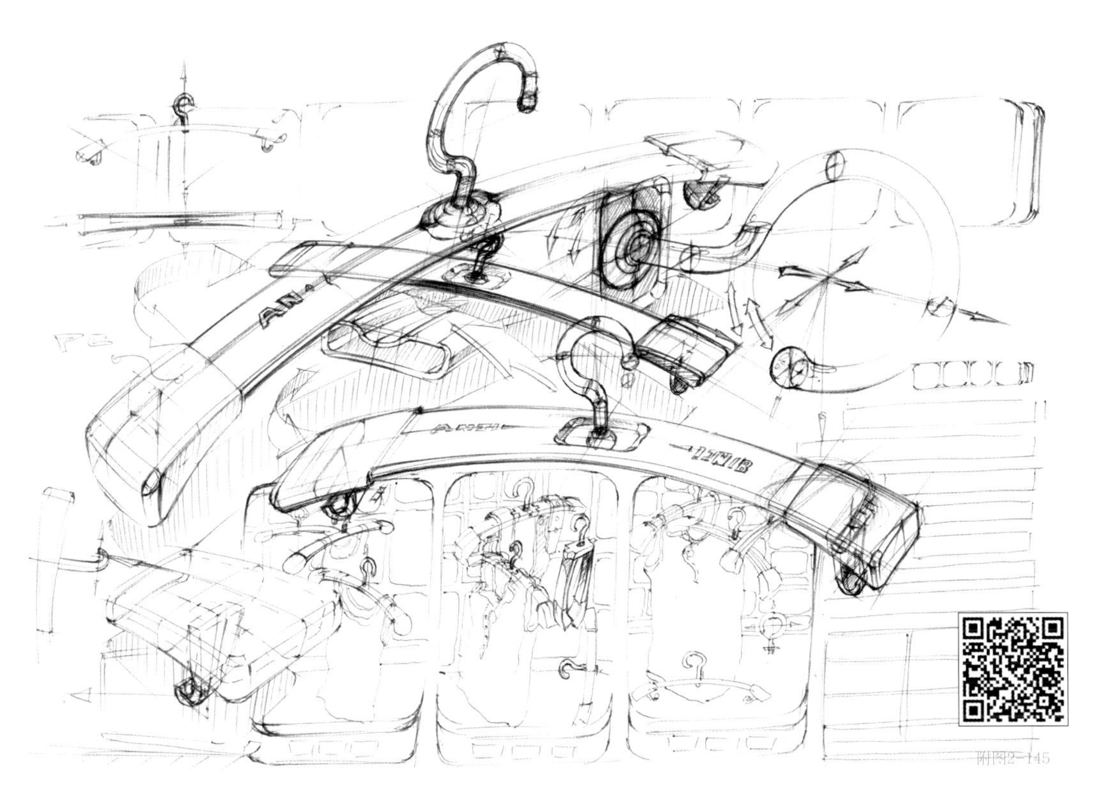

图2-145

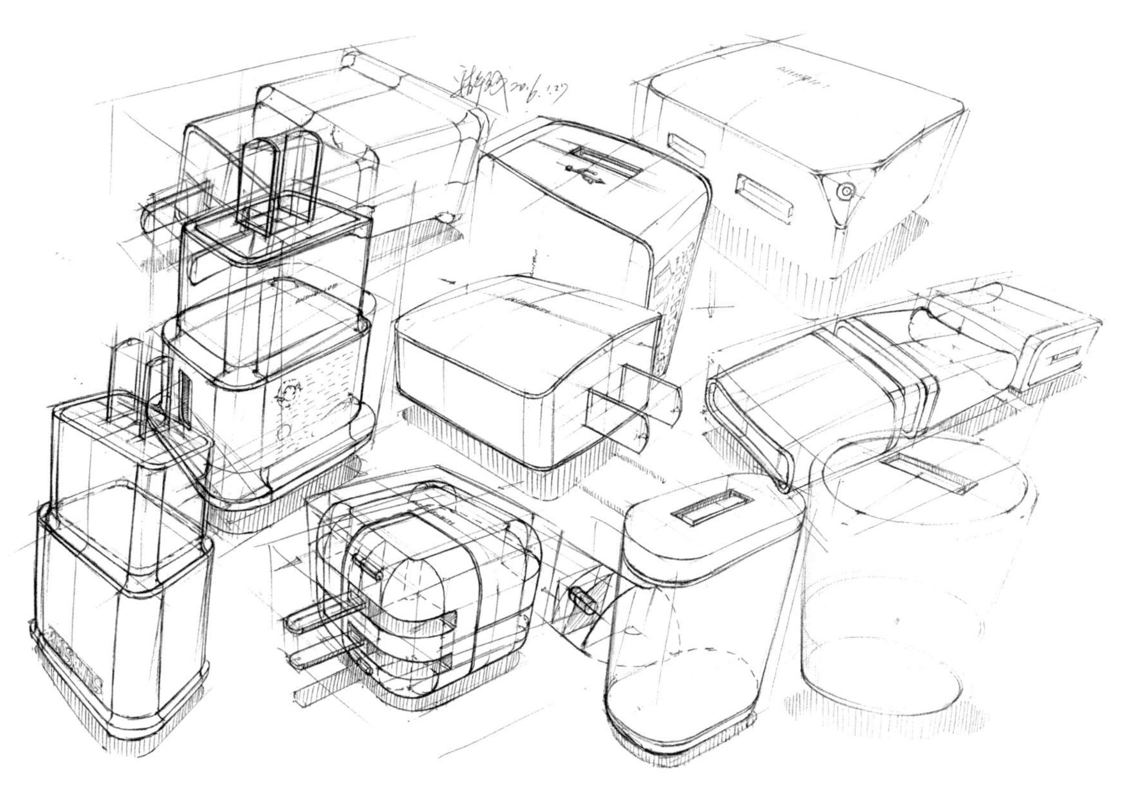

图2-146

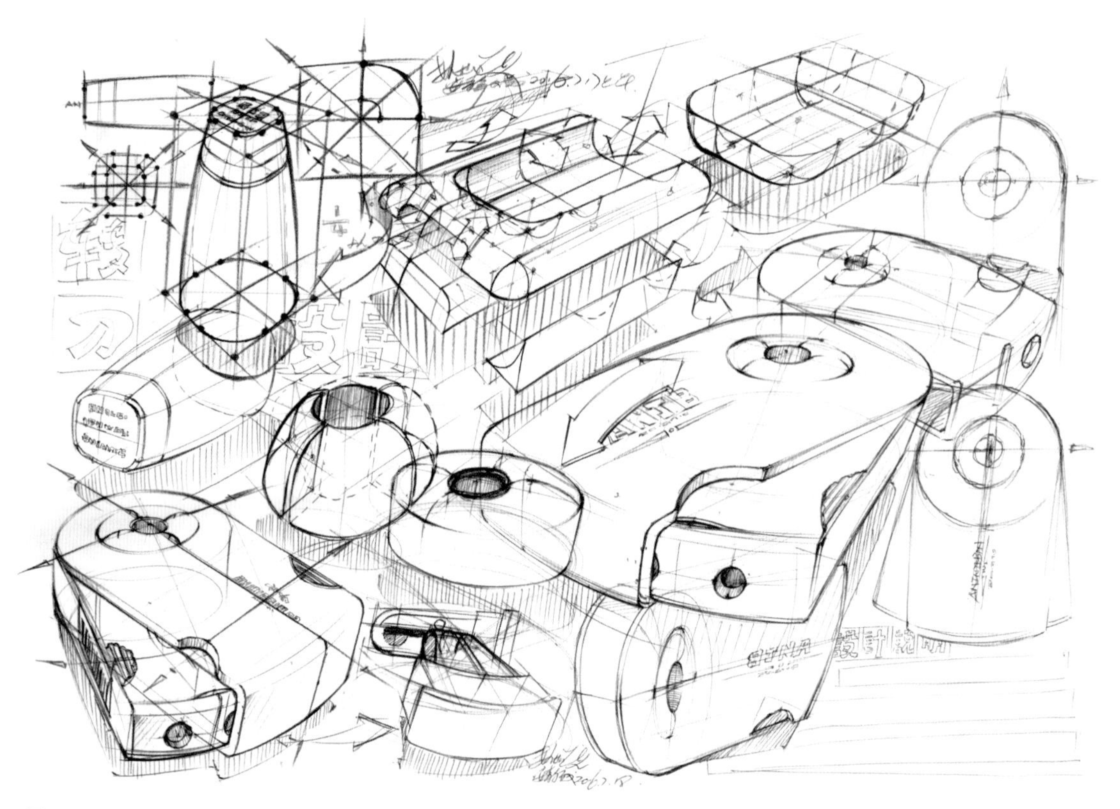

图2-147

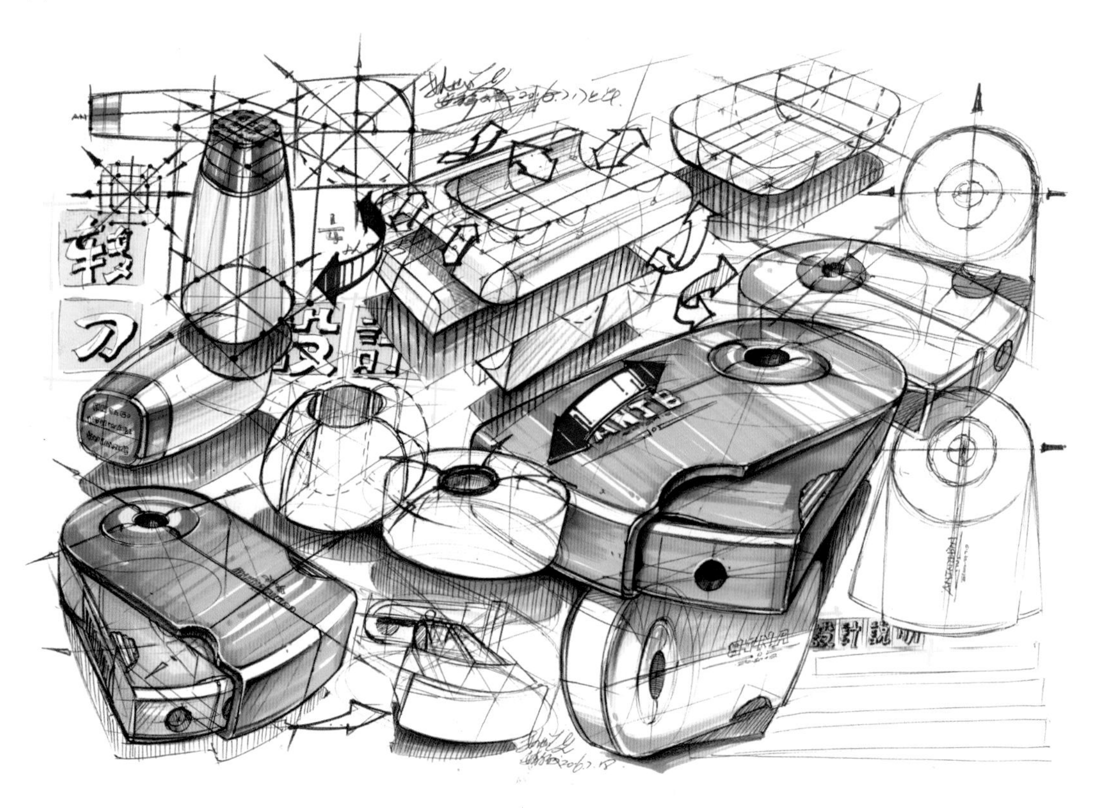

图2-148

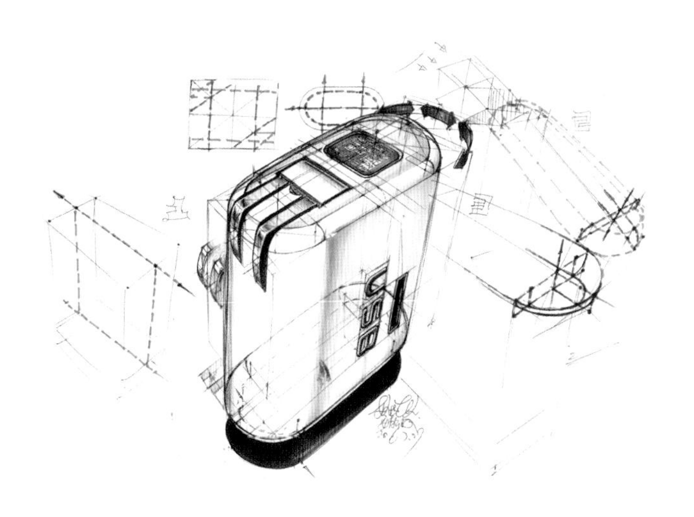

图2-149

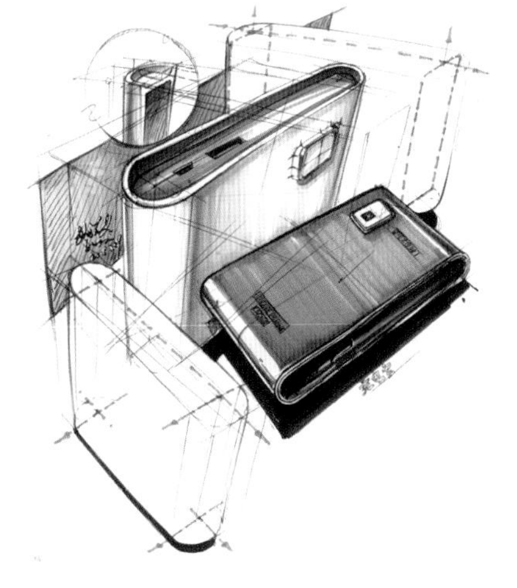

图2-150

2.4 曲面形体分析研究

2.4.1 曲面形体的画法

现实生活中，产品的曲面往往由许多曲面相互衔接构成，绘制此类复杂曲面的产品时，通常先画一个大致符合产品造型大小的长方体，然后在长方体的三个中心面上绘制产品的断面曲线，必要时可以在形态发生变化的关键位置绘制断面线。最后，用光滑的曲线连接，并使曲面的整体形态完整（图2-151）。

产品中最常见的曲线衔接为圆柱体的衔接，这类相交曲线的绘制可以将两圆柱体简化为两个长方体相交，在衔接的地方将共用的部分进行细分。根据三视图原理找到相贯线的特殊点位置，在立方体上标出这些特殊点，然后用光滑的曲线连接，完成圆柱体的衔接（图2-152—图2-154）。

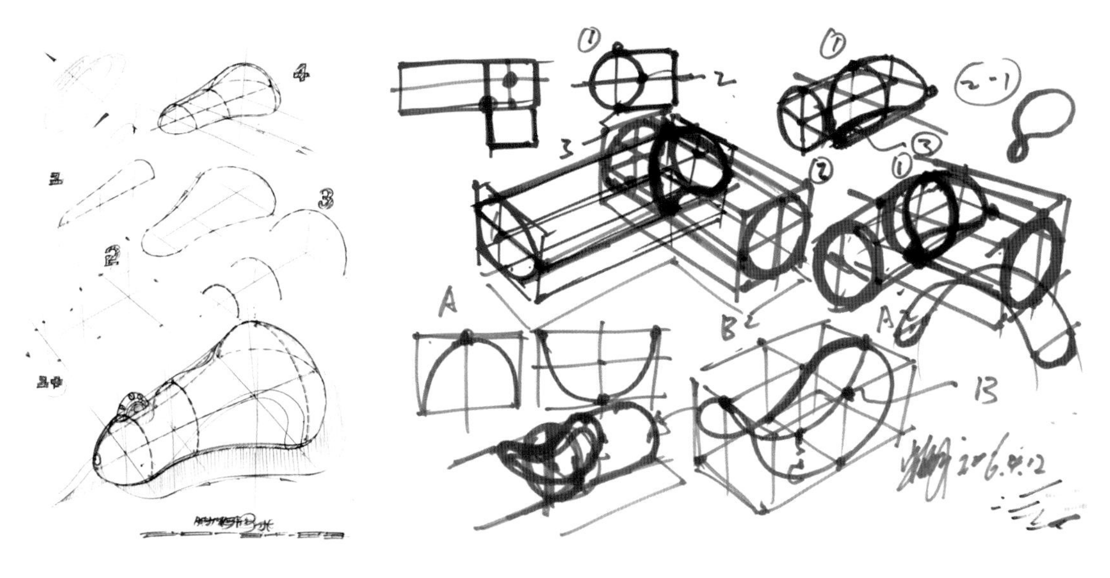

图2-151 图2-152

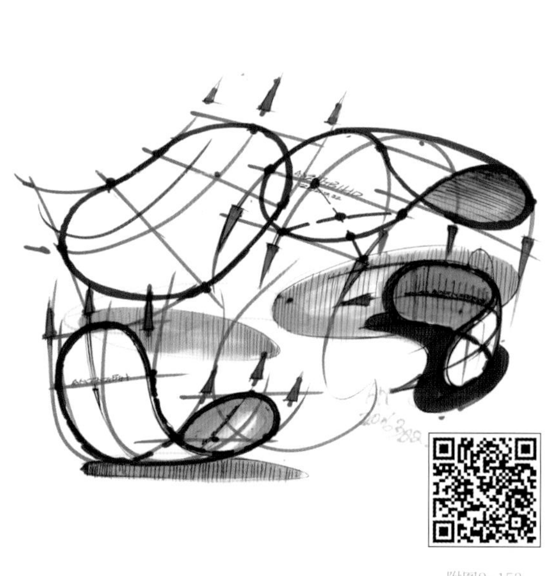

附图2-153

图2-153

图2-154

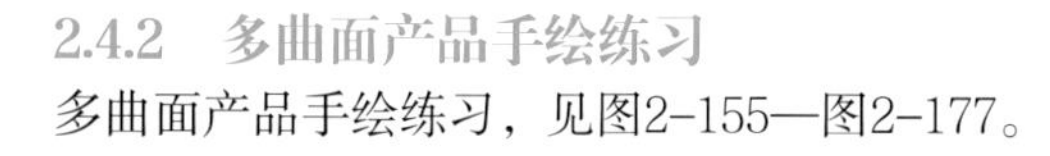

2.4.2 多曲面产品手绘练习

多曲面产品手绘练习，见图2-155—图2-177。

附图2-155

附图2-157

附图2-159

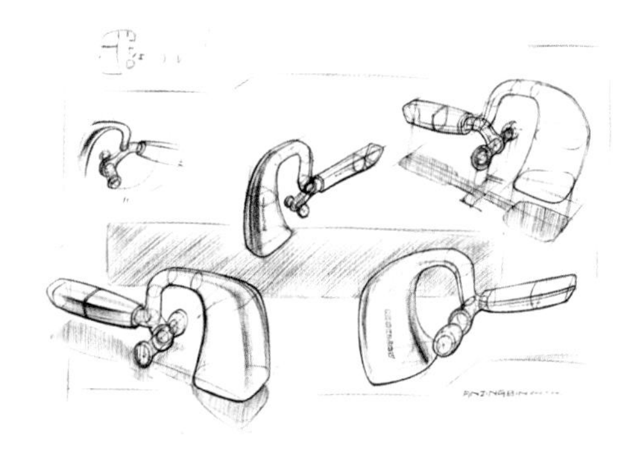

图2-155

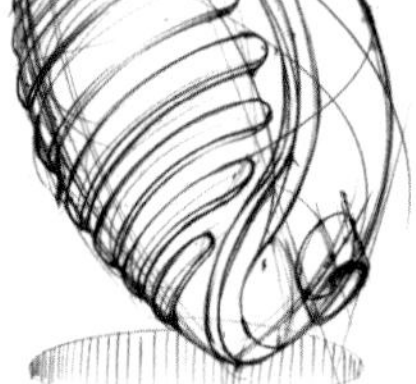

图2-156

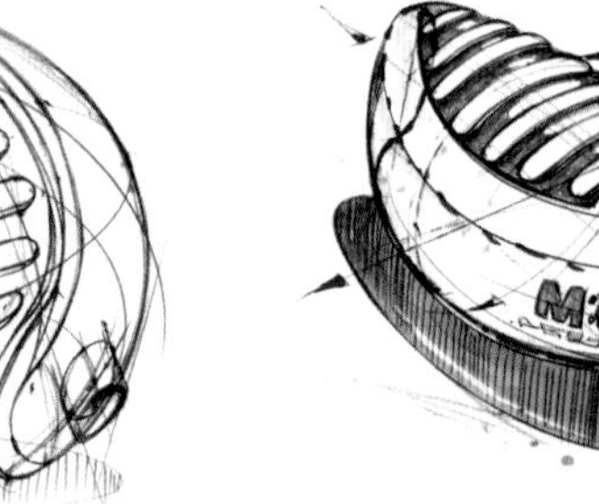

图2-157

图2-158

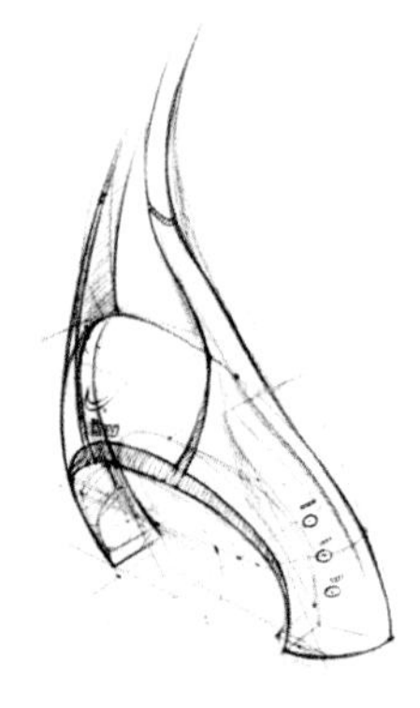

图2-159

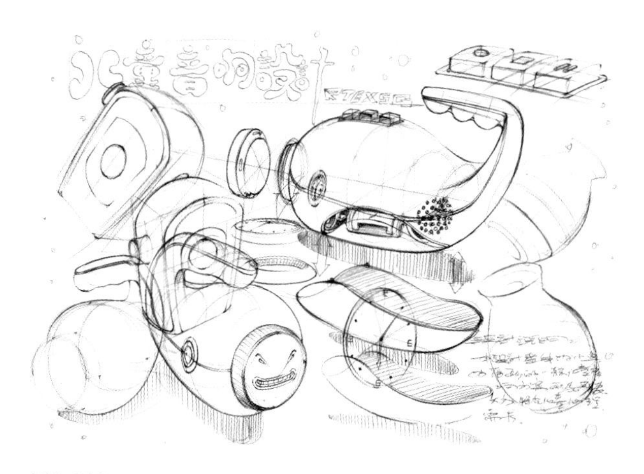

图2-160

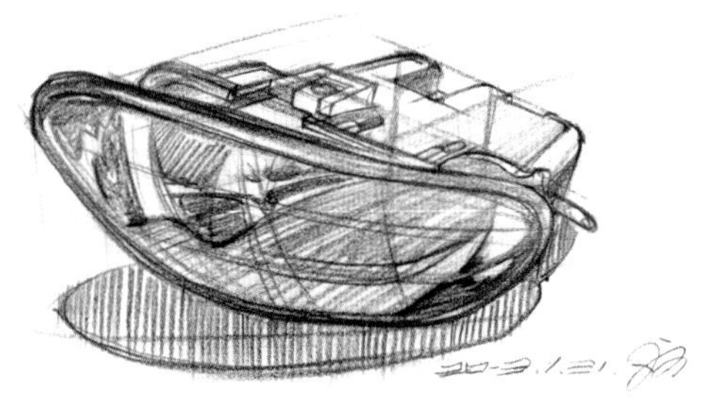

图2-161

图2-162

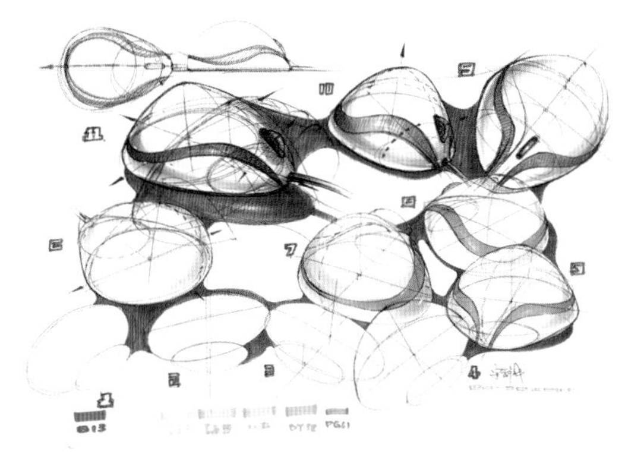

图2-163

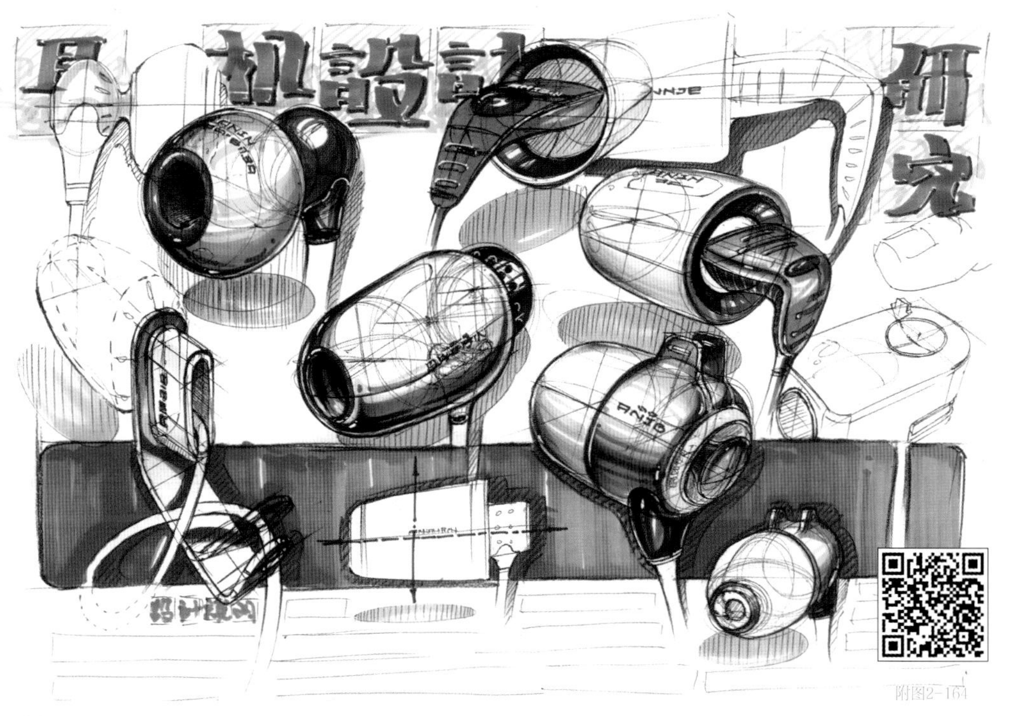

附图2-164

图2-164

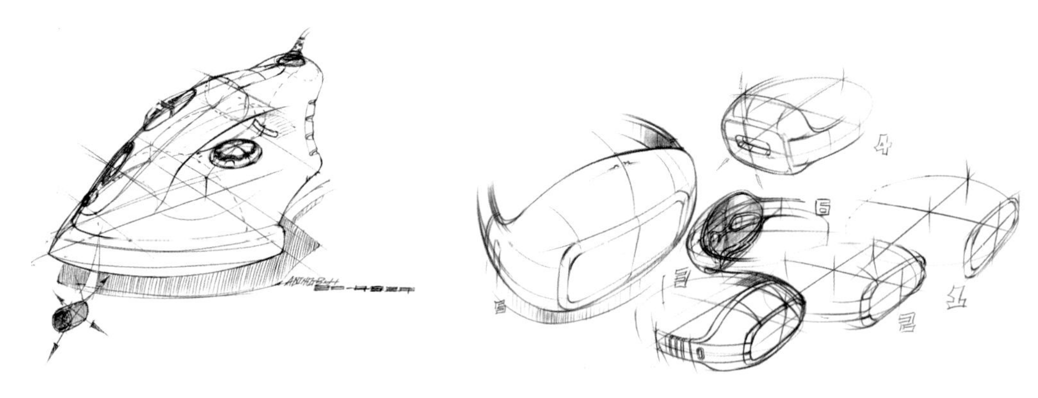

图2-165　　图2-166

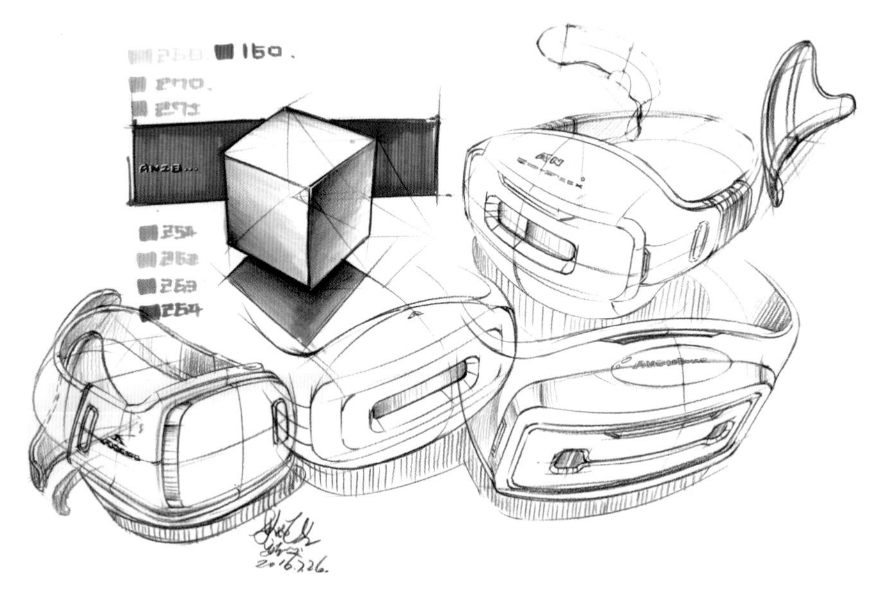

图2-167

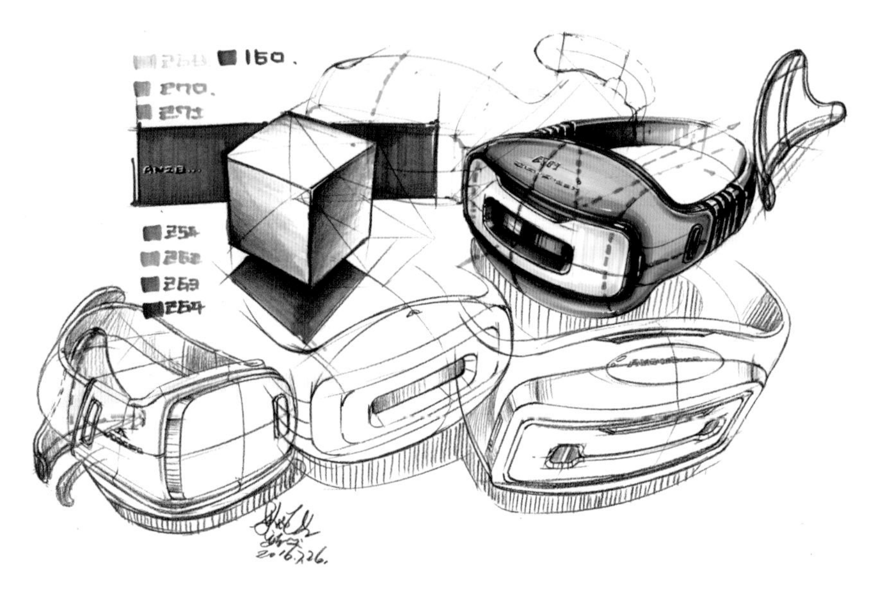

图2-168

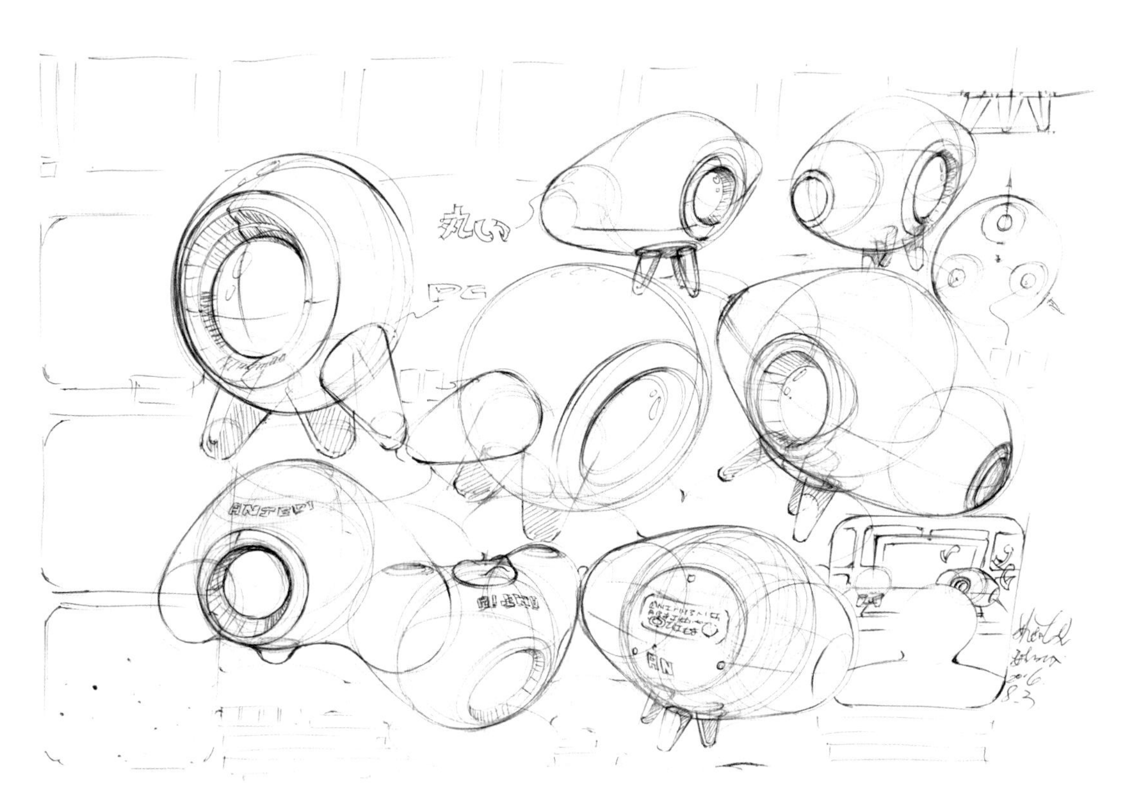

图2-169

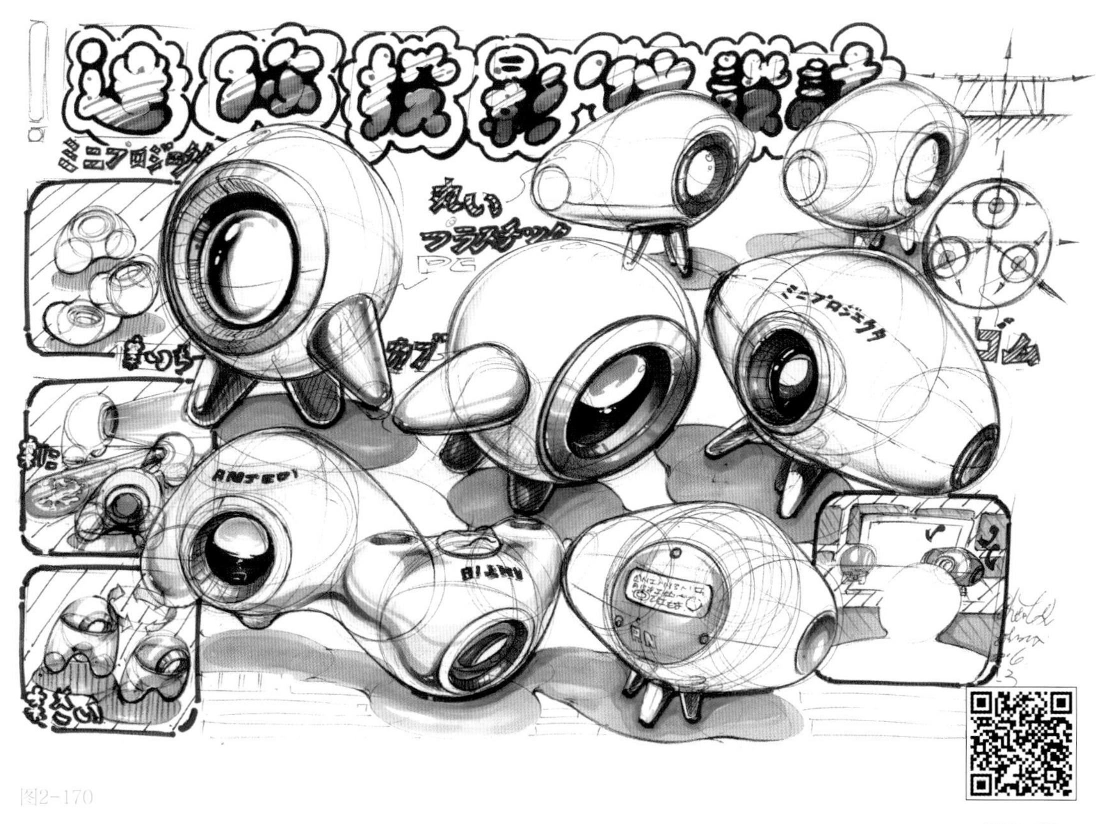

图2-170

附图2-170

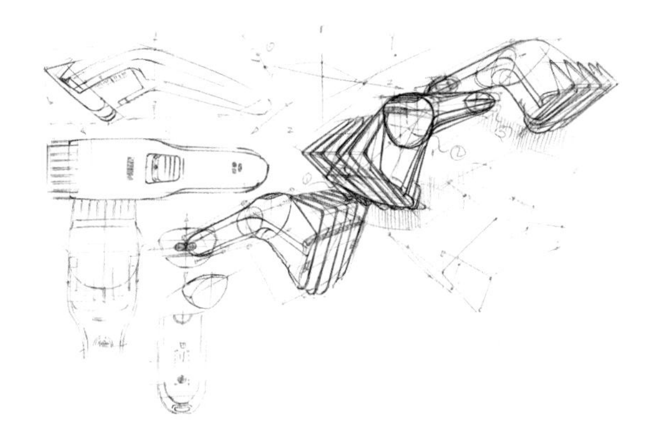

图2-171

图2-172

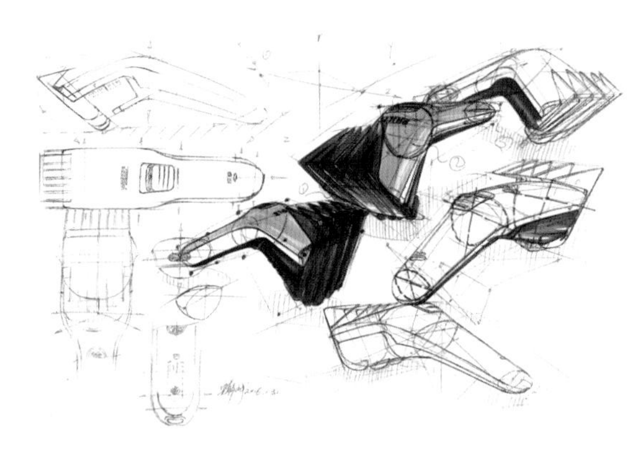

图2-173

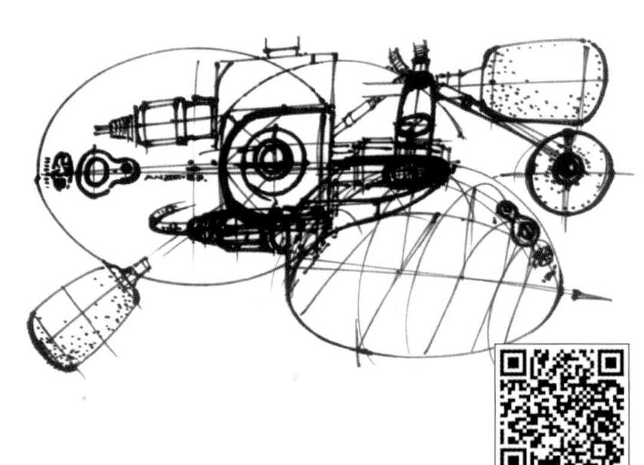

图2-174

附图2-174

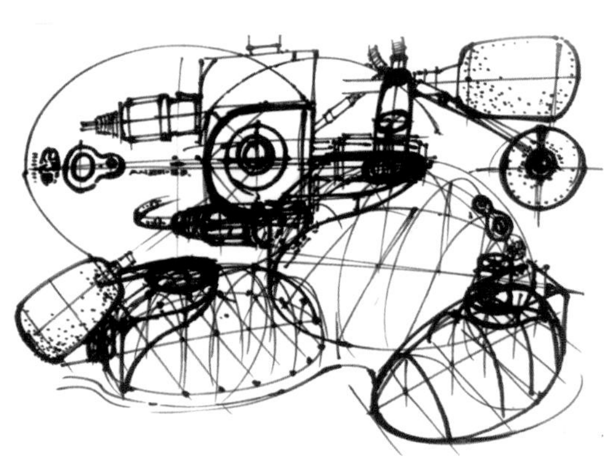

图2-175

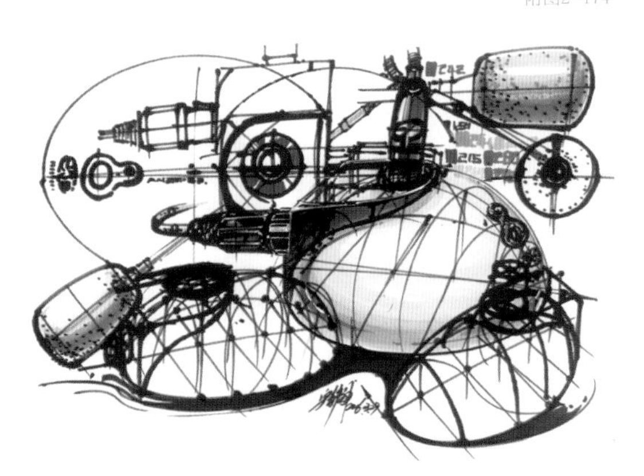

图2-176

3　进阶训练部分

3.1 产品CMF研究

色彩是产品设计效果图视觉组成部分。在快速设计变现过程中，色彩往往被意向化，以此强调其倾向、感觉。

运用色彩时需注意以下几点：

①色调整体关系：表现对象必须确定其主色调，而其他颜色都要与主色调相协调。主色调的面积相对比较大些，次色调所占面积要小。如果用色纸画，可以将色纸颜色定为主色调，提高光加暗部就能便捷地达到整体关系不错的效果。

②色彩对比关系：在研究色调统一的同时也要有色彩的对比，颜色是靠对比出效果。在效果图中，对比色的运用要仔细斟酌，一般在主要部位和精彩的地方点缀一下，点缀的颜色既要与主色调产生对比，又要与之相呼应。

③色彩主次关系：效果图用色要概括简练，一色为主，再配二三色用于点缀。用色以对象特征和光影概括为依据。高光表现既要肯定又不能生硬，暗部反光色要柔而不抢眼。总之，要分清主次，不能平均对待。

3.1.1 不同笔触在产品绘制中的应用

目前，在产品快速表达过程中常选用马克笔来表达色彩。马克笔的笔触形式由点、线、面三种形式组成。一般来讲，呈“块、面”的笔触比较整体，更加有冲击力，通常用来表现产品的整体色彩；“面—线”的笔触最为常用，通常用来表现高光等细节。因为马克笔的色彩有限且色彩的调和能力不足，所以马克笔的特点之一就是用本身的笔触进行过渡，熟练掌握这一笔触变化是画面成败的关键之一（图3-1、图3-2）。

3.1.2 方体着色

受到光源及方体本身形态的影响，方体的色彩表现相对简单，各个面均由线性明暗渐变构成。根据受光面和背光面的不同，色彩的整体明暗程度不同（图3-3—图3-5）。

附图3-1

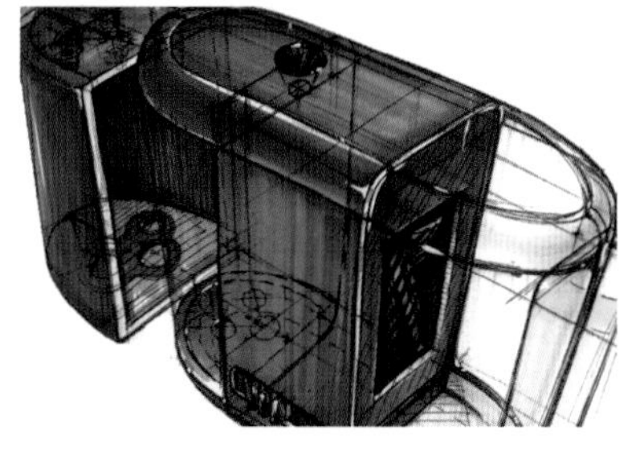

图3-1

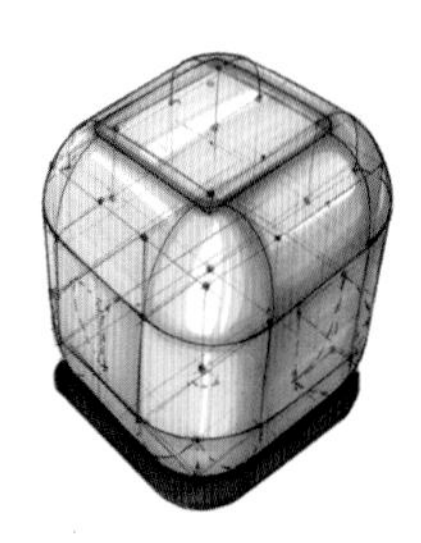

图3-2

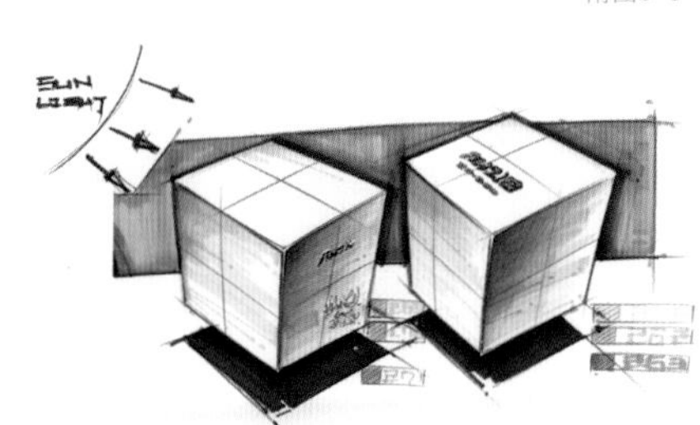

图3-3

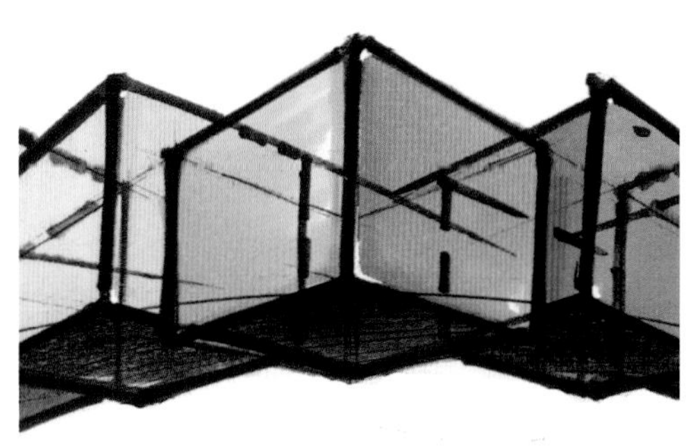

图3-4

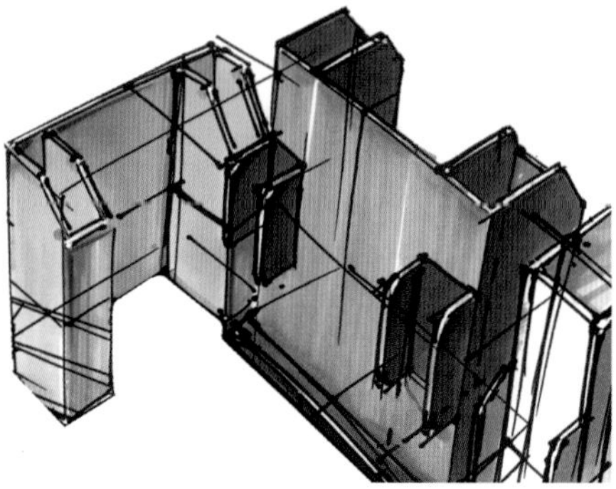

图3-5

3.1.3 曲面着色

受到曲面形态的影响，曲面在光照条件下，其色彩变化相对复杂，从受光处高光开始逐渐向暗部渐变，到最暗的地方受到环境反光的影响又有一个由暗到亮的渐变过程。整个明暗的渐变过程与产品的曲线形态一致，并非单纯的线性渐变（图3-6—图3-11）。

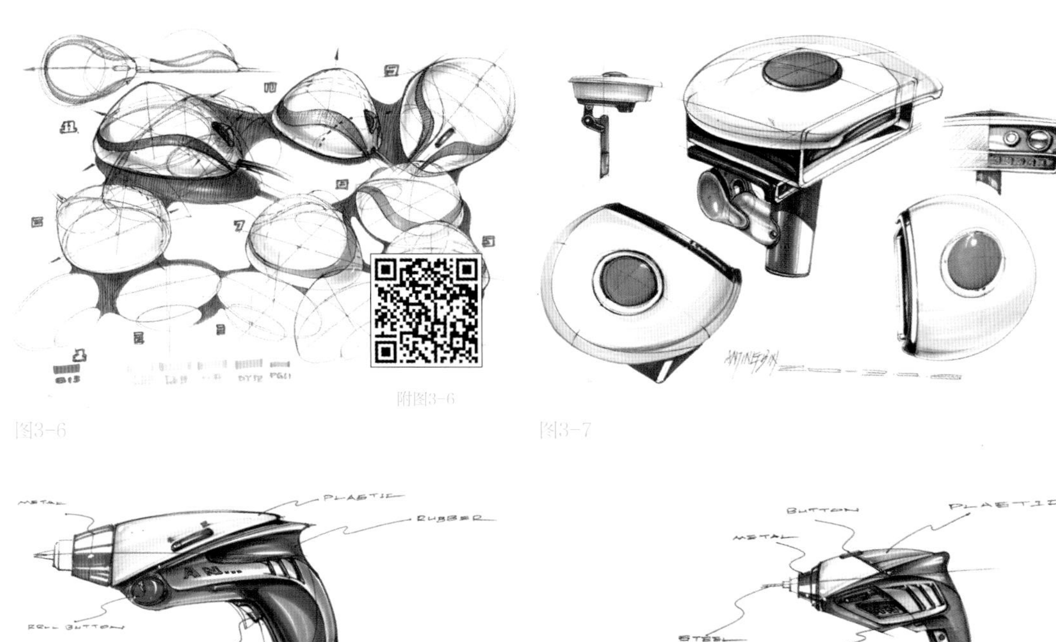

附图3-6

图3-6　　图3-7

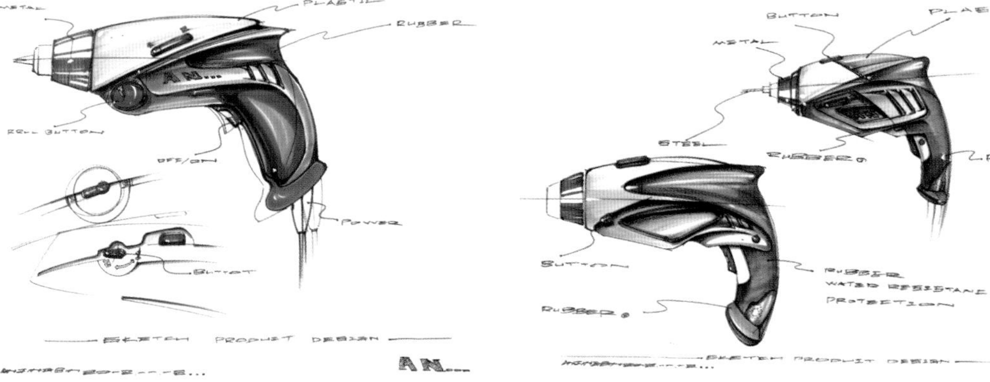

图3-8　　图3-9

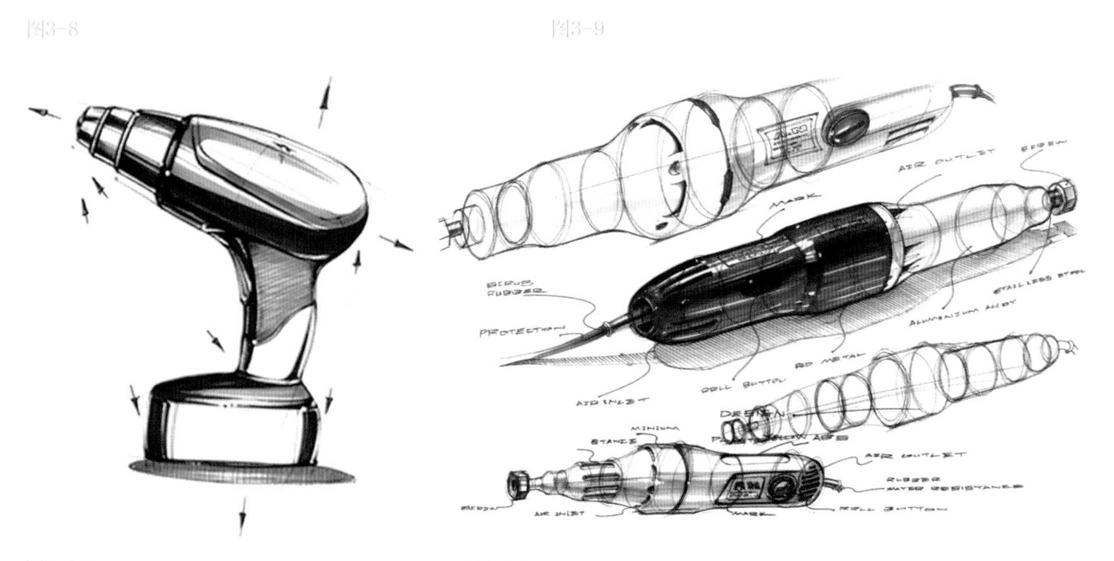

图3-10　　图3-11

3.1.4 不同材质的表现方法

不同材质本身表现出不同的特性，在手绘过程中需要利用不同的笔触表现这些特性。在工业产品当中常见的材质有玻璃、金属、塑料、木材、纸张等（图3-12）。

玻璃、金属和部分表面抛光处理的塑料材质都具有高的亮度，反射很强，在表现的过程当中，明暗的渐变很短，对比明显。玻璃材质还具有透明和折射的特性，一般会选用较浅的颜色来表现玻璃的透明质感。木纹的表现除了用色彩表现明暗的变化外，还需要利用不同颜色的笔触表现木纹的纹理，让材质表现得更加逼真（图3-13—图3-21）。

图3-12

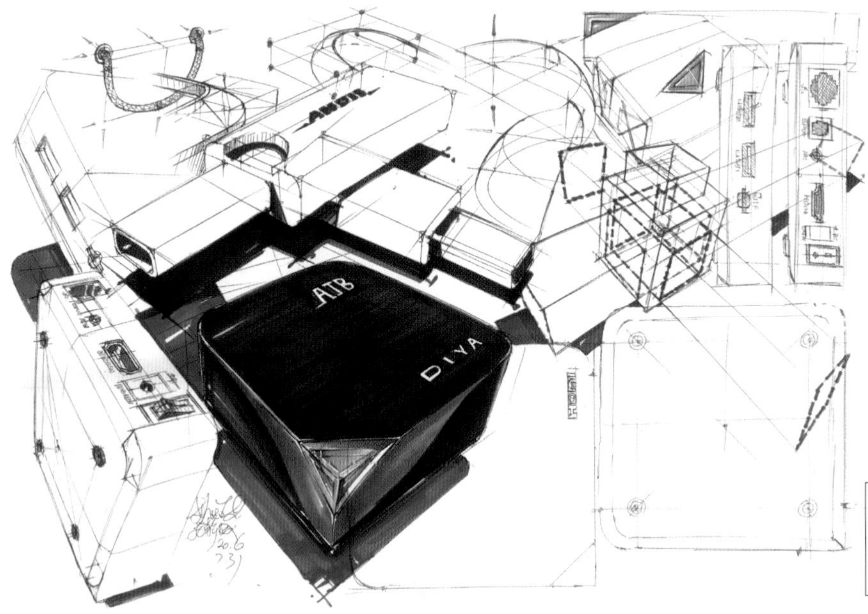

附图3-13

图3-13

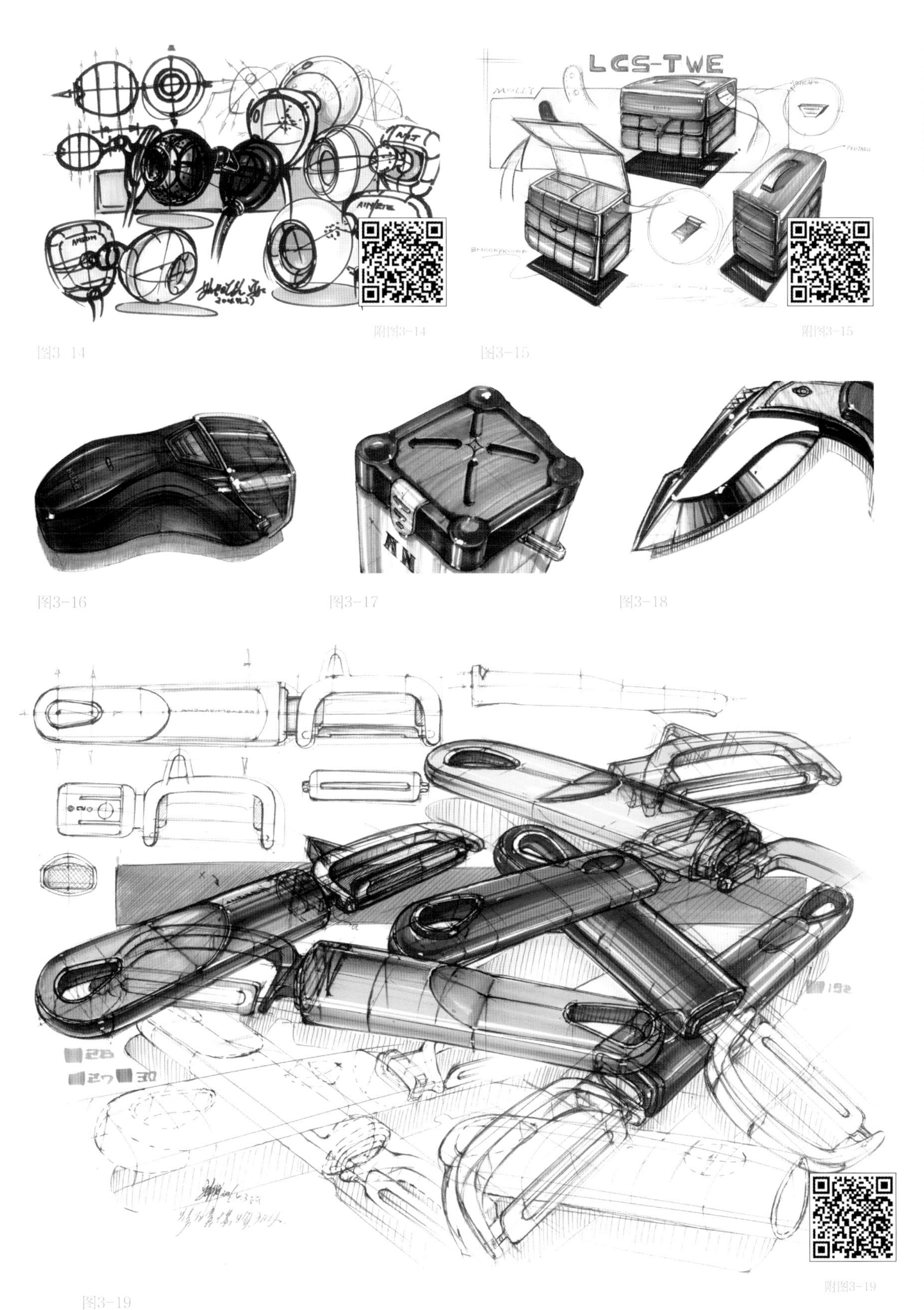

附图3-14

图3-14

附图3-15

图3-15

图3-16

图3-17

图3-18

附图3-19

图3-19

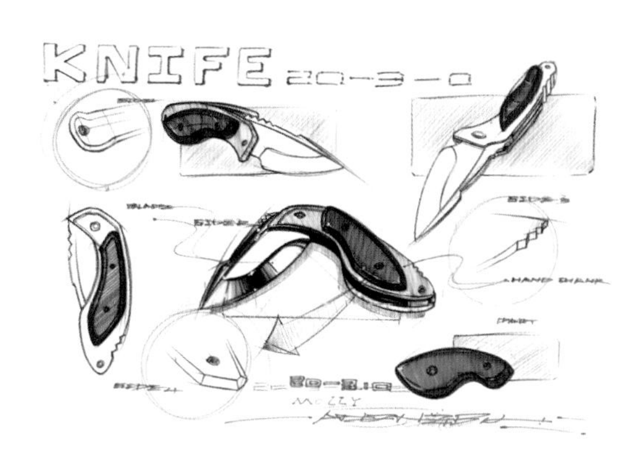

图3-20

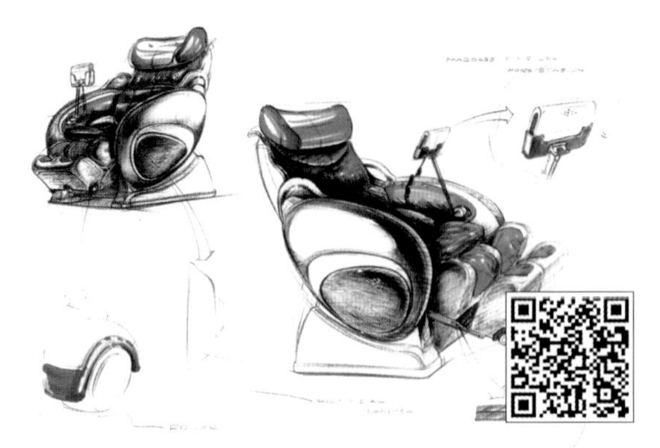

附图3-21

图3-21

3.2 产品绘制

产品的绘制过程即用线条表现产品空间构成及体量关系，可以体现这些效果的线分为参考线、结构线、断面线和外轮廓线等几种。

①参考线：绘制产品轮廓前，一般先轻轻绘制出产品长、宽、高三个方向的透视线，这样可为后面产品轮廓线的绘制提供必要的参照，以便整体作画。

②结构线：产品的面与面的交界线、边界线以及产品各部件壳体的接缝线等都可称为产品的结构线。画图时，产品的结构线要画得整体、清晰。

③断面线：断面线是表现形体直面、曲面等形体起伏的线，分为整体断面线和局部断面线，一般画在产品的中央，分横向和纵向两个方向。断面线要画准确。

④外轮廓线：刻画产品时，常常加重产品的外轮廓线，使产品内外线条形成较强对比，一方面使统一中富有变化，另一方面突出产品外轮廓形体特征。外轮廓线的刻画程度要遵循画面整体感的要求。

在产品手绘表现过程中，可以从以下几个方面来完整地表现产品。

3.2.1 整体透视图

产品手绘过程中，最常见的方式就是绘制整体透视图，以表现产品的整体造型（图3-22—图3-29）。

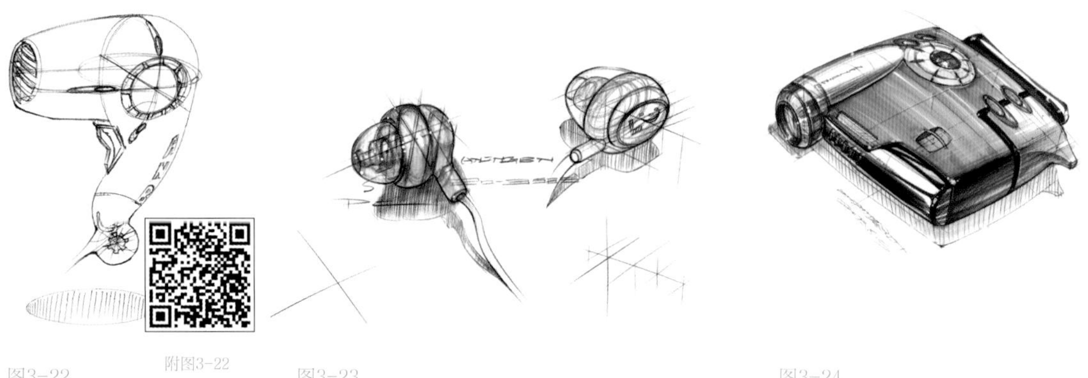

图3-22　附图3-22　图3-23　图3-24

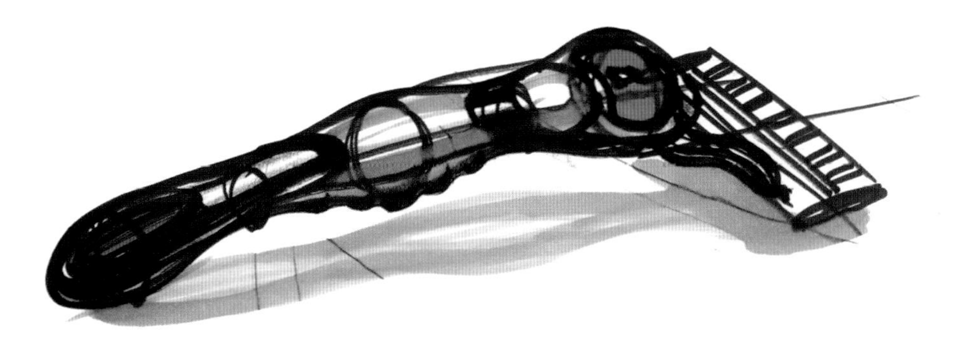

图3-25

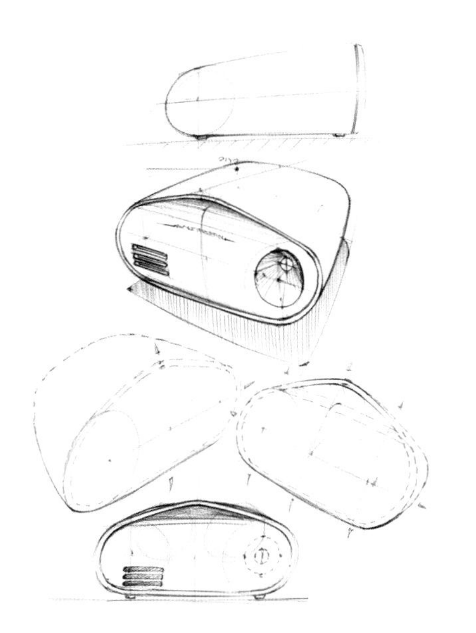

图3-26

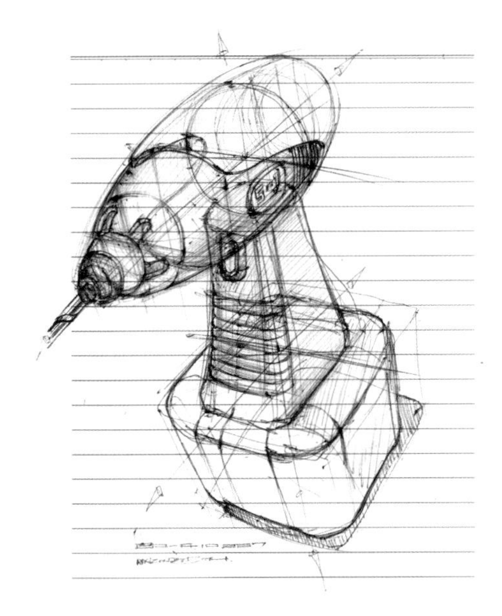

图3-27

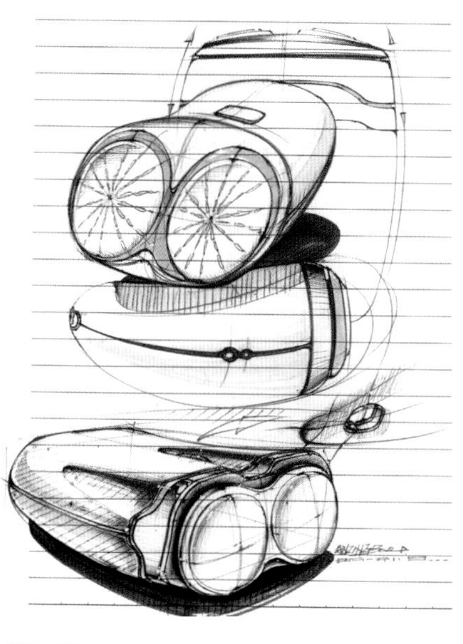

图3-28

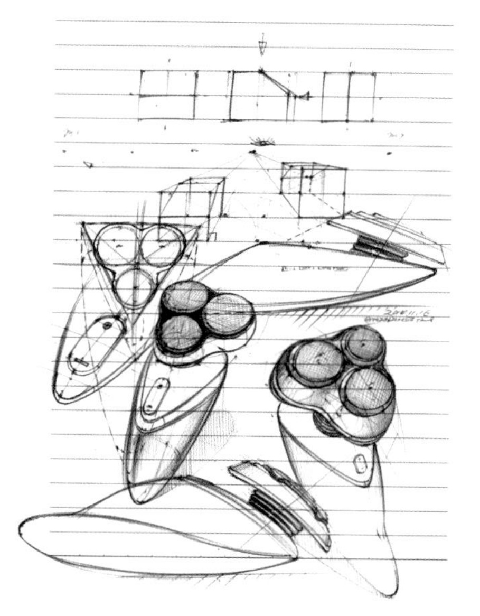

图3-29

3.2.2　多角度产品图

为了充分表达产品功能与造型的特征，设计师通常画出产品造型不同角度的整体图。画出这些图，产品造型的表现就会很全面。由于整体图强调的是大概效果，不能充分表达产品的细节特征，如按键的切角、局部结构的转折、凹凸效果等细节在某些整体图中不能呈现出来，这时就需要针对性地刻画产品的局部细节，对它们进行放大特写处理，以便表达得更清楚（图3-30—图3-34）。

去皮刀多角度表现步骤，见图3-35—图3-37。

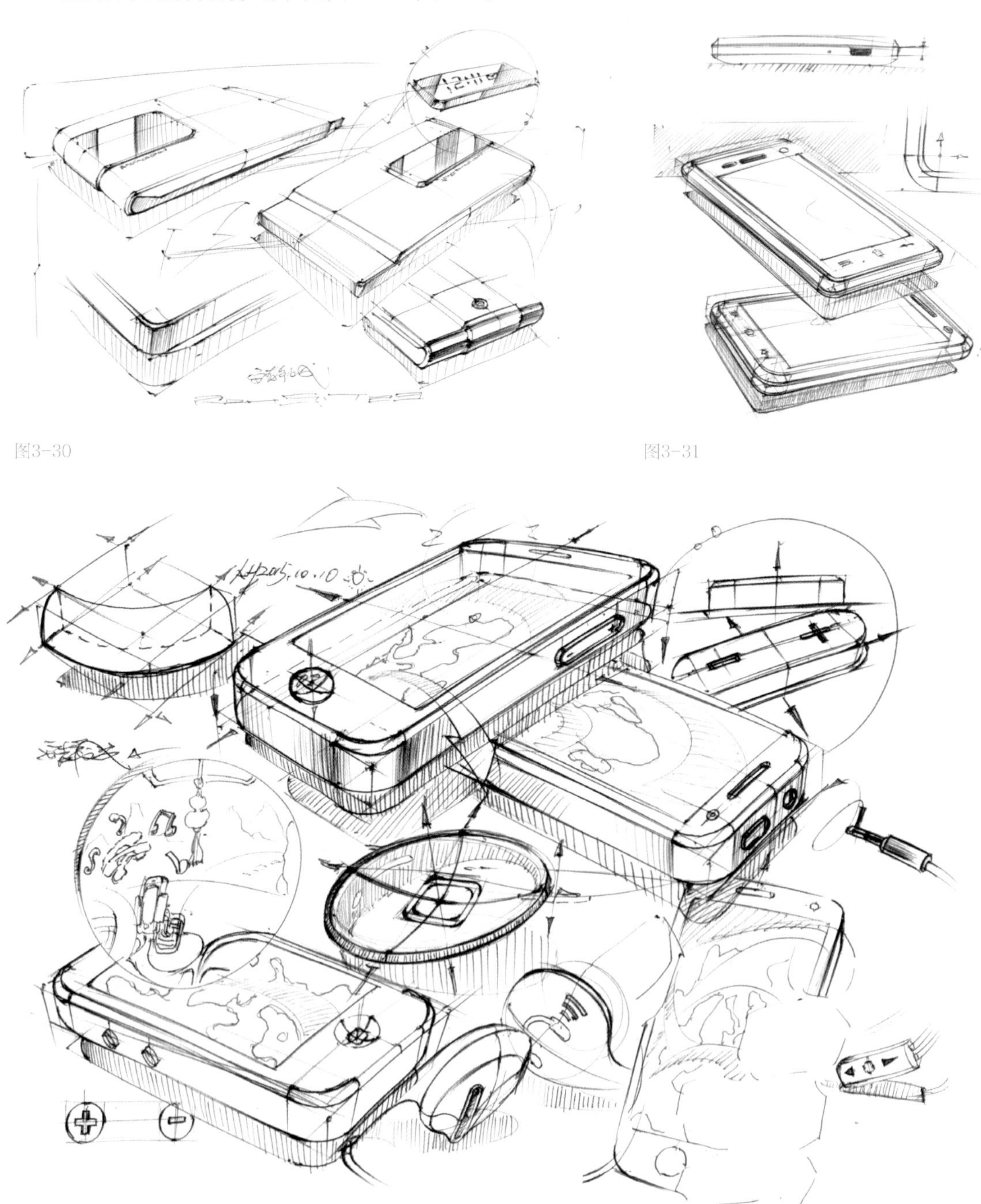

图3-30

图3-31

图3-32

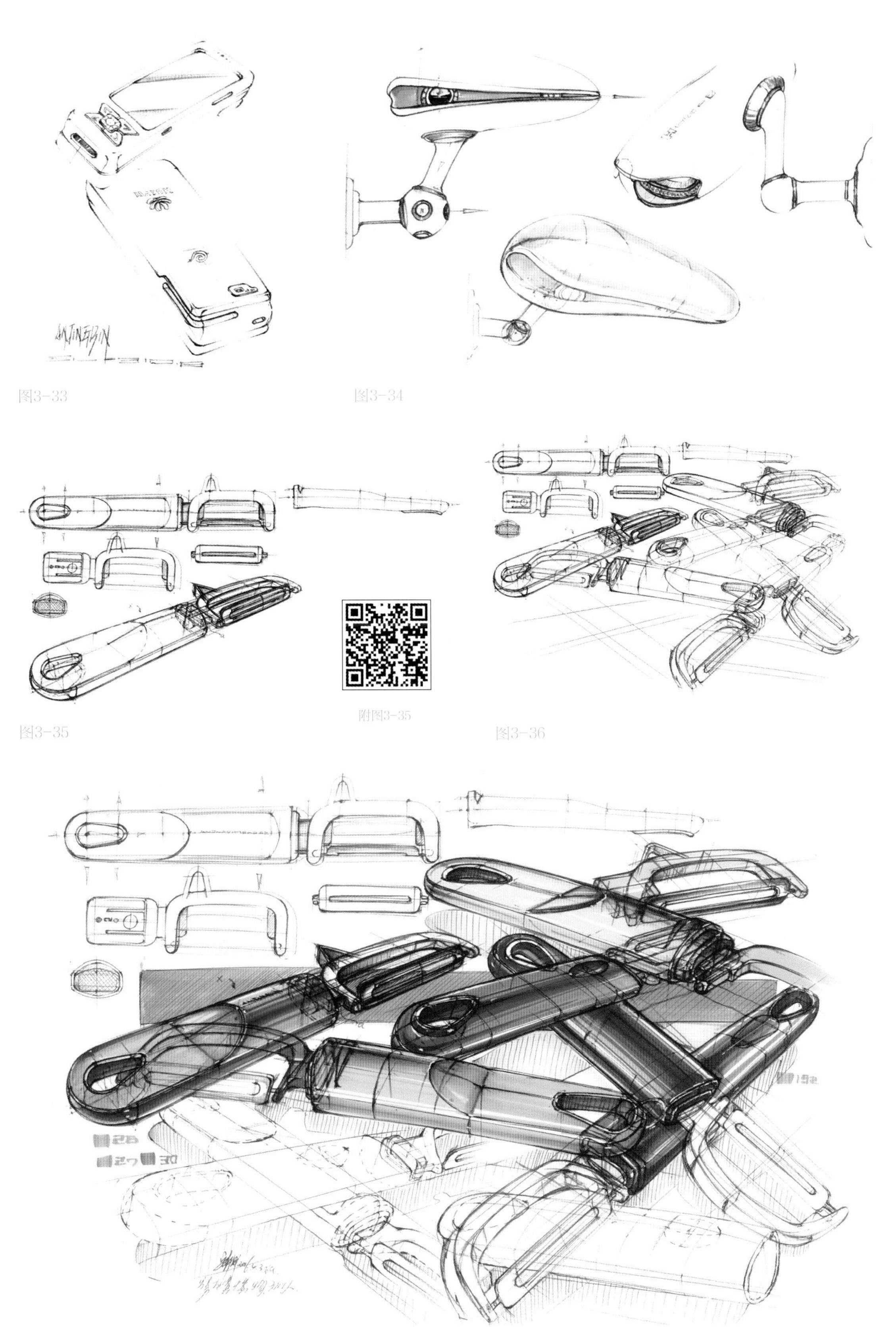

图3-33

图3-34

图3-35

附图3-35

图3-36

图3-37

钥匙多角度产品绘制步骤，见图3-38—图3-40。

长凳多角度表现，见图3-41。

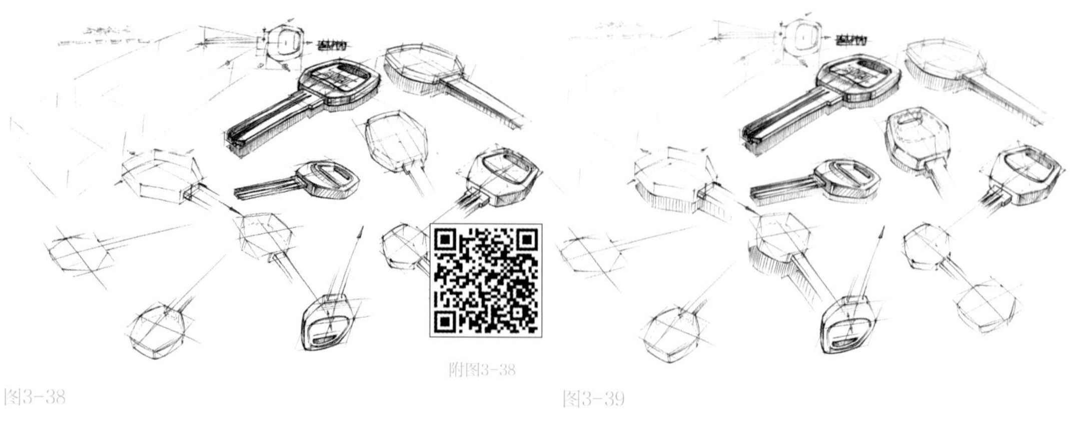

附图3-38

图3-38

图3-39

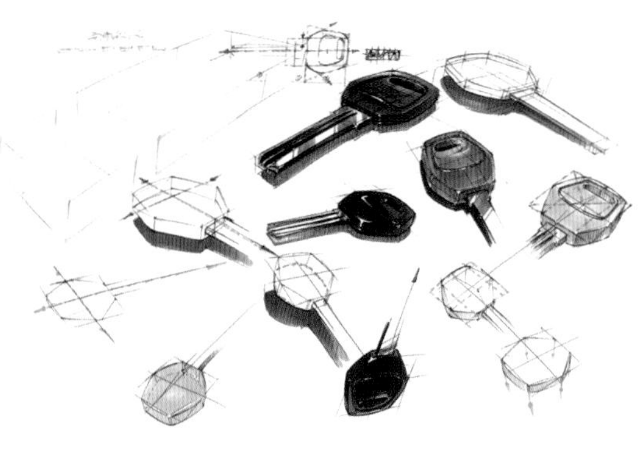

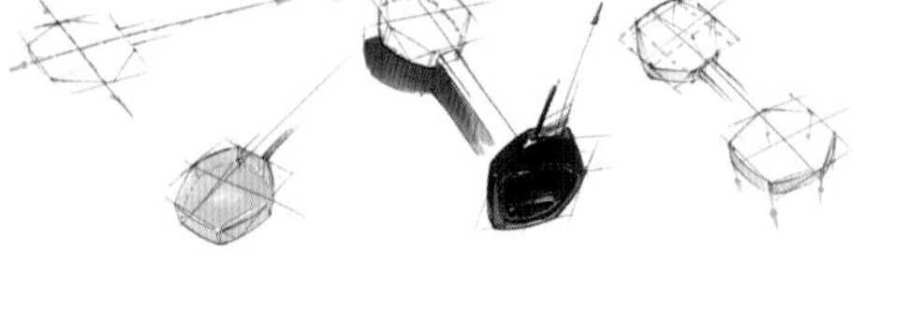

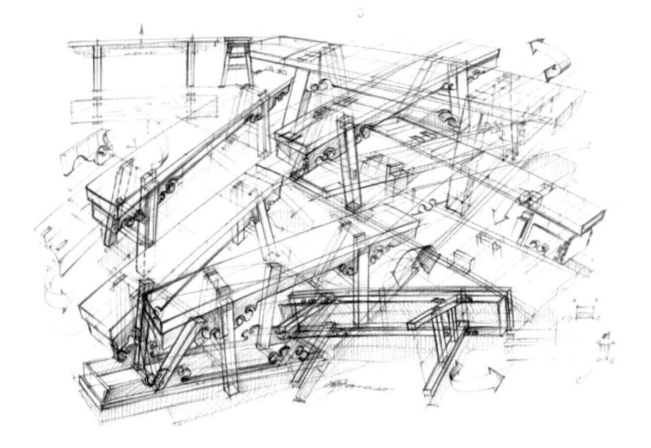

图3-40

图3-41

课桌多角度表现，见图3-42、图3-43。

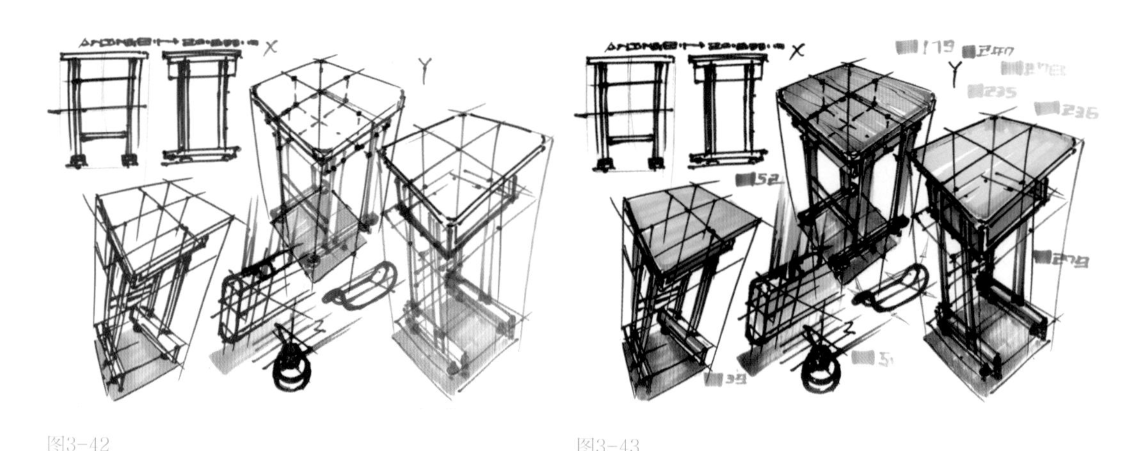

图3-42

图3-43

3.2.3　结构爆炸图

在表现创意或者已有产品细节的过程中，还可以利用爆炸图来表现产品各部件之间的安装结构，将整个产品按照某一轴线方向或者多个轴线方向爆炸开，见图3-44—图3-47。

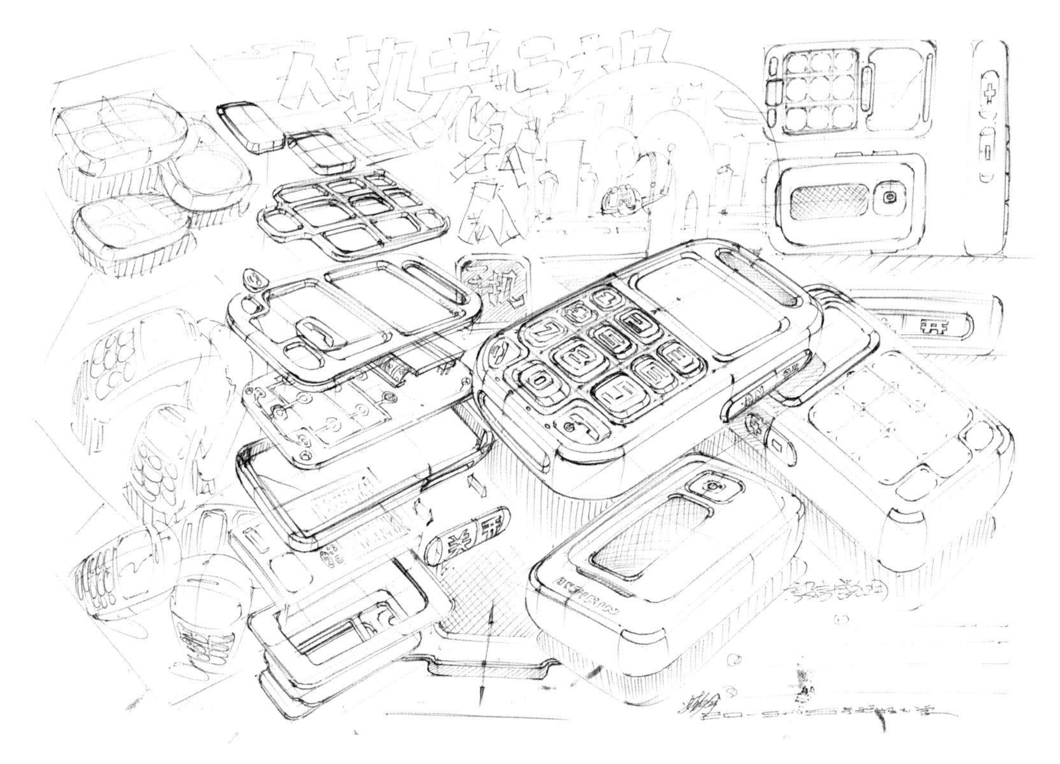

图3-44

图3-45

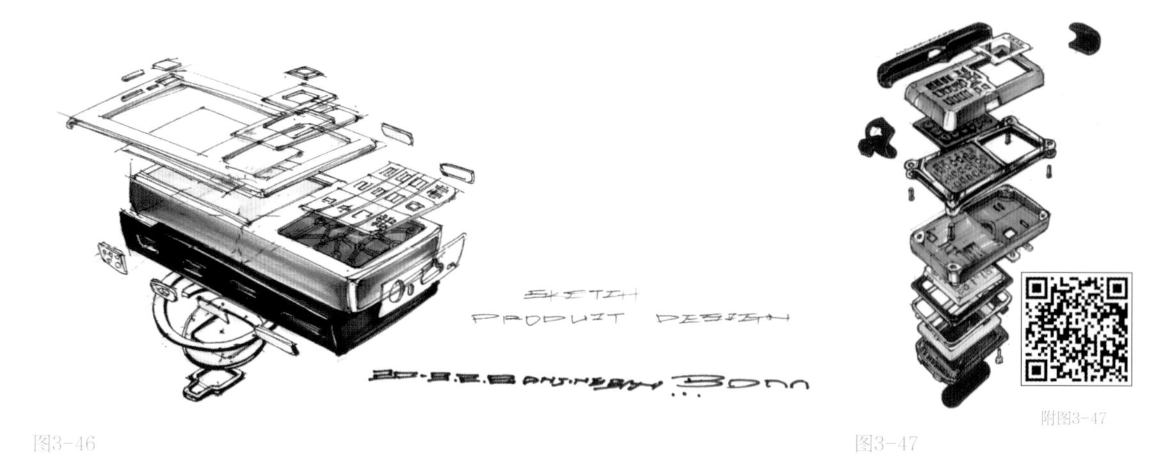

附图3-47

图3-46

图3-47

插排爆炸图表现，见图3-48、图3-49。

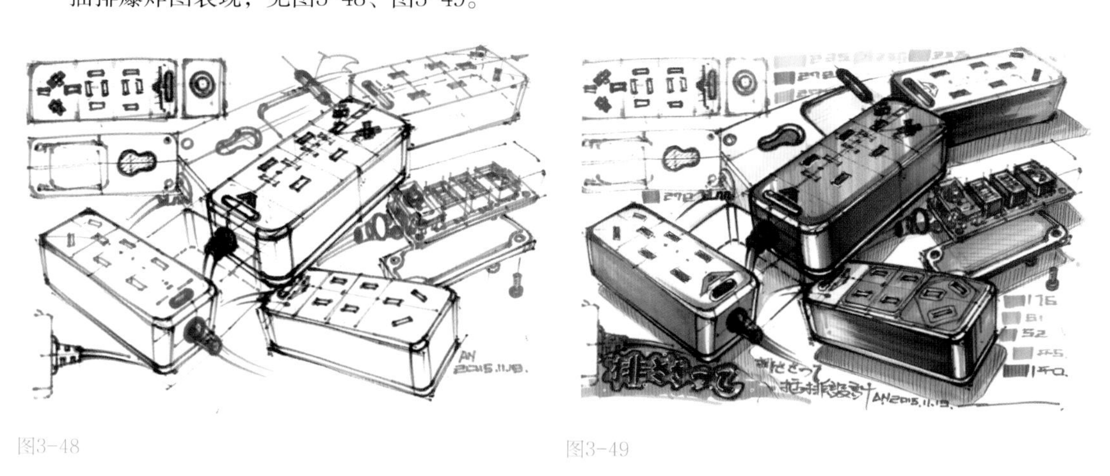

图3-48

图3-49

座椅爆炸图表现，见图3-50、图3-51。

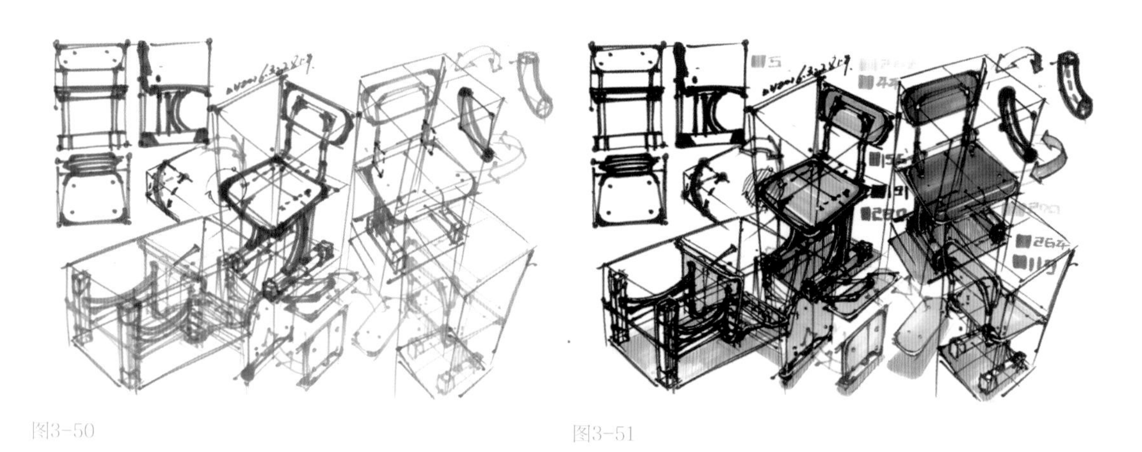

图3-50

图3-51

3.2.4 使用方式图

产品的使用方式图是指把产品融入人的使用环境，将人使用产品的方式或场景表达出来的图。观此图，可直观生动地感受到设计意图、产品的使用功能及使用方式、产品的大概尺寸、产品的使用环境等。

3.2.5　细节说明图

细节说明图，见图3-52。

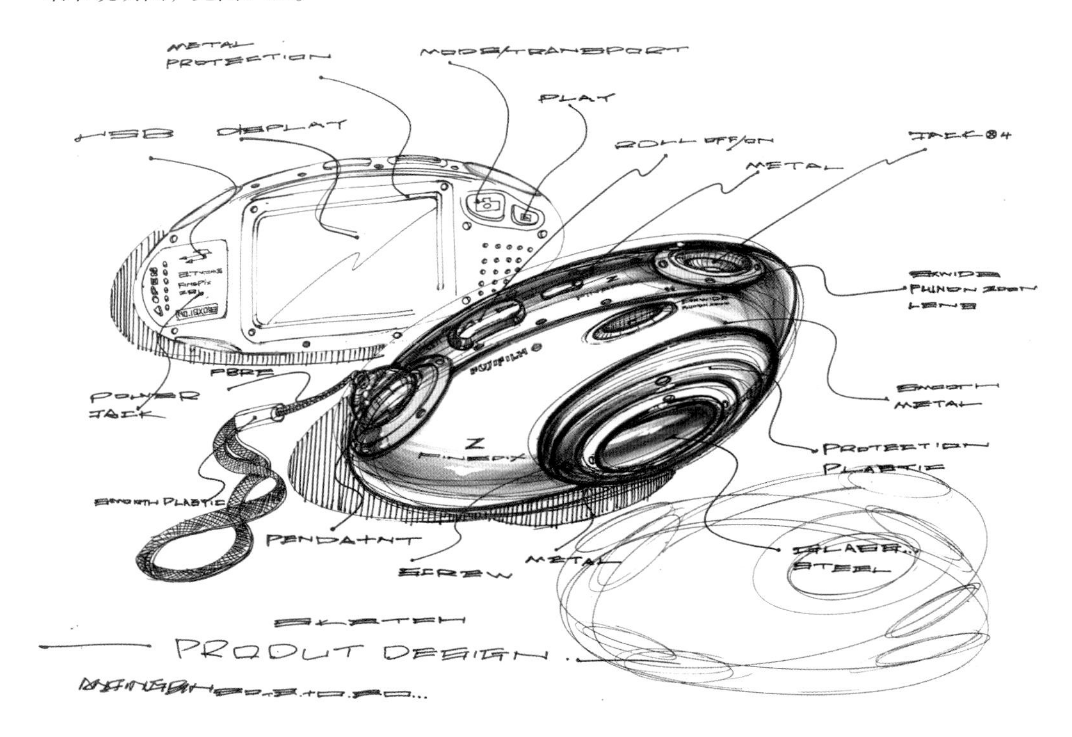

图3-52

3.2.6　产品综合表现实例

剪刀产品表现，包括多角度图、爆炸图、使用方式图、细节图，见图3-53—图3-56。

附图3-53　附图3-54

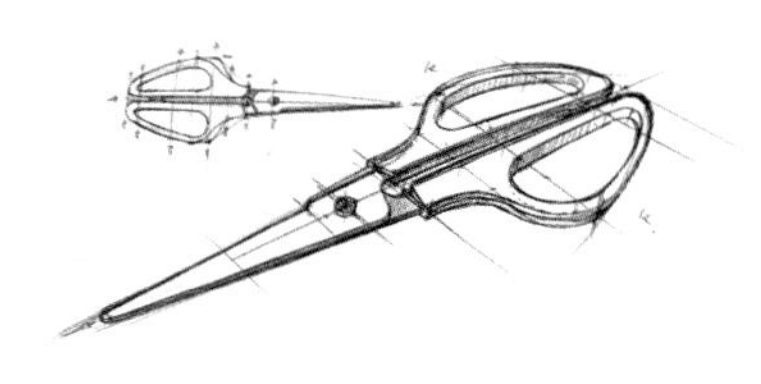
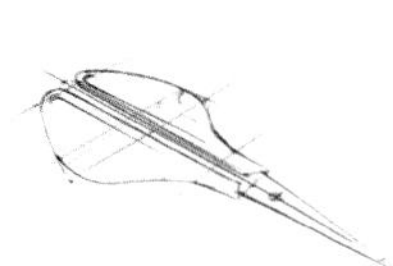

图3-53

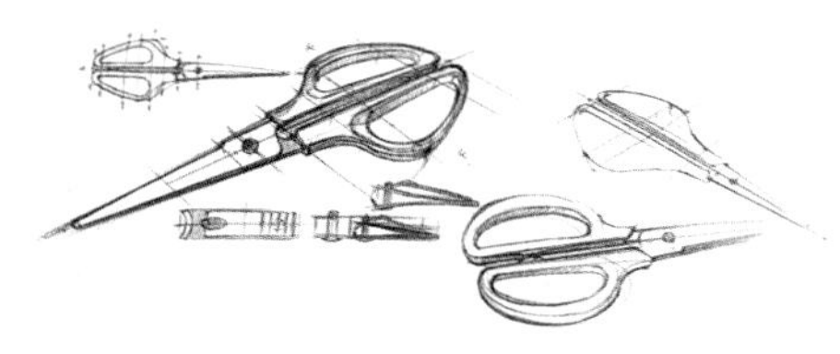

图3-54

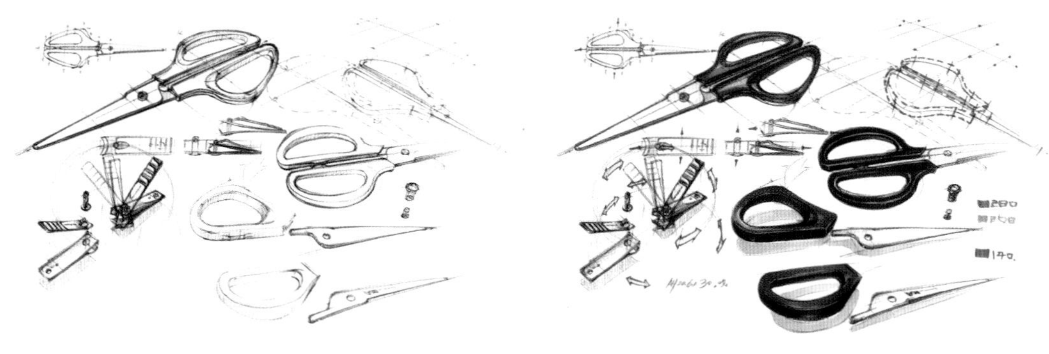

图3-55　图3-56

交通工具的产品表现，见图3-57—图3-95。

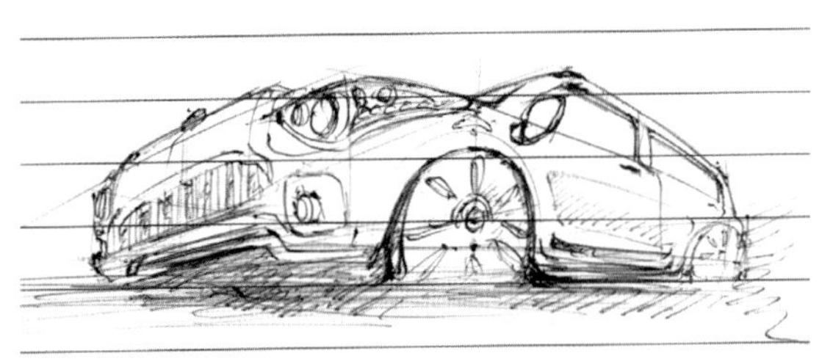

图3-57

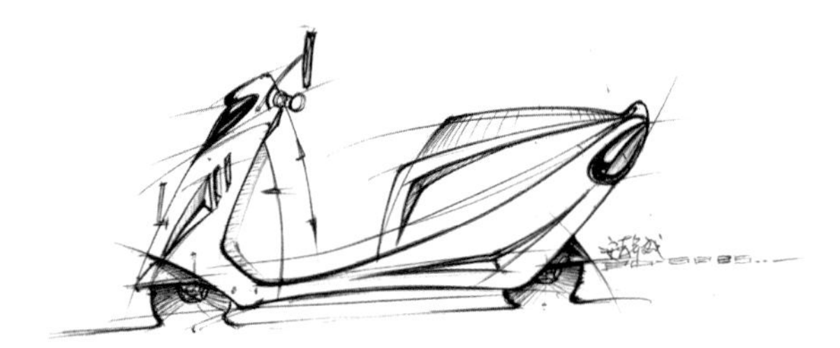

图3-58

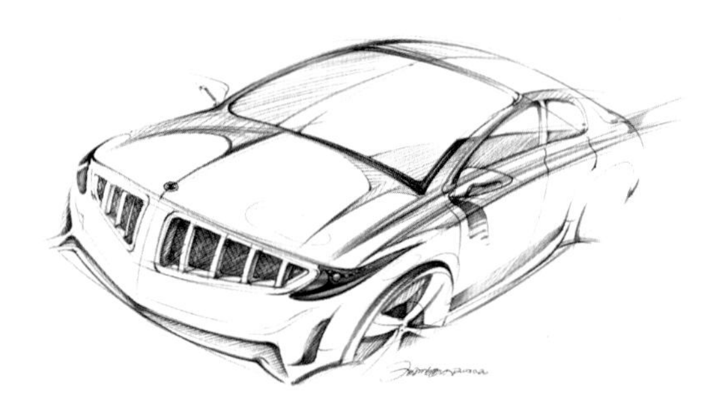

图3-59

图3-60

图3-61

图3-62

图3-63

图3-64

图3-65　图3-66

图3-67

图3-68

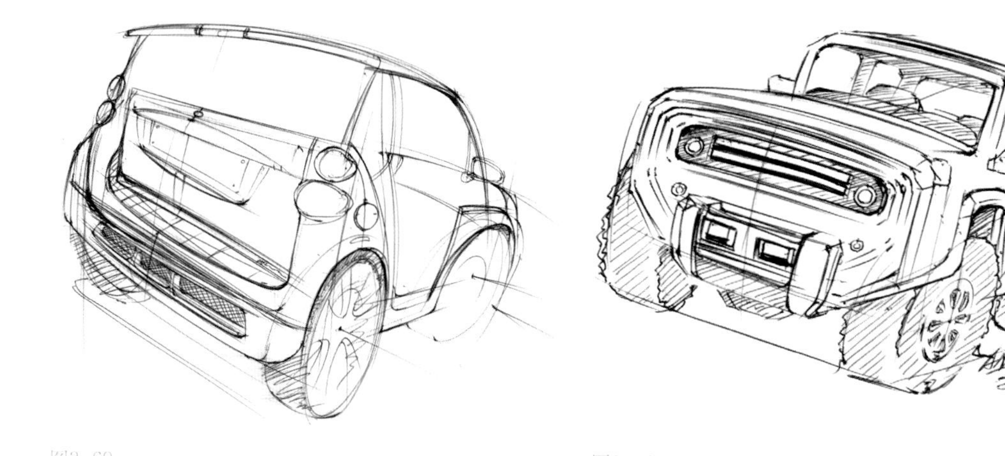

图3-69　图3-70

图3-71

图3-72

图3-73

图3-74

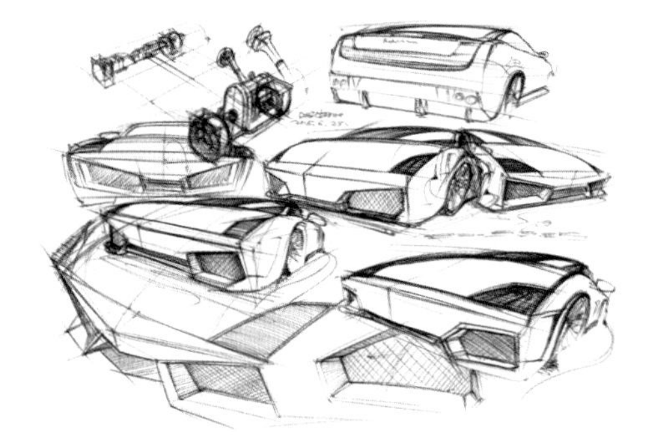

图3-75

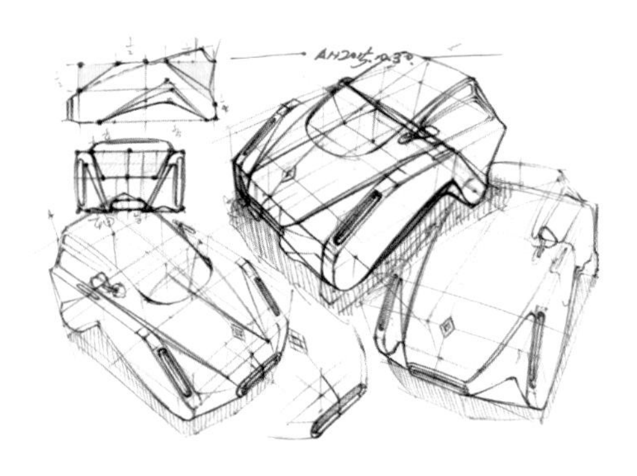

图3-76

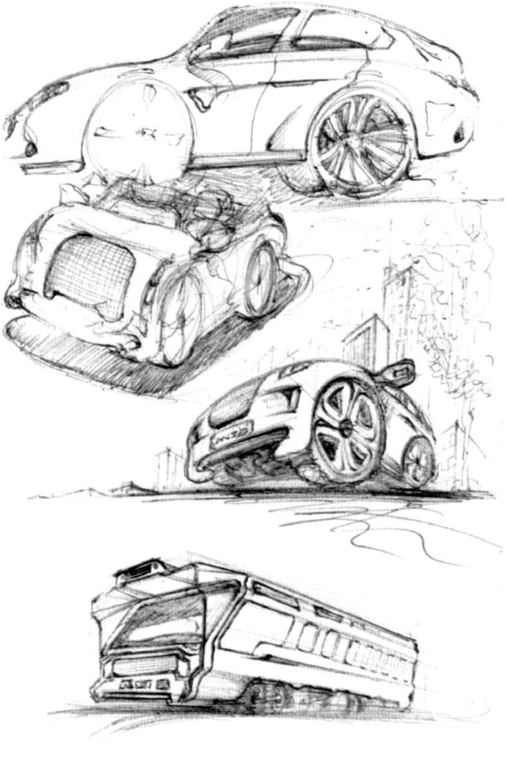

图3-77

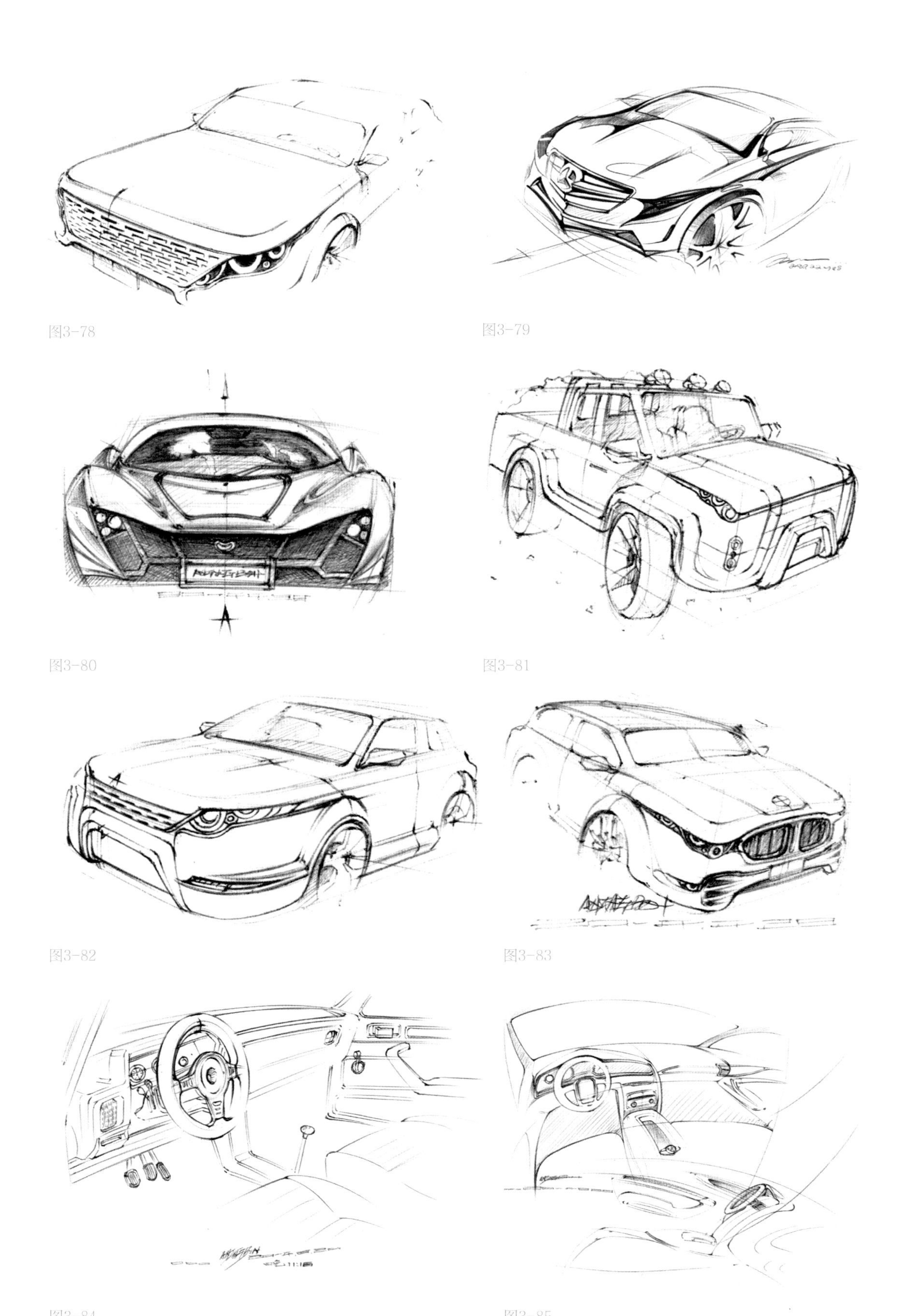

图3-78

图3-79

图3-80

图3-81

图3-82

图3-83

图3-84

图3-85

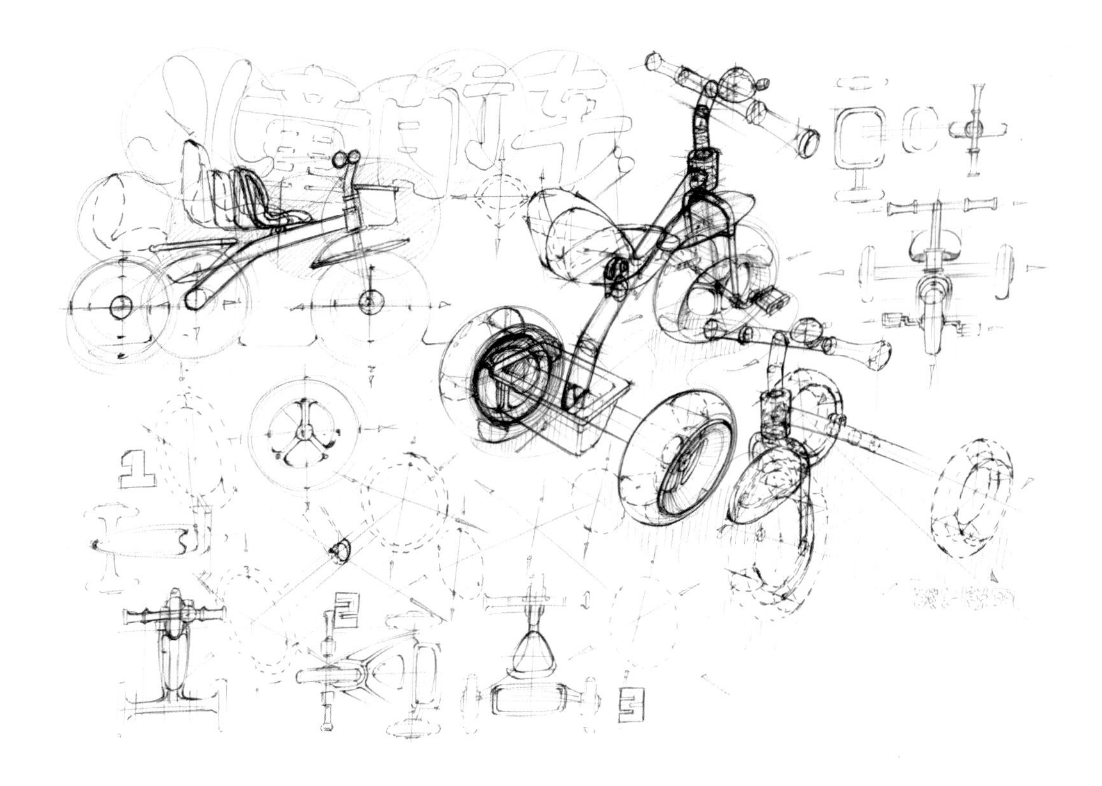

图3-86

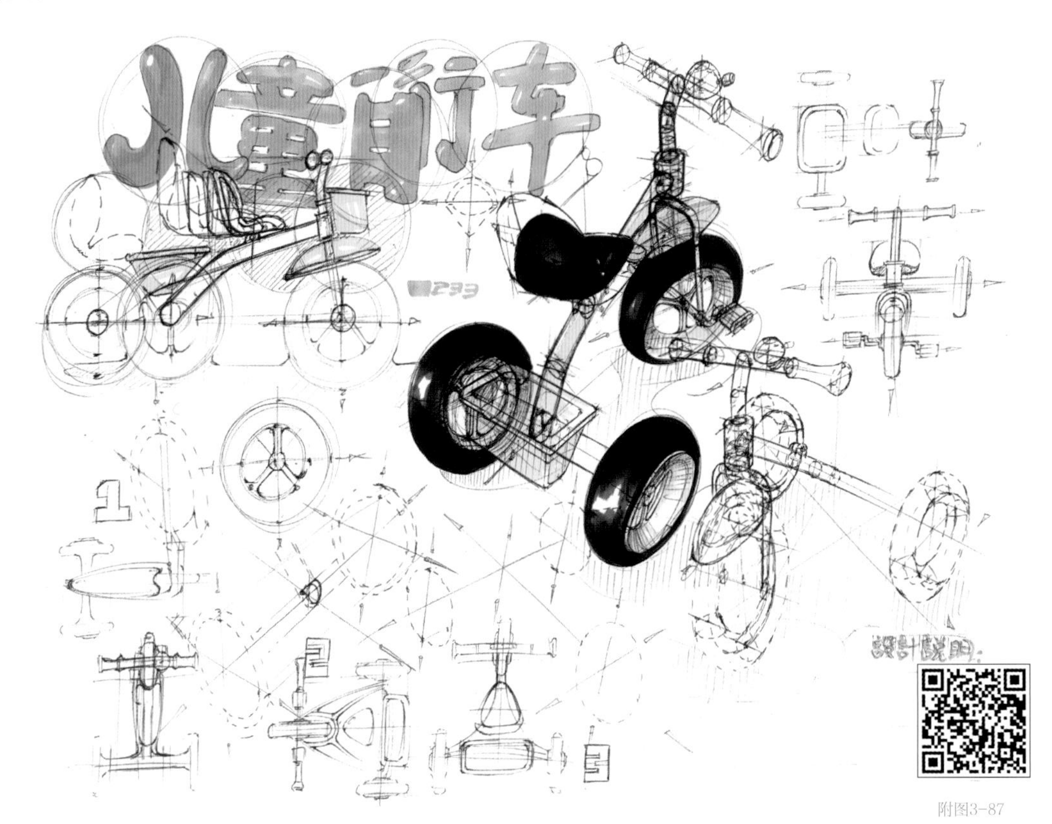

附图3-87

图3-87

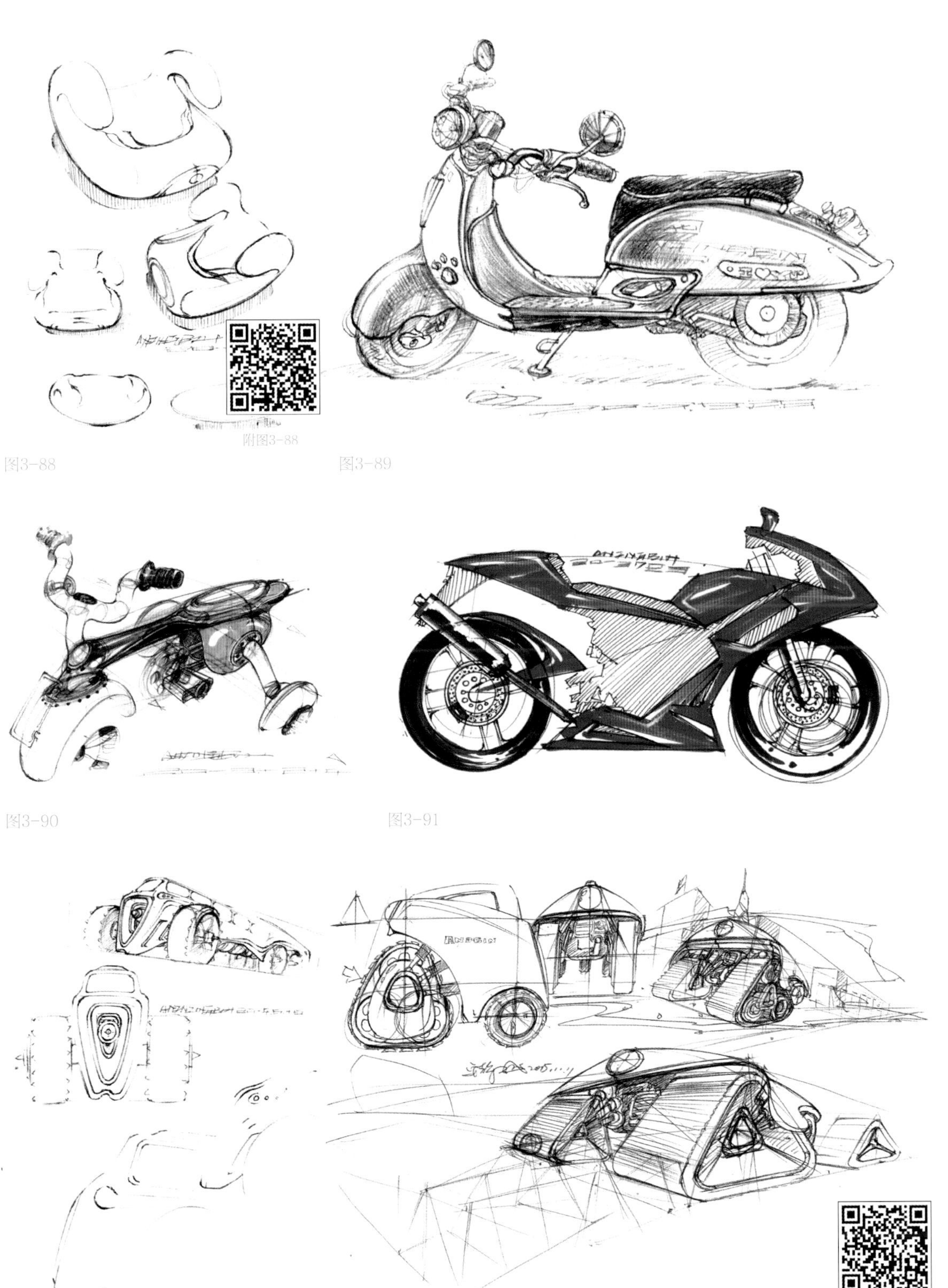

附图3-88

图3-88

图3-89

图3-90

图3-91

图3-92

图3-93

附图3-93

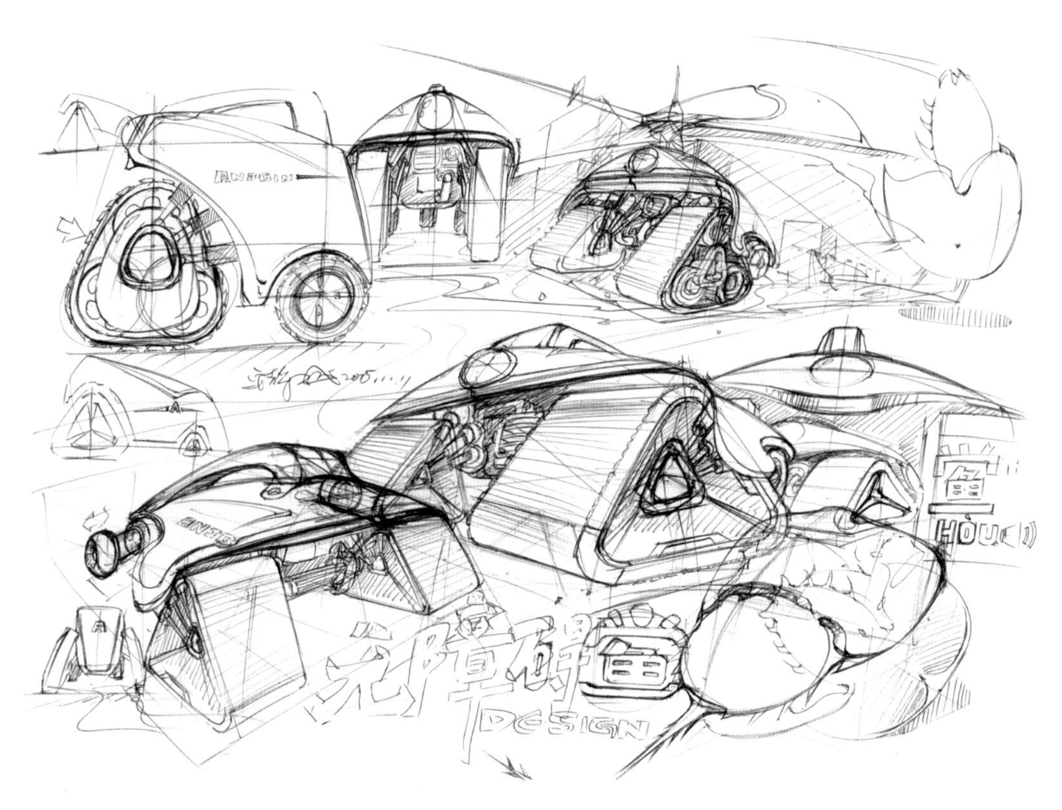

图3-94

图3-95

鼠标产品综合表现，见图3-96、图3-97。

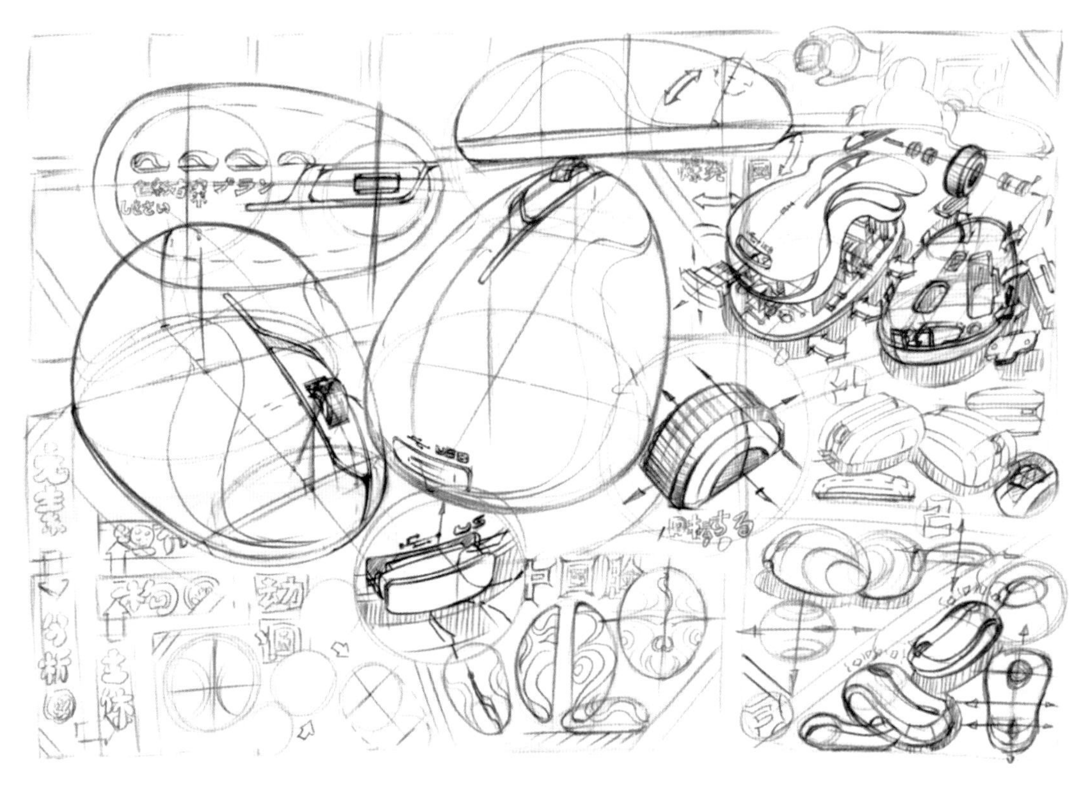

图3-96

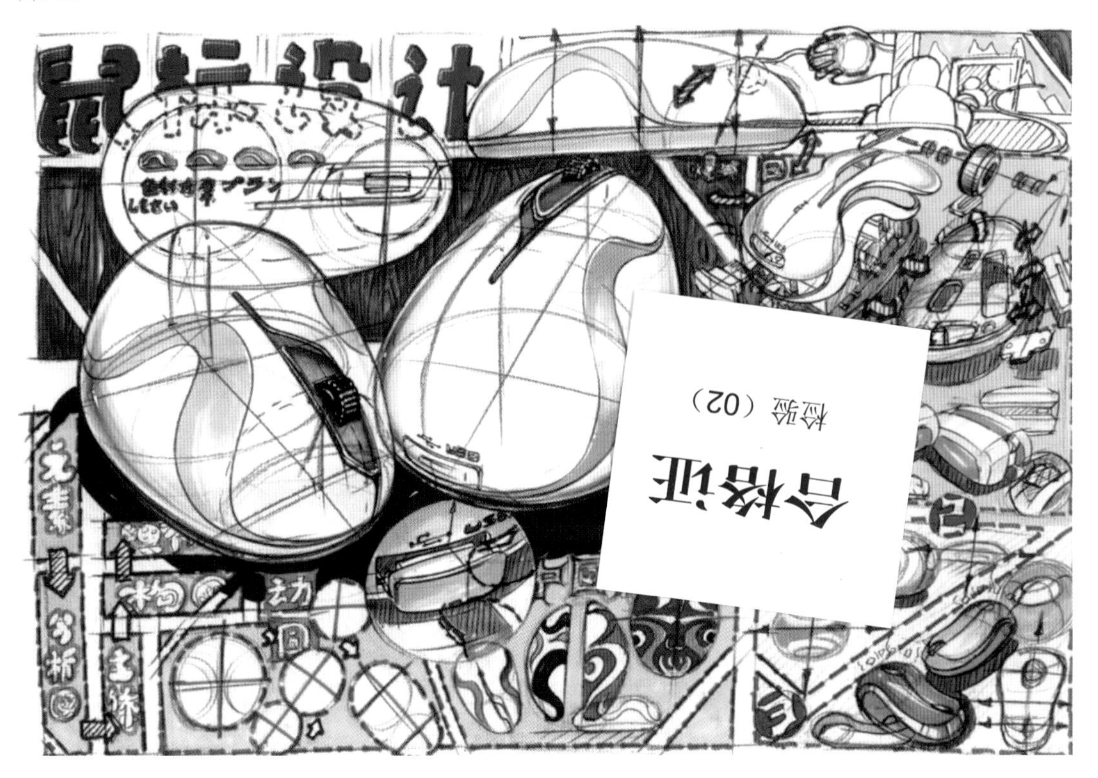

图3-97

3.3 版式设计

在产品手绘的过程中，除了产品的整体表现以外，整个产品的构图和版式的设计也十分重要。版式设计的过程中通常会配合一些小的箭头、符号等让整个画面更加生动，也让观者更直观地理解画者的意图与思路。

3.3.1 指示箭头应用

手绘过程中，常见的指示箭头形式见图3-98、图3-99。

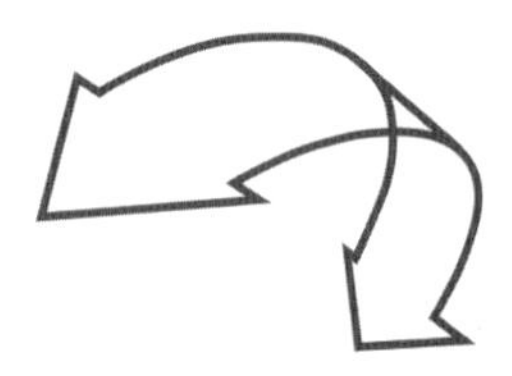

图3-98

图3-99

附图3-99

指示箭头有多种用途，如可以表现产品部件的运动方向，也可以表现产品细节与产品整体的关系，还可以表现产品造型的曲线流动方向等，见图3-100—图3-103。

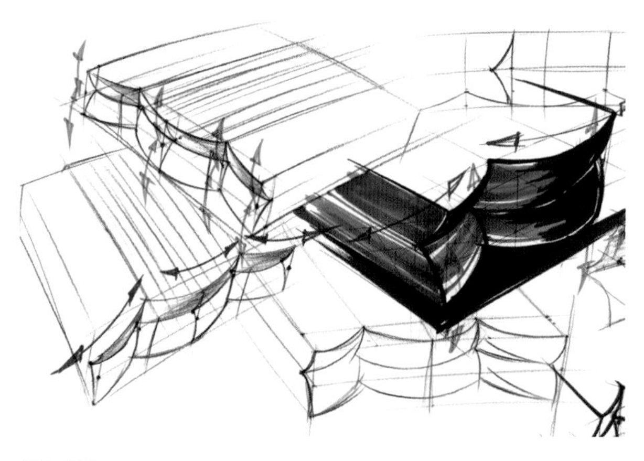

图3-100

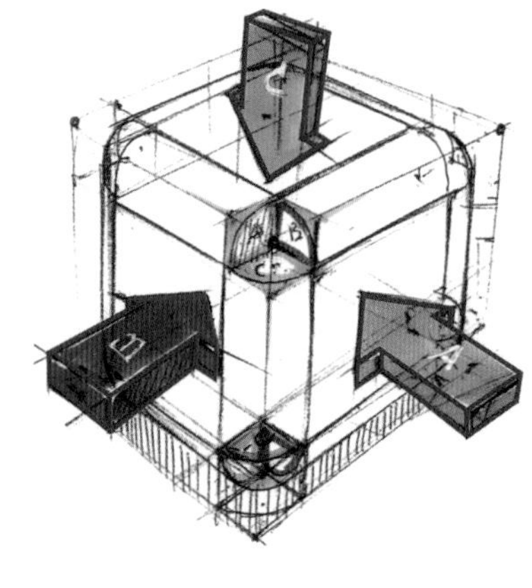

图3-101

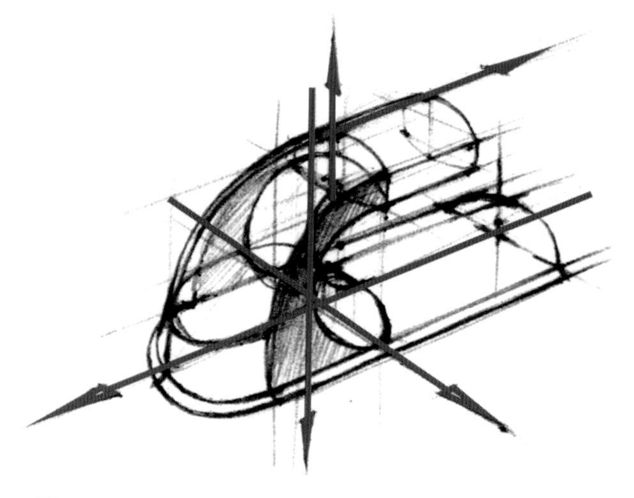

图3-102

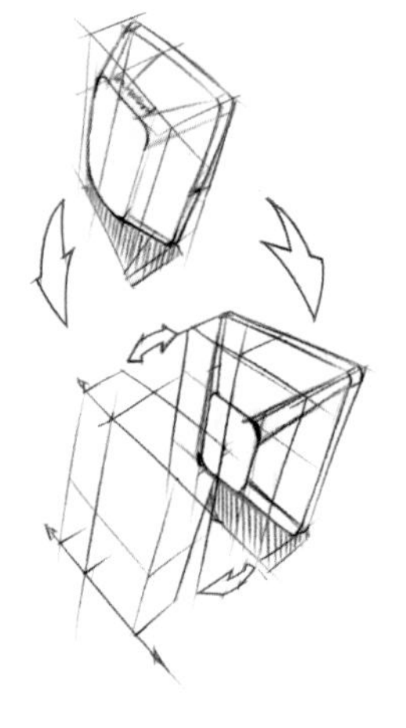

图3-103

附图3-100

附图3-103

3.3.2 背景与投影处理

产品投影也就是产品的阴影。产品投影的作用，一是辅助说明形体；二是与表达产品形体的线条产生疏密对比，增强画面视觉效果；三是增强产品的空间感和厚重感。产品投影的画法与素描画中的阴影不同，可理解为在产品下方有一定距离的假想承影平面内的投影，一般在产品投影区域内画垂直线，因为垂线的视觉冲击力比较强（图3-104—图3-109）。

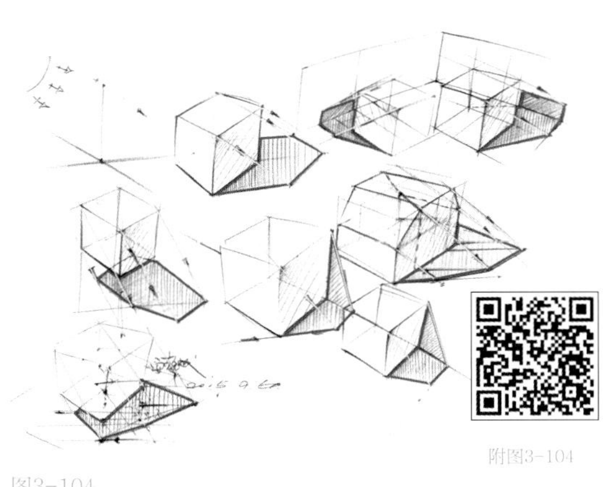

附图3-104

图3-104

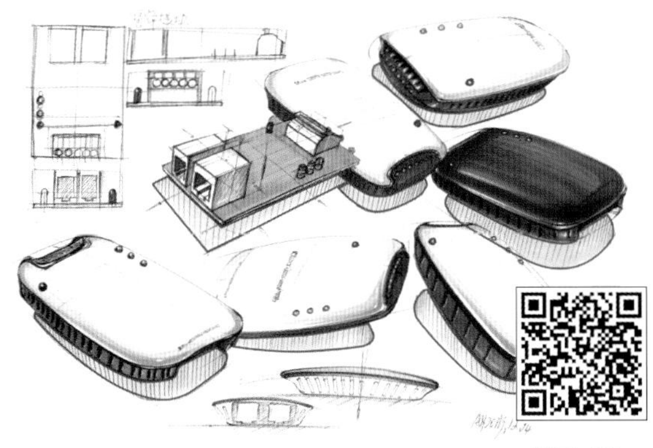

附图3-105

图3-105

图3-106

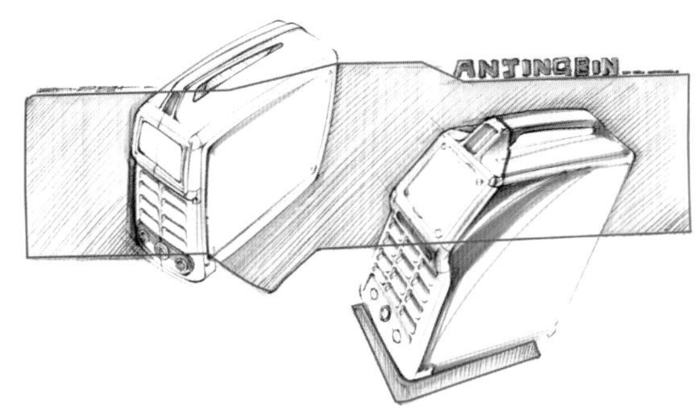

图3-107

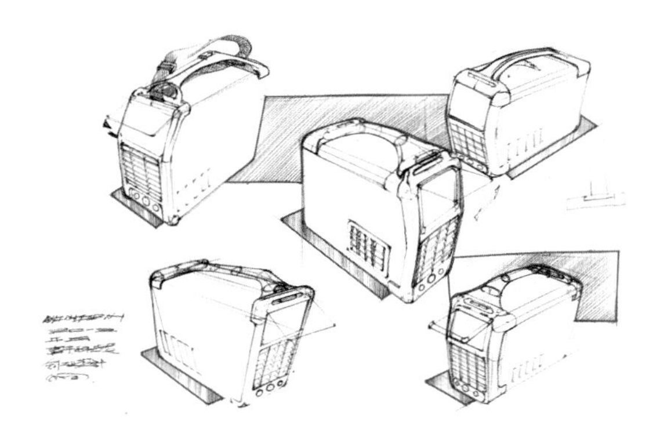

图3-108

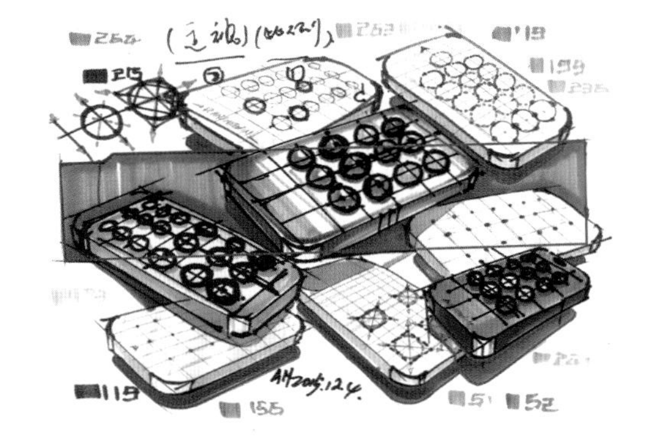

图3-109

3.3.3 POP字体

POP字体在广告设计中很常见，主要用来提高视觉冲击力，吸引观者的注意力。在产品表现版式设计中也一样，POP字体的设计与放置可以使画面更加生动（图3-110）。

图3-110

附图3-110

3.3.4 设计说明

设计构思有时不是用一两幅产品表现图就能解释清楚的。如果仅仅提供表现图，就可能使别人对设计师的意图产生误解。为了避免这种情况，设计师除了选择适当的表现图外，在版式设计中还要用好辅助的说明文字。

形象化的效果图配以文字补充说明，设计师思维发展的脉络就会非常清晰。

一般来说，说明文字可以从以下几点来考虑：

（1）创新之处。重点说明产品设计与其他产品的不同之处，以及新产品的优势是什么。

（2）市场目标。说明设计是针对什么市场的，同类产品情况如何，消费者对产品新的需求是什么以及设计所要达到的目标。

（3）经济因素。大致说明新设计耗用的材料和新能源情况，估算成本和未来售价，对比市场上同类产品的价格，论证新设计的优劣之处。

（4）技术因素。说明产品的功能情况及在生产中使用的工艺技术方法，论证新设计在技术上的可行性，以及需特殊处理的地方。

（5）产品开发战略思考。说明对产品未来发展的预测及进一步开发新产品的计划等。

4 应用实践部分

在具体的设计过程中，根据设计的进度，产品表现大致分为前期创意草图、方案细化过程、方案效果图和方案电脑效果图四个阶段。

前期创意草图不需要把所有细节全部表现出来，利用主要的结构线条表现产品的主体造型及大面关系即可。

方案细化过程则是在前期草图的基础上，对每个固定造型形态产品方案进行细节推敲，主要是在细节上进行组合变形。

方案效果图阶段则是选择较满意的方案进行色彩分析，绘图的过程中将所有细节以及色彩和材质效果表现完整。

电脑效果图阶段则是在前期效果图阶段进行优选之后，利用电脑软件进行计算机辅助设计，模拟真实产品效果。

4.1 电焊机案例分析

以PE6-160手工焊机（ PE6-160 Manual Welding Machine ）为例。其采用大通风口设计，造型简洁，直线、曲线相配合，刚柔并济。把手弧线设计，更适合用户使用。透明面板保护盖，能有效地保护面板。并设计有限位装置，可以实现单手操作。

4.1.1 前期创意草图

前期创意草图见图4-1—图4-7。

附图4-2

附图4-3

附图4-5

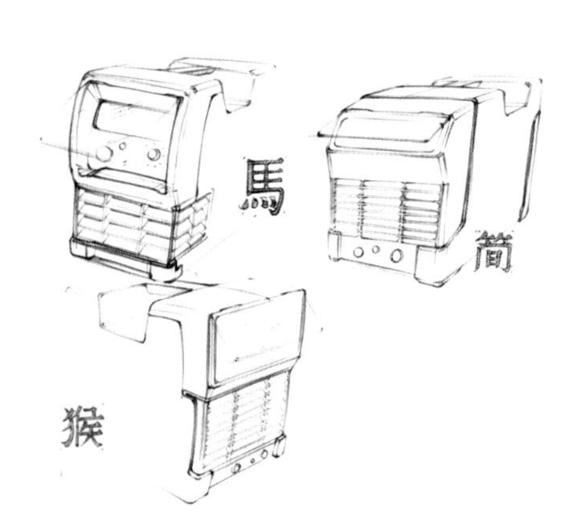

图4-1

图4-2

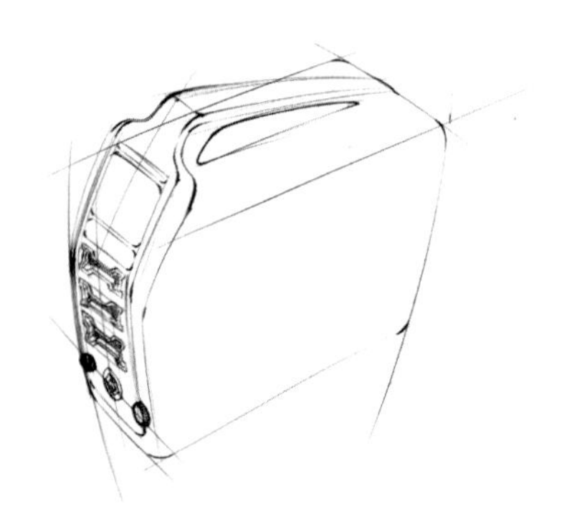

图4-3

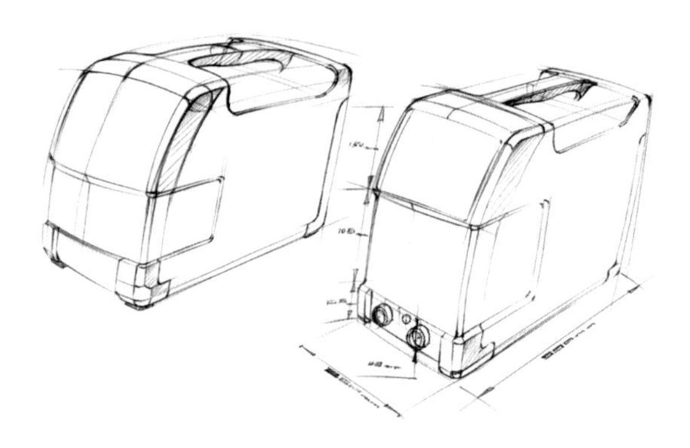

图4-4

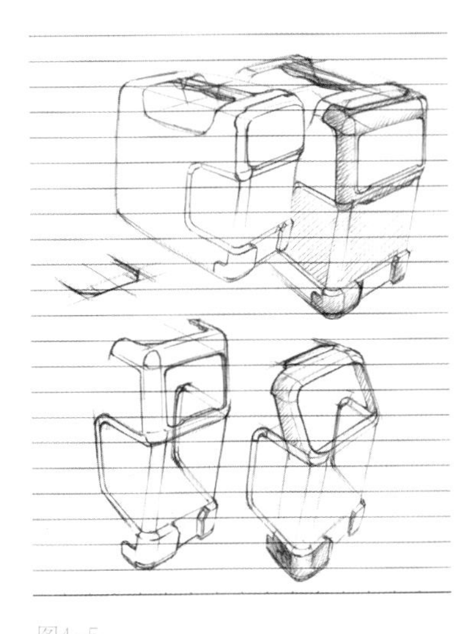

图4-5

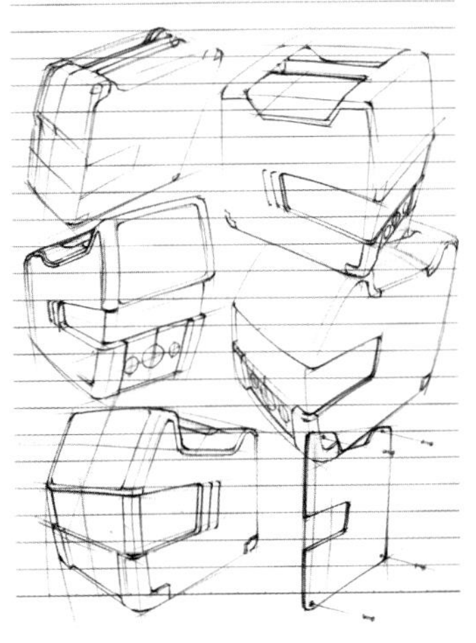

图4-6

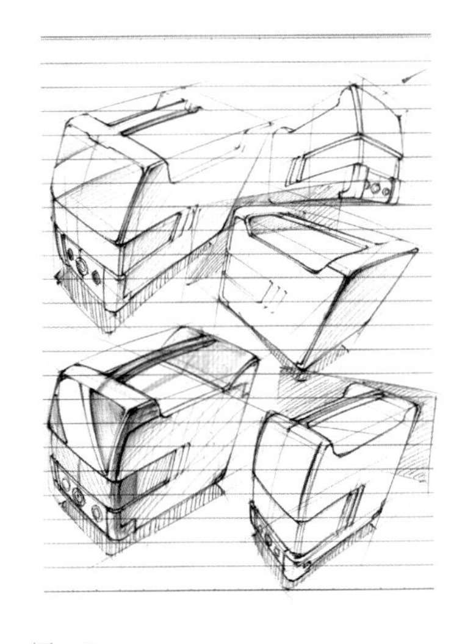

图4-7

4.1.2　方案细化过程

方案细化过程见图4-8—图4-34。

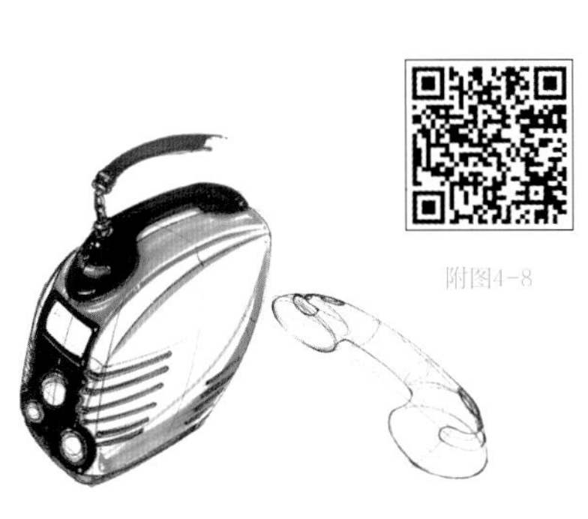

附图4-8

图4-8

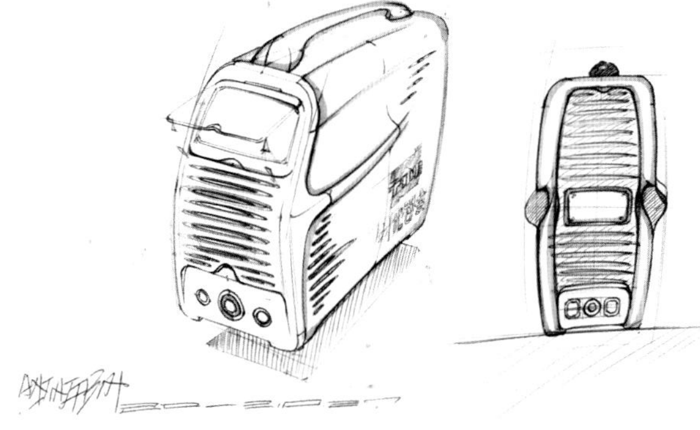

图4-9

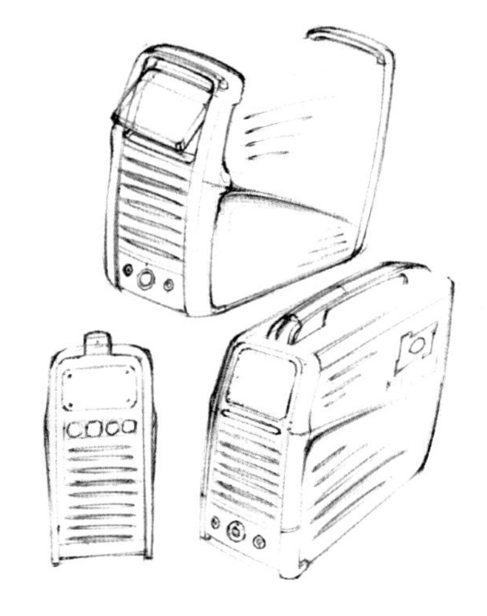

图4-10

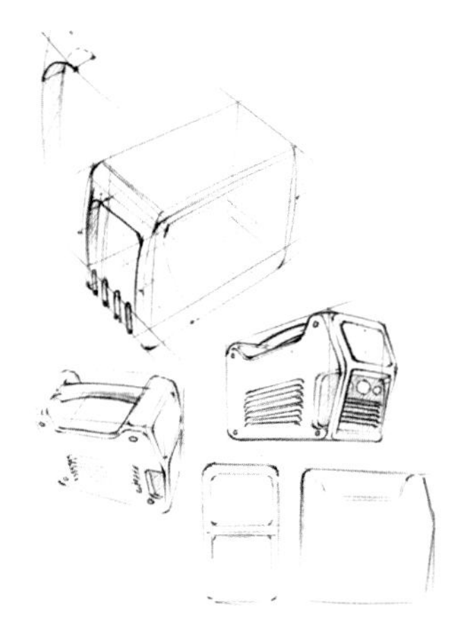

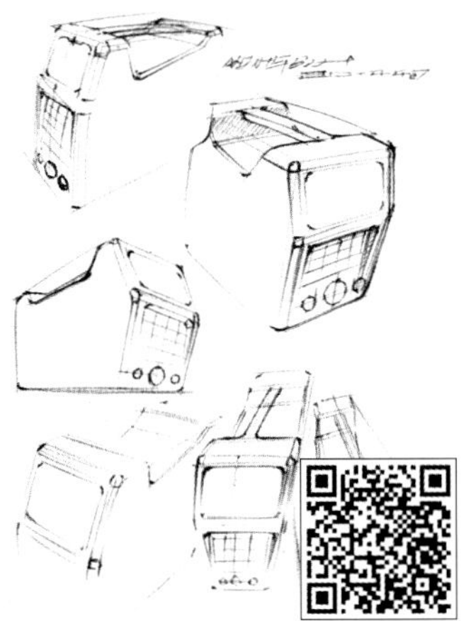

附图4-11

图4-11

附图4-12

图4-12

附图4-13

图4-13

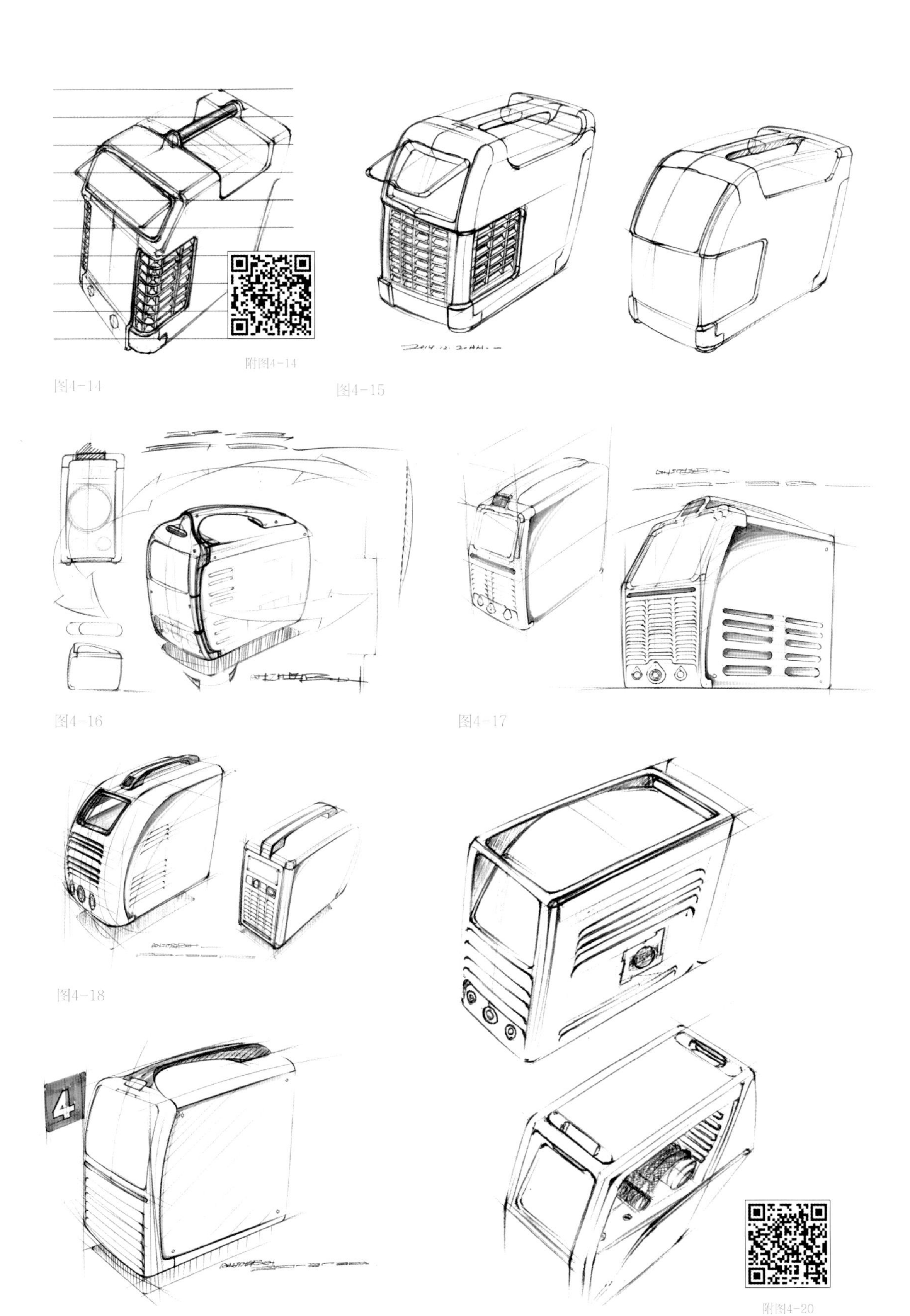

附图4-14

图4-14

图4-15

图4-16

图4-17

图4-18

图4-19

图4-20

附图4-20

附图4-22

图4-21

图4-22

附图4-23

图4-23

图4-24

图4-25

附图4-25

图4-26

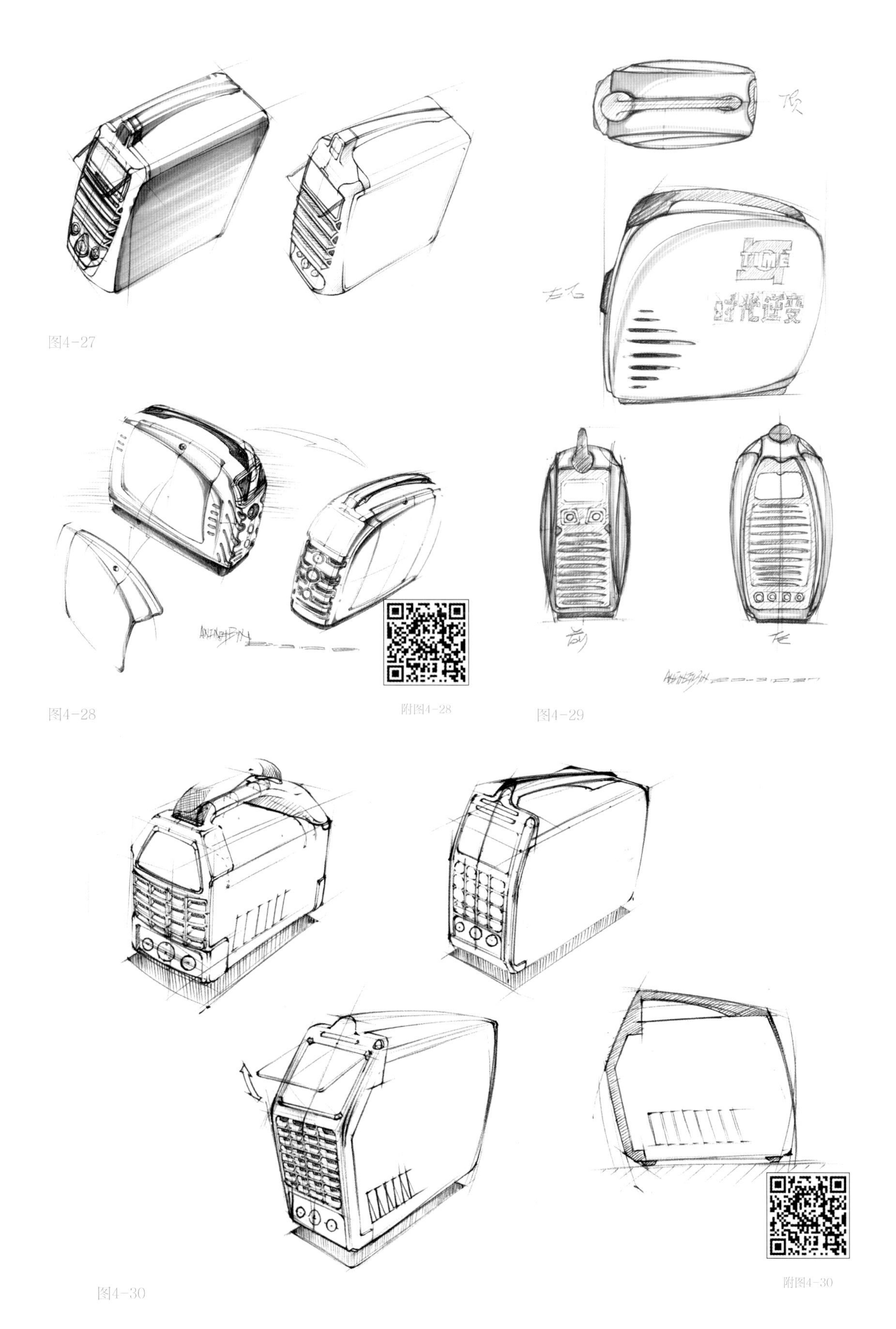

图4-27

图4-28

附图4-28

图4-29

图4-30

附图4-30

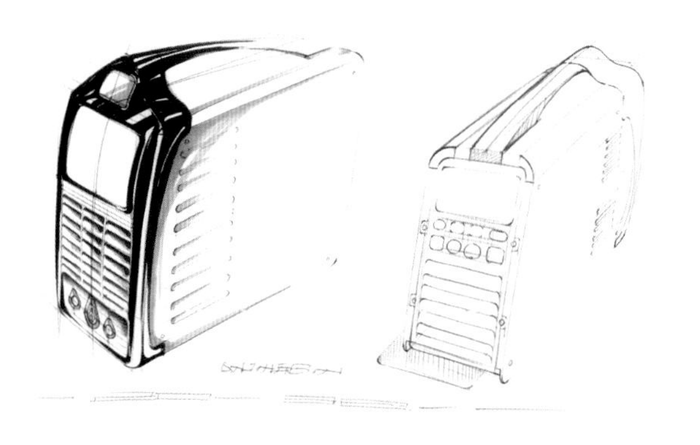

图4-31

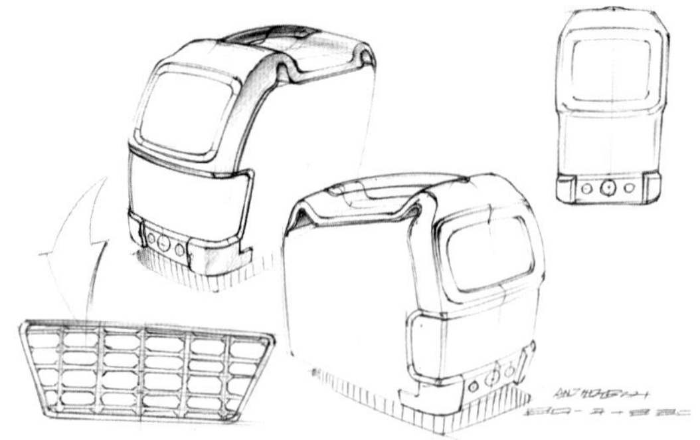

图4-32

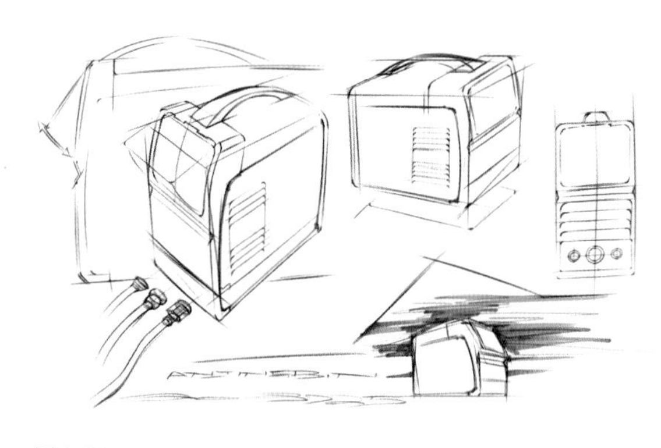

图4-33

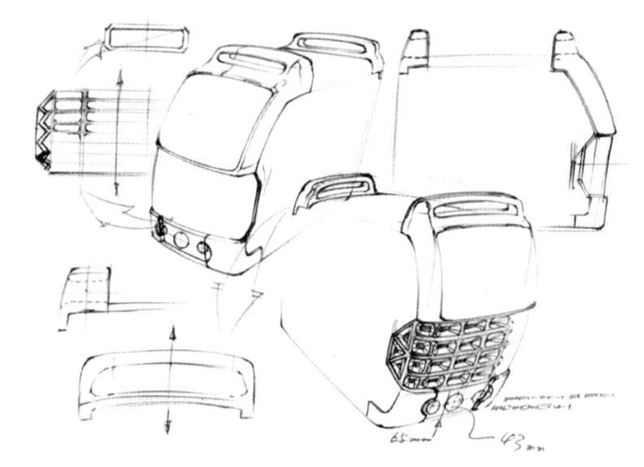

图4-34

4.1.3 方案效果图

方案效果图见图4-35—图4-51。

附图4-35

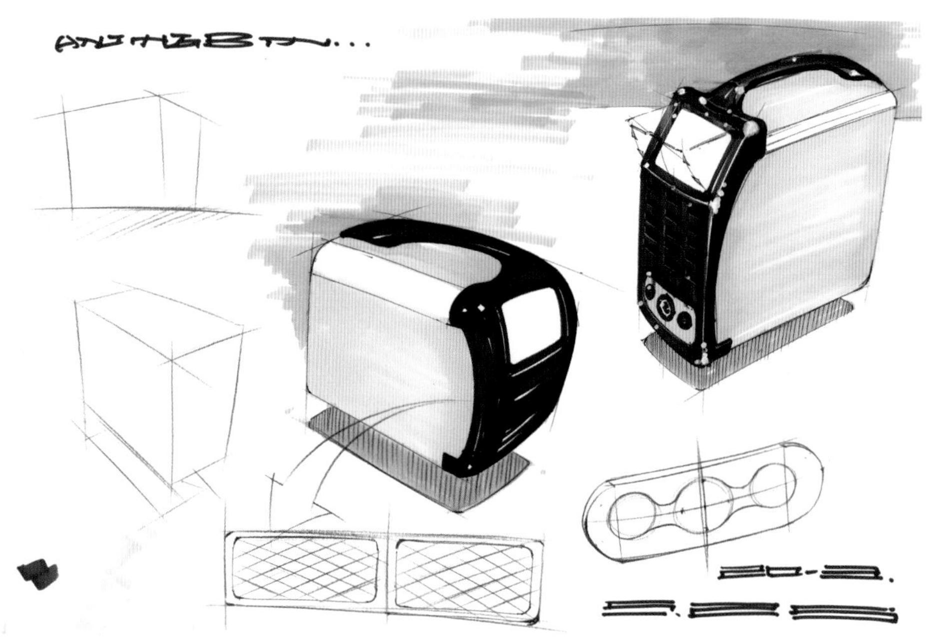

图4-35

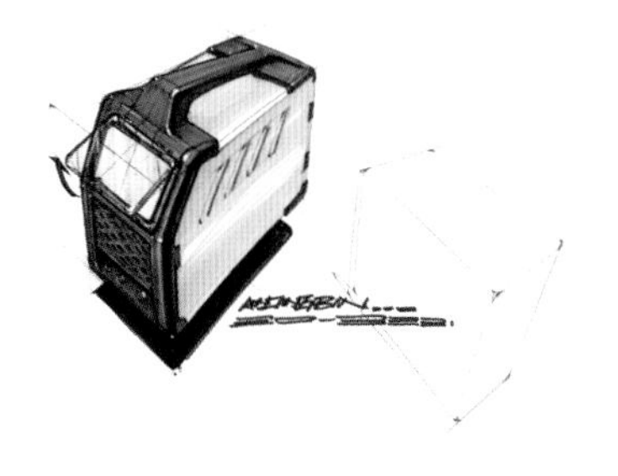

图4-36

图4-37

图4-38

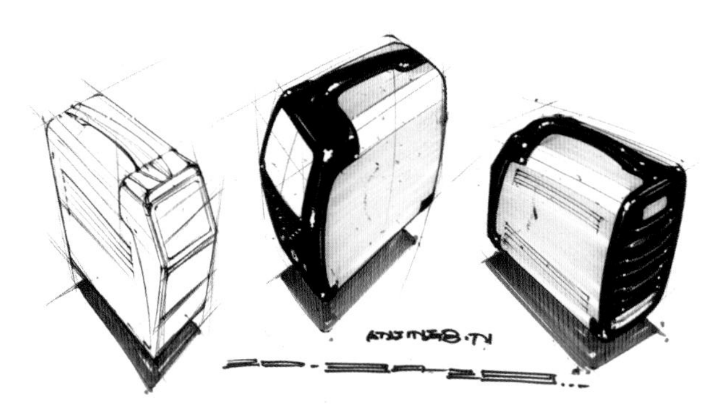

图4-39

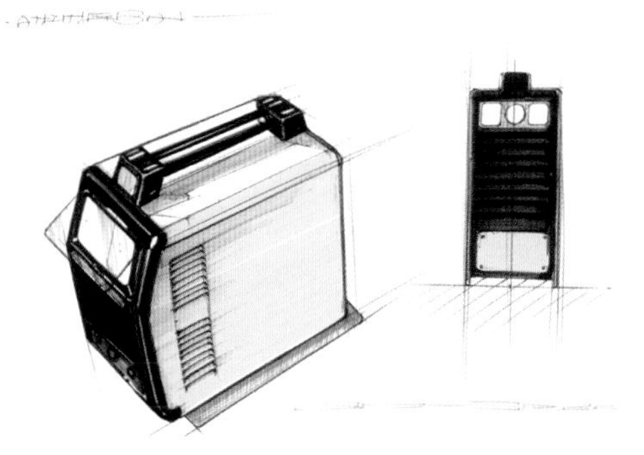

图4-40

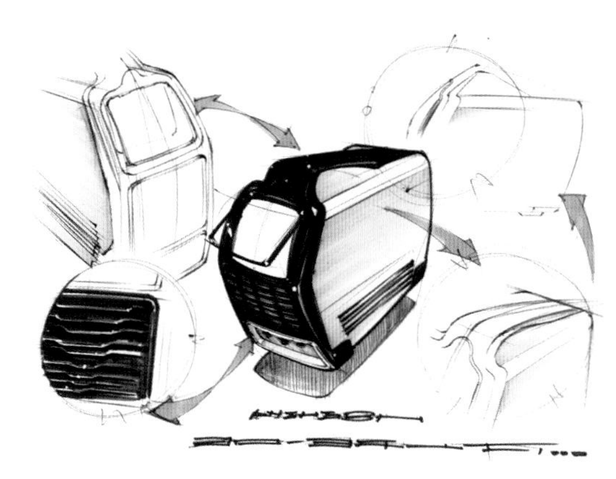

图4-41

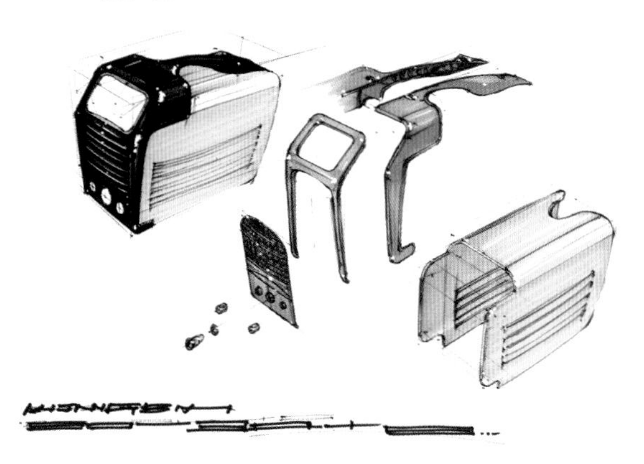

图4-42

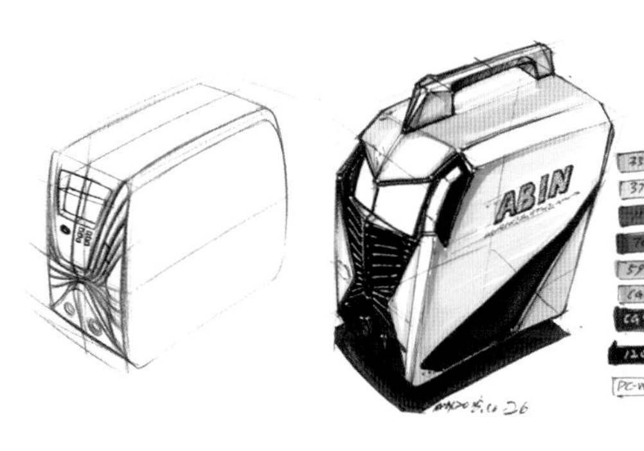

图4-43

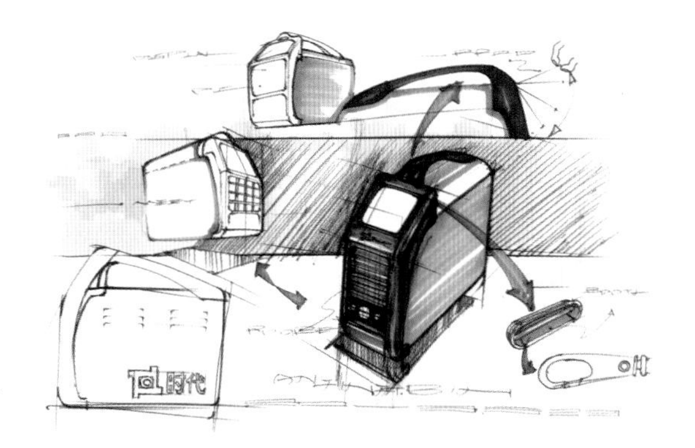

图4-44

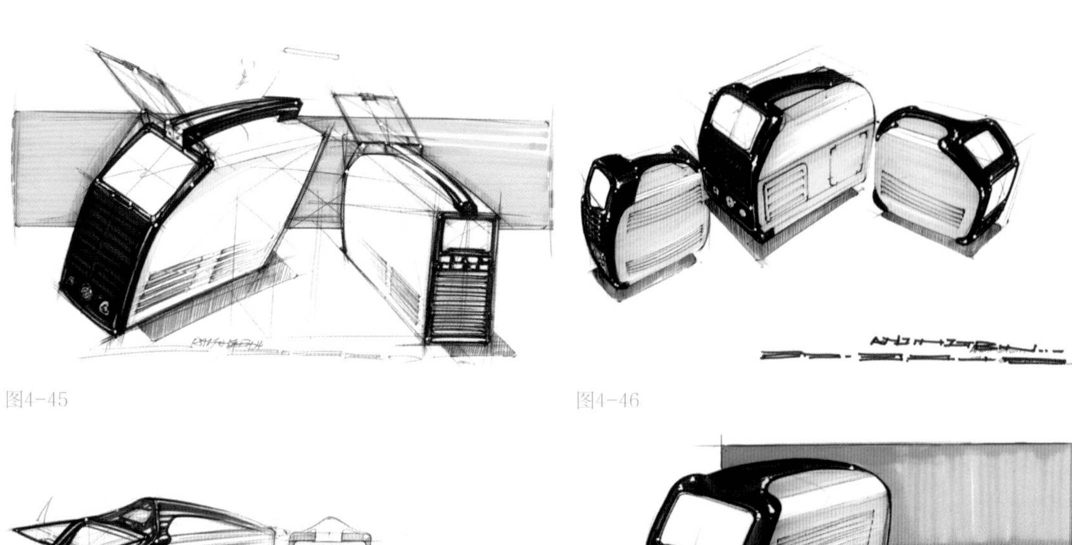

图4-45

图4-46

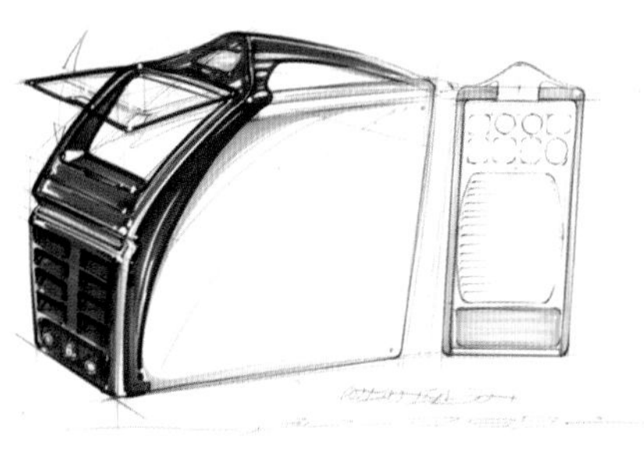

图4-47

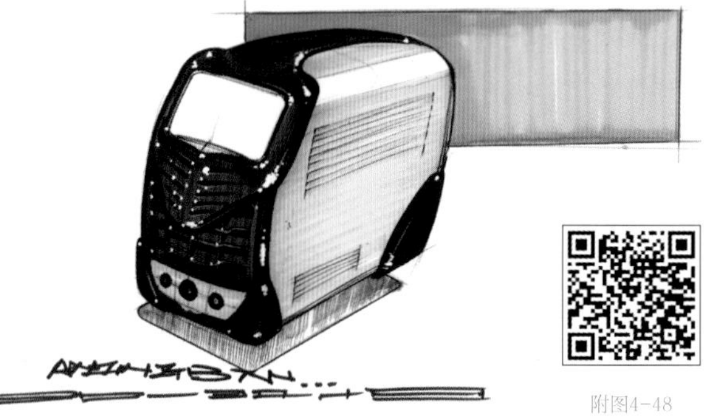

附图4-48

图4-48

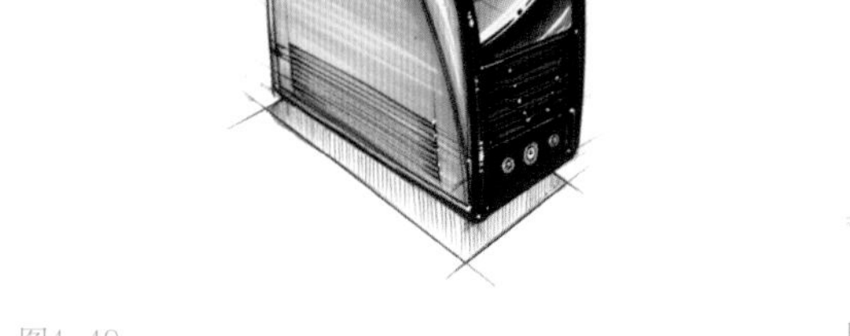

图4-49

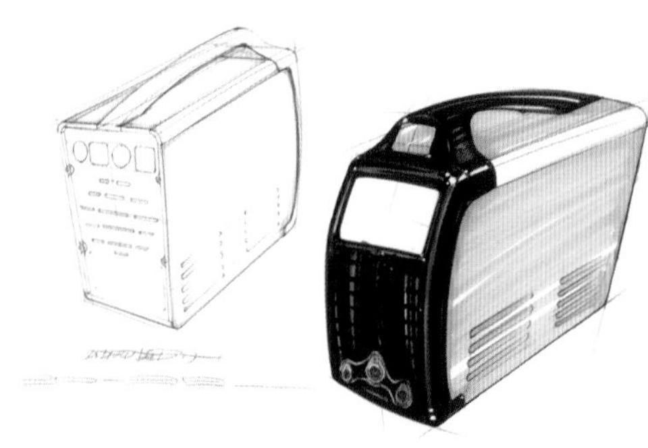

图4-50

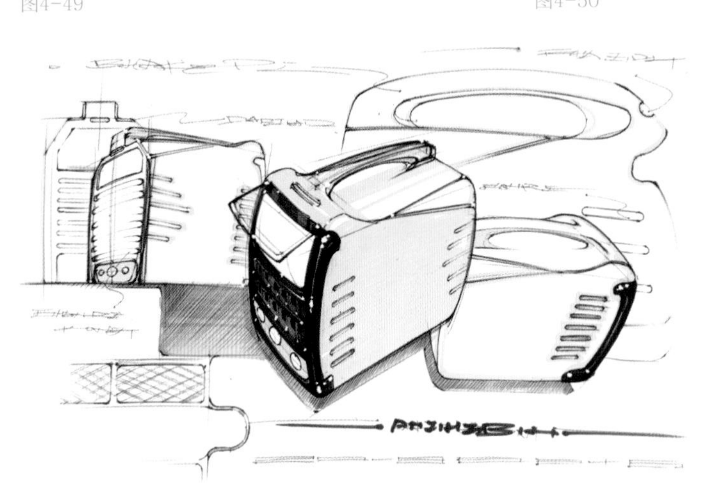

图4-51

4.1.4 方案电脑效果图

方案电脑效果图见图4-52—图4-58。

图4-52

图4-53

图4-54

图4-55

图4-56

图4-57

附图4-57

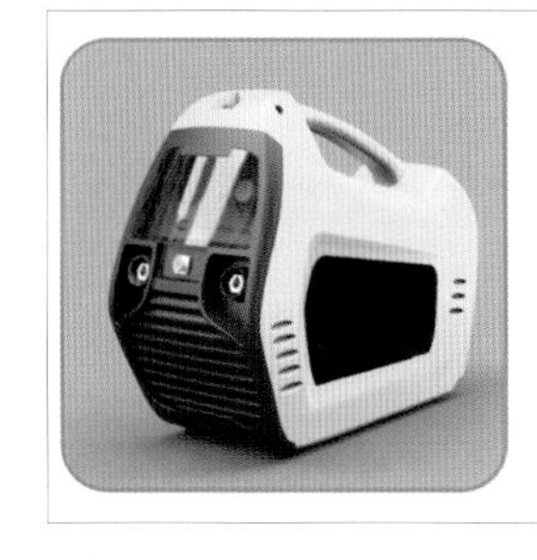

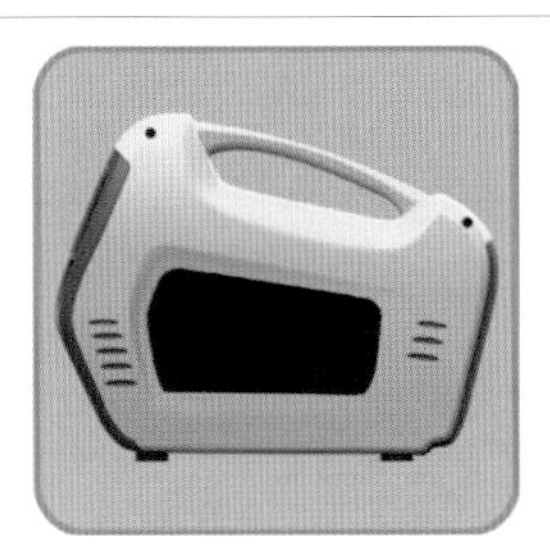

图4-58

4.2 核辐射检测仪案例分析（一）

型号：DRM105

单位：中国辐射防护研究院

设计周期：30工作日

服务范围：工业设计、结构设计、设计研究

材质工艺：注塑、钣金

设计投入人员：12人次

整体方形倒角的设计带给人一种稳重、可靠的感觉，也符合产品木身的气质；简单明了的操作界面，让使用者操作更加方便。

4.2.1 前期方案草图

前期方案草图见图4-59—图4-66。

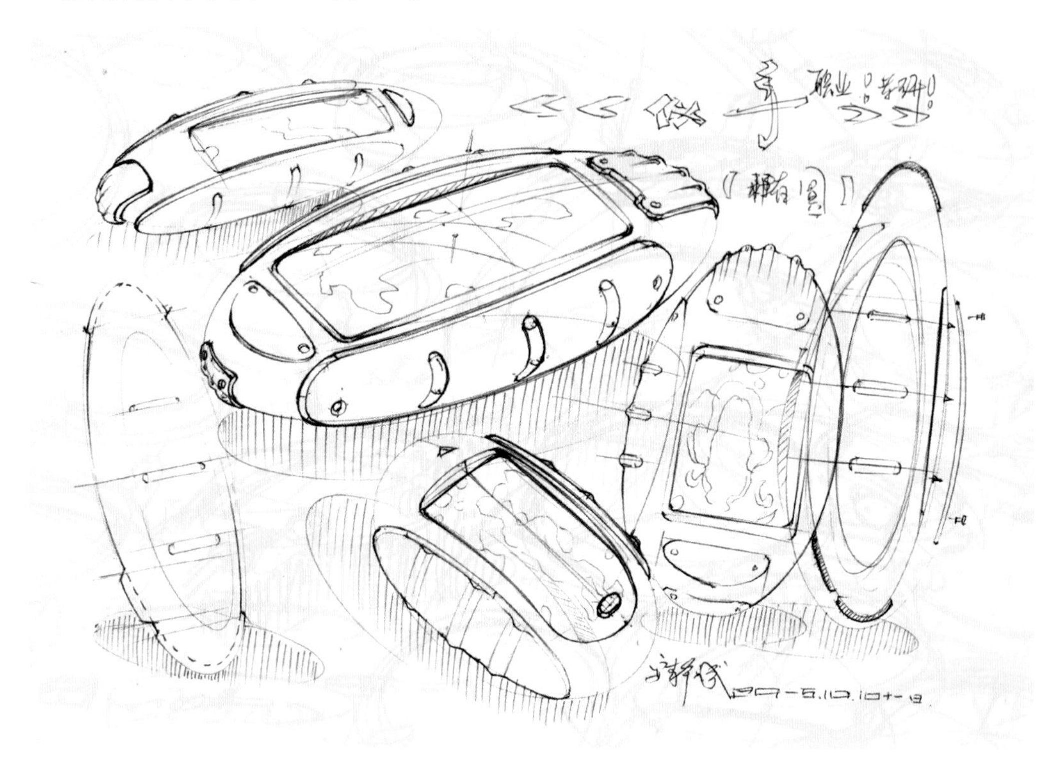

图4-59

图4-60

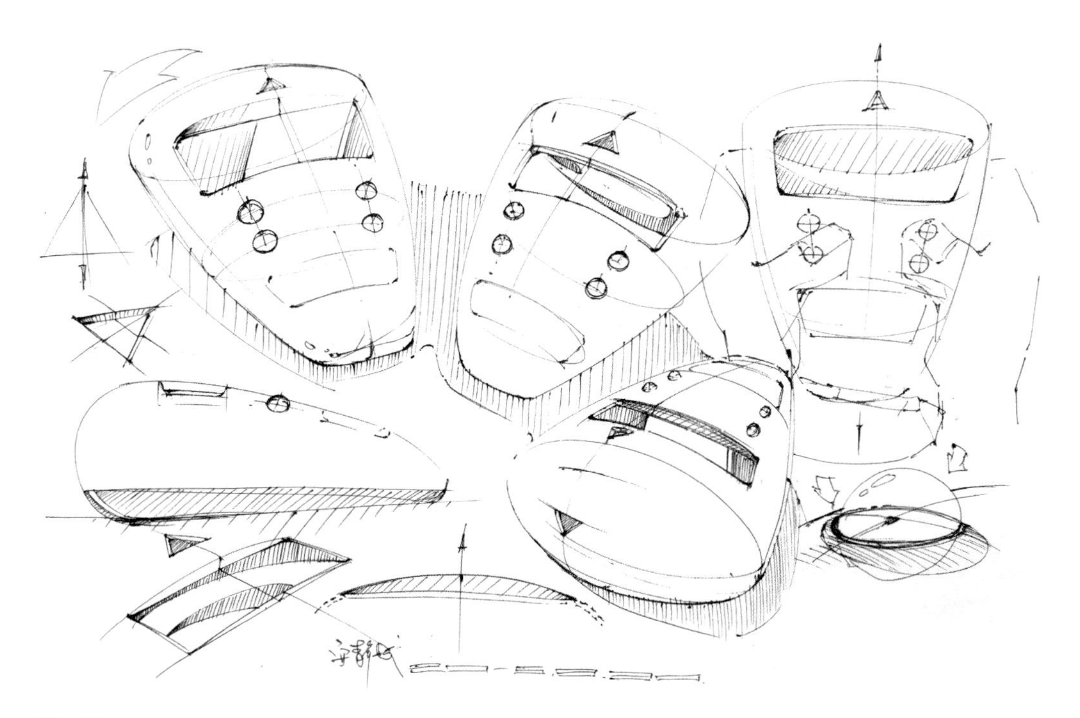

图4-61

图4-62

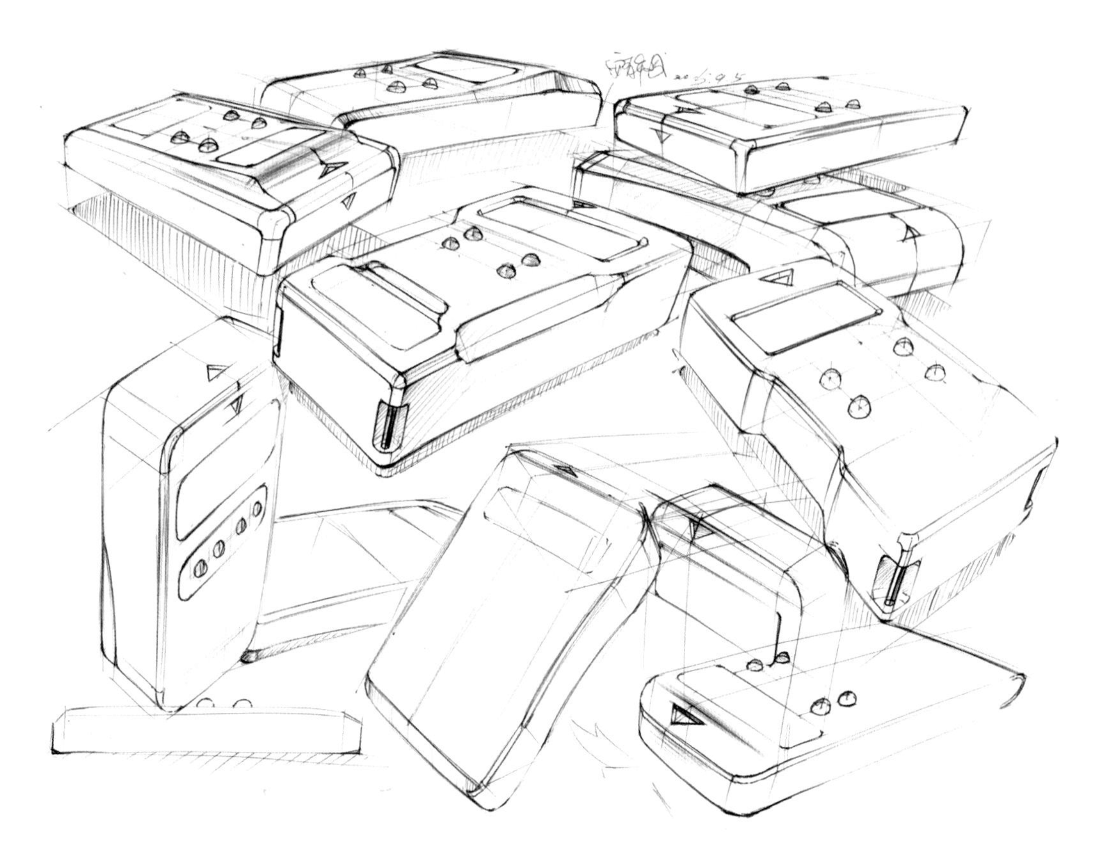

图4-63

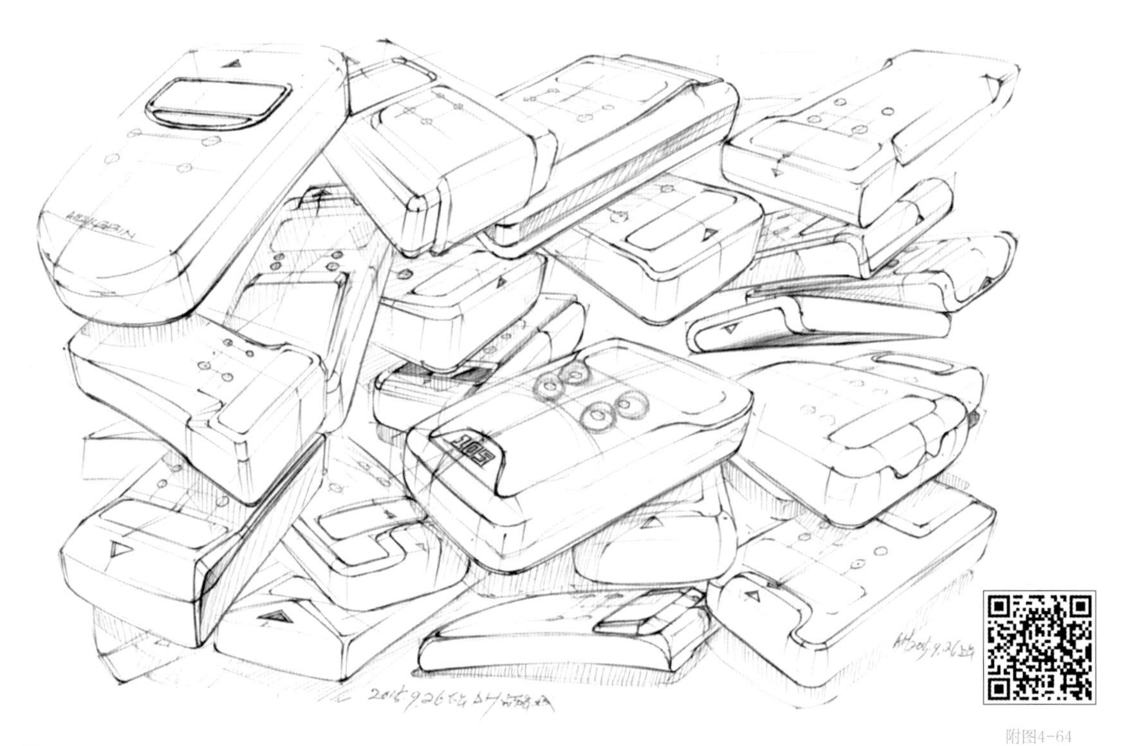

附图4-64

图4-64

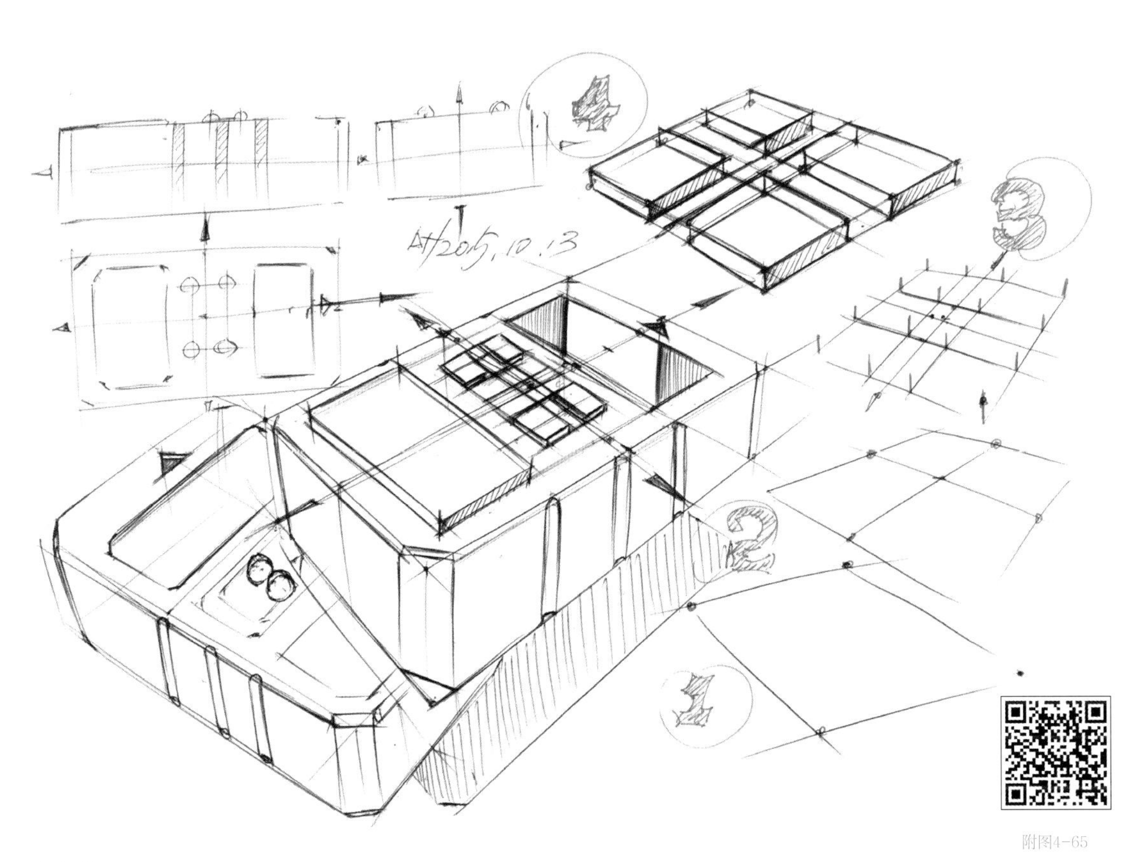

附图4-65

图4-65

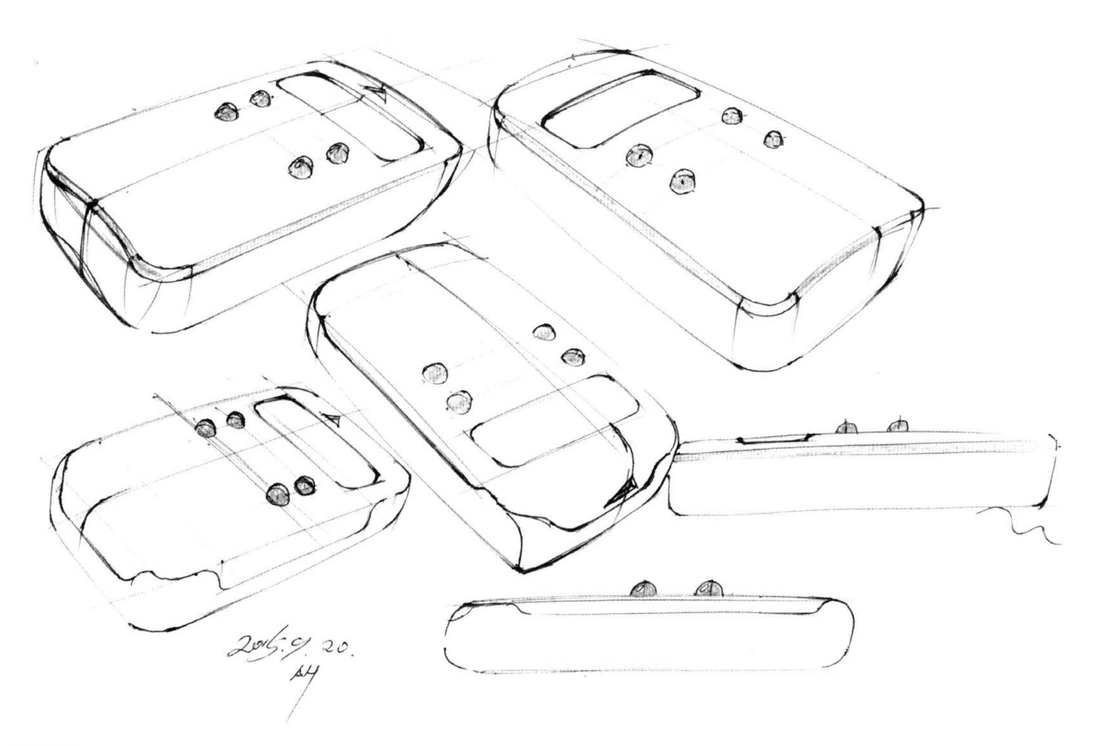

图4-66

4.2.2 方案细化过程

方案细化过程见图4-67—图4-75。

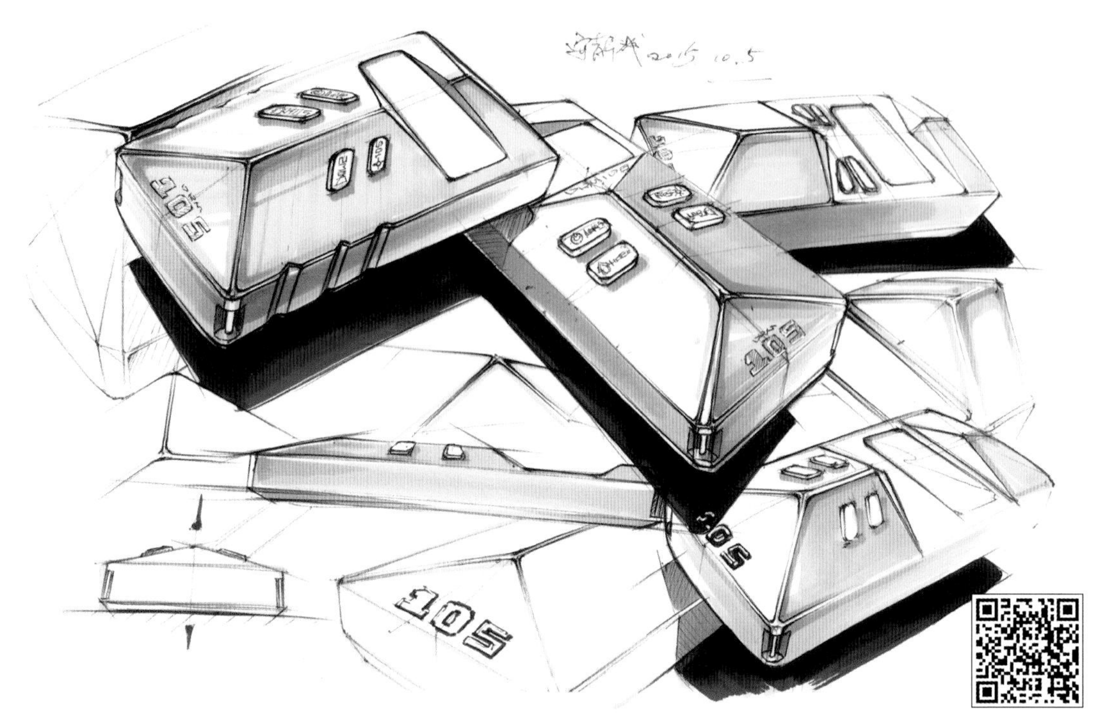

图4-67

附图4-67

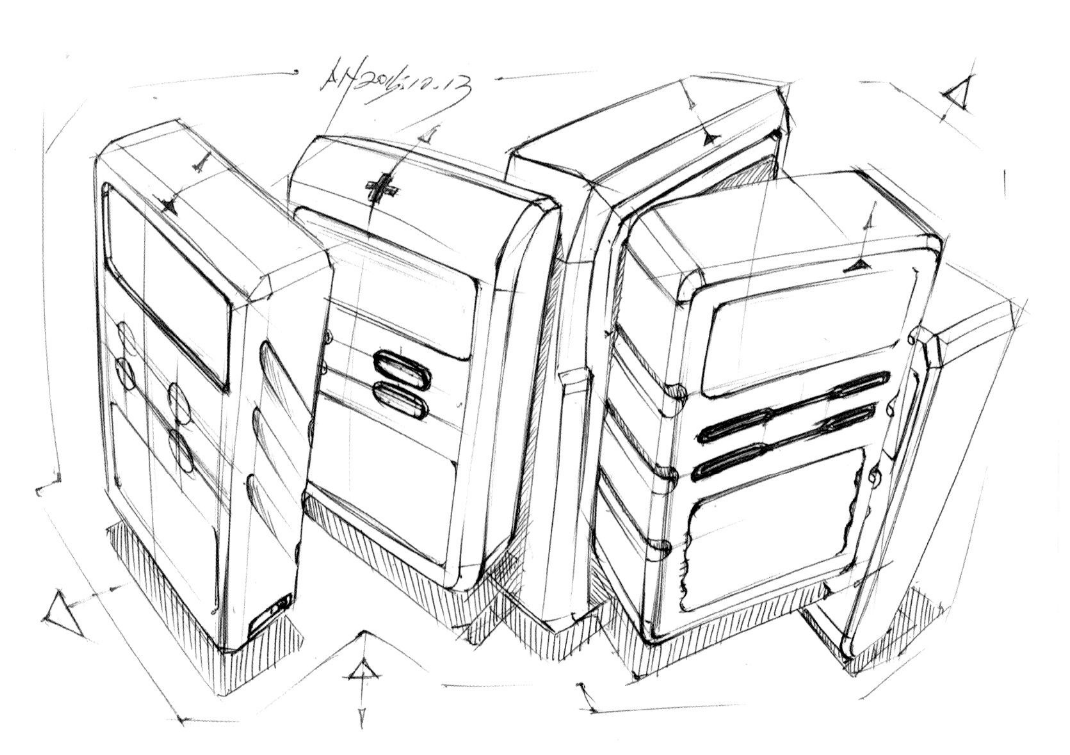

图4-68

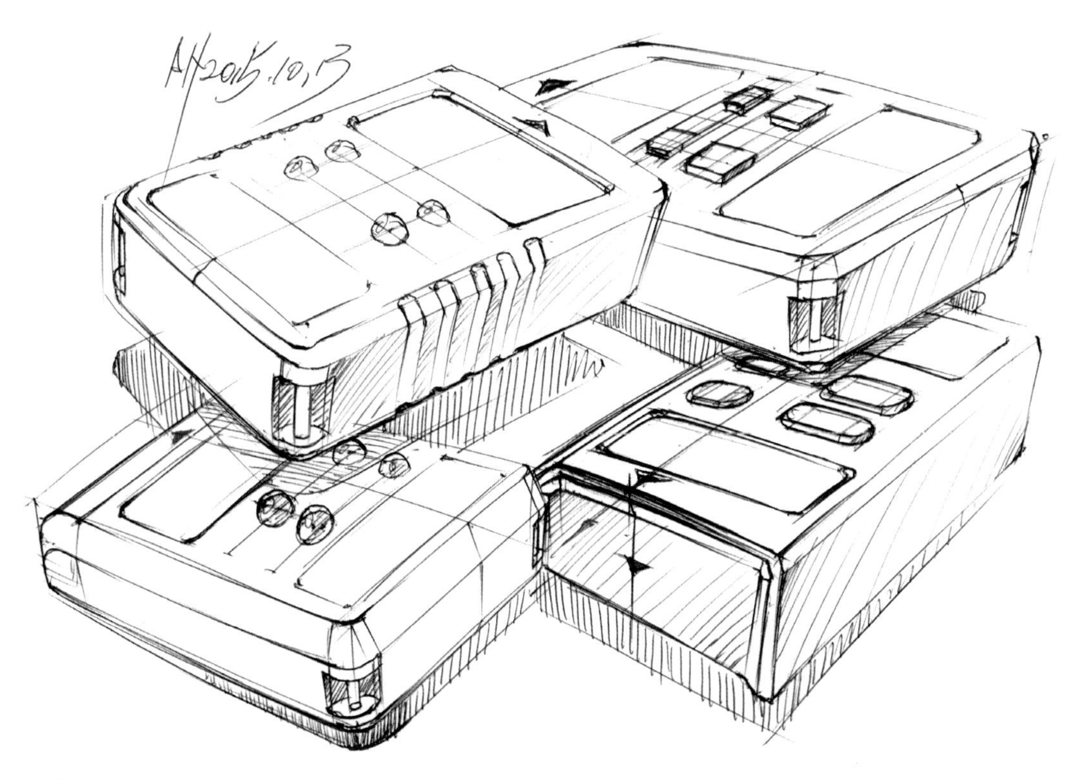

图4-69

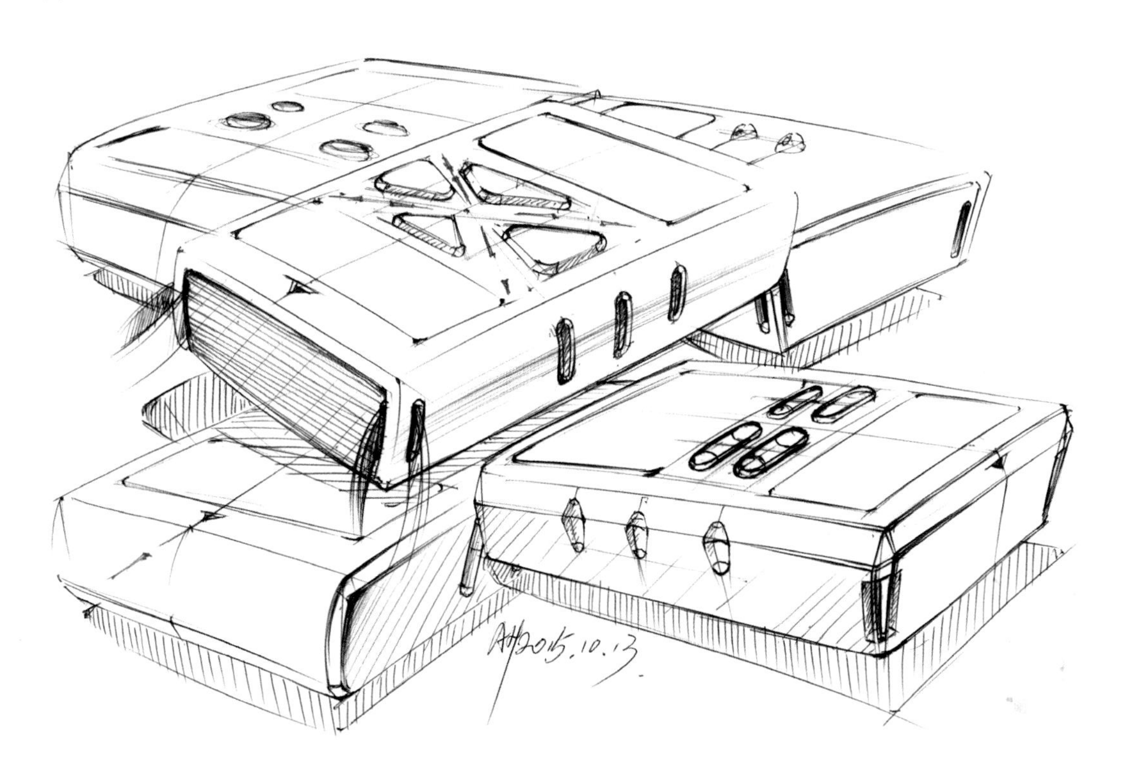

图4-70

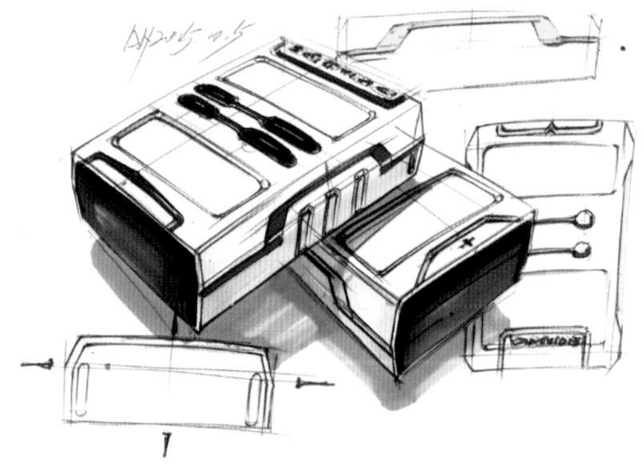

图4-71

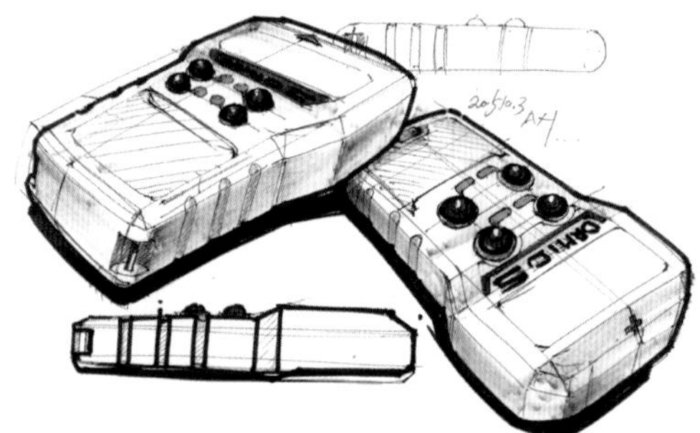

图4-72

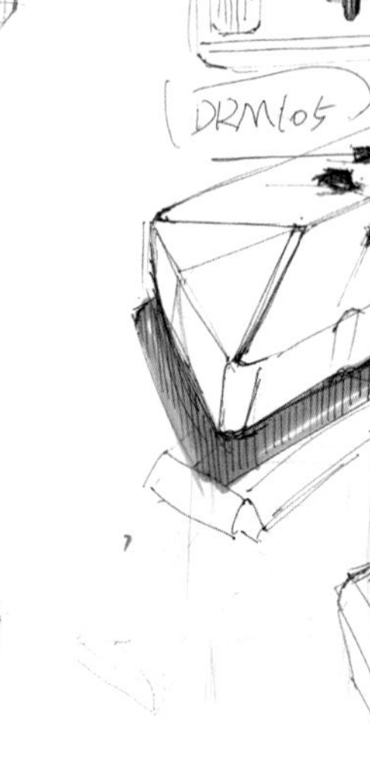

图4-73

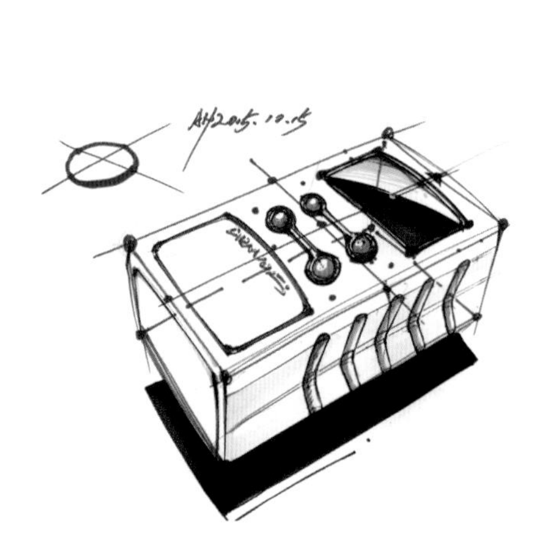

图4-74

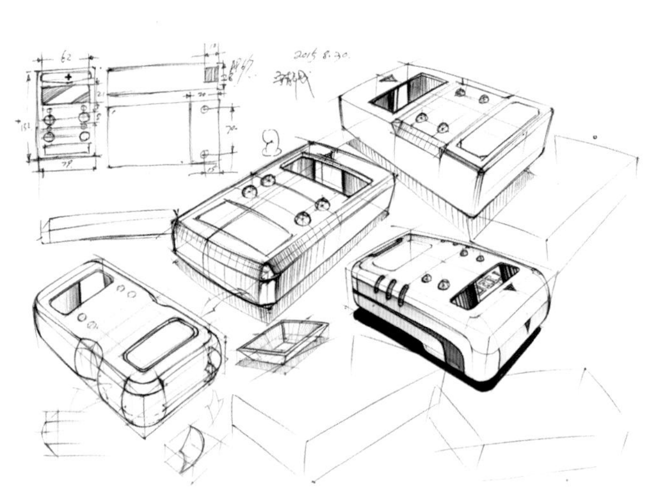

图4-75

4.2.3 方案手绘效果图

方案手绘效果图见图4-76—图4-81。

图4-76 图4-77 附图4-77

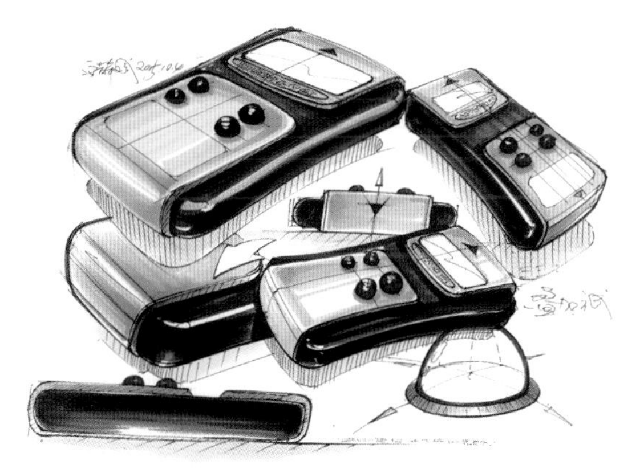

图4-78

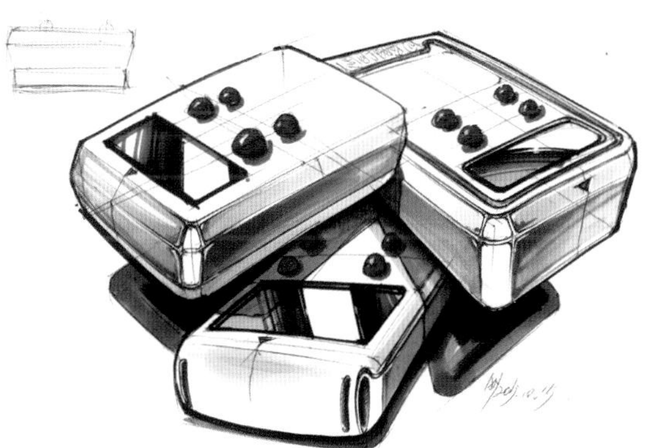

图4-79

图4-80

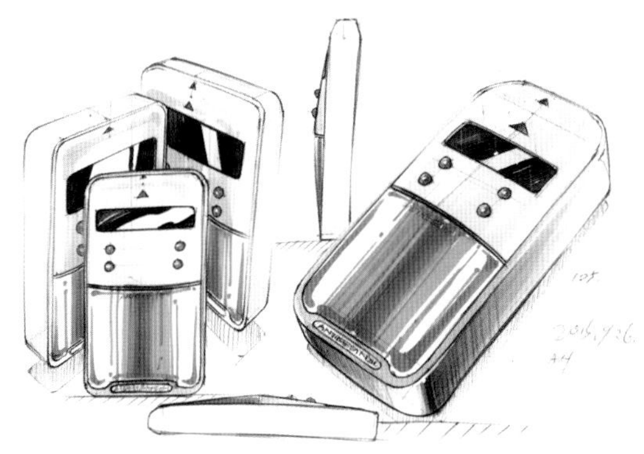

图4-81

4.3 核辐射检测仪案例分析（二）

型号：MPR200

单位：中国辐射防护研究院

设计周期：30工作日

服务范围：工业设计、结构设计、设计研究

材质工艺：注塑、钣金

设计投入人员：12人次

产品整体细节丰富，较大的倒斜角使得产品更加富有层次，在满足用户使用的同时也具有较强的科技感，将功能与形式完美地统一。

4.3.1 前期方案草图

前期方案草图见图4-82—图4-85。

附图4-82

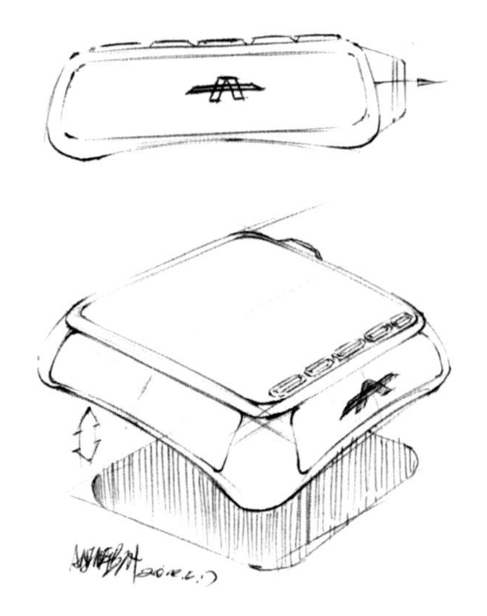

图4-82

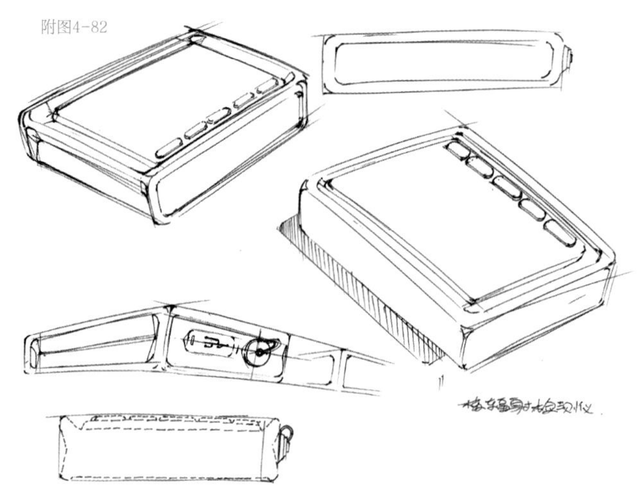

图4-83

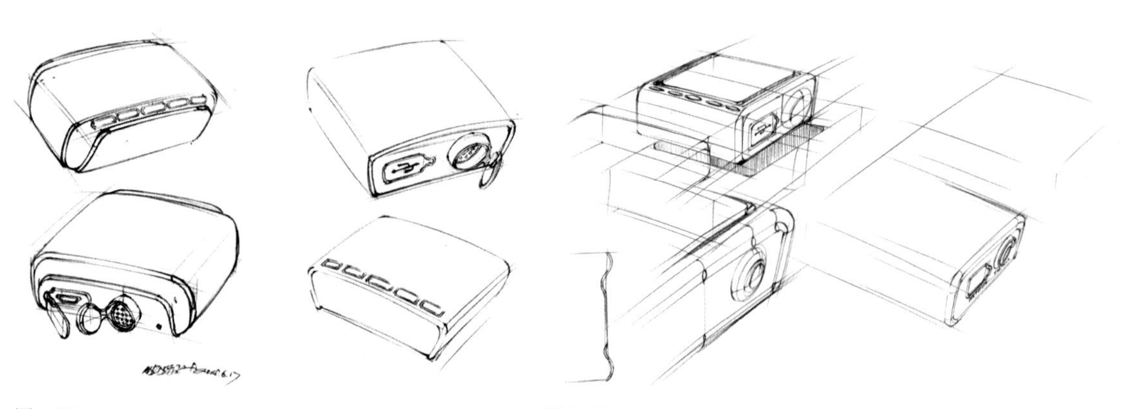

图4-84

图4-85

4.3.2 方案细化过程

方案细化过程见图4-86—图4-90。

4.3.3 方案手绘效果图

方案手绘效果图见图4-91。

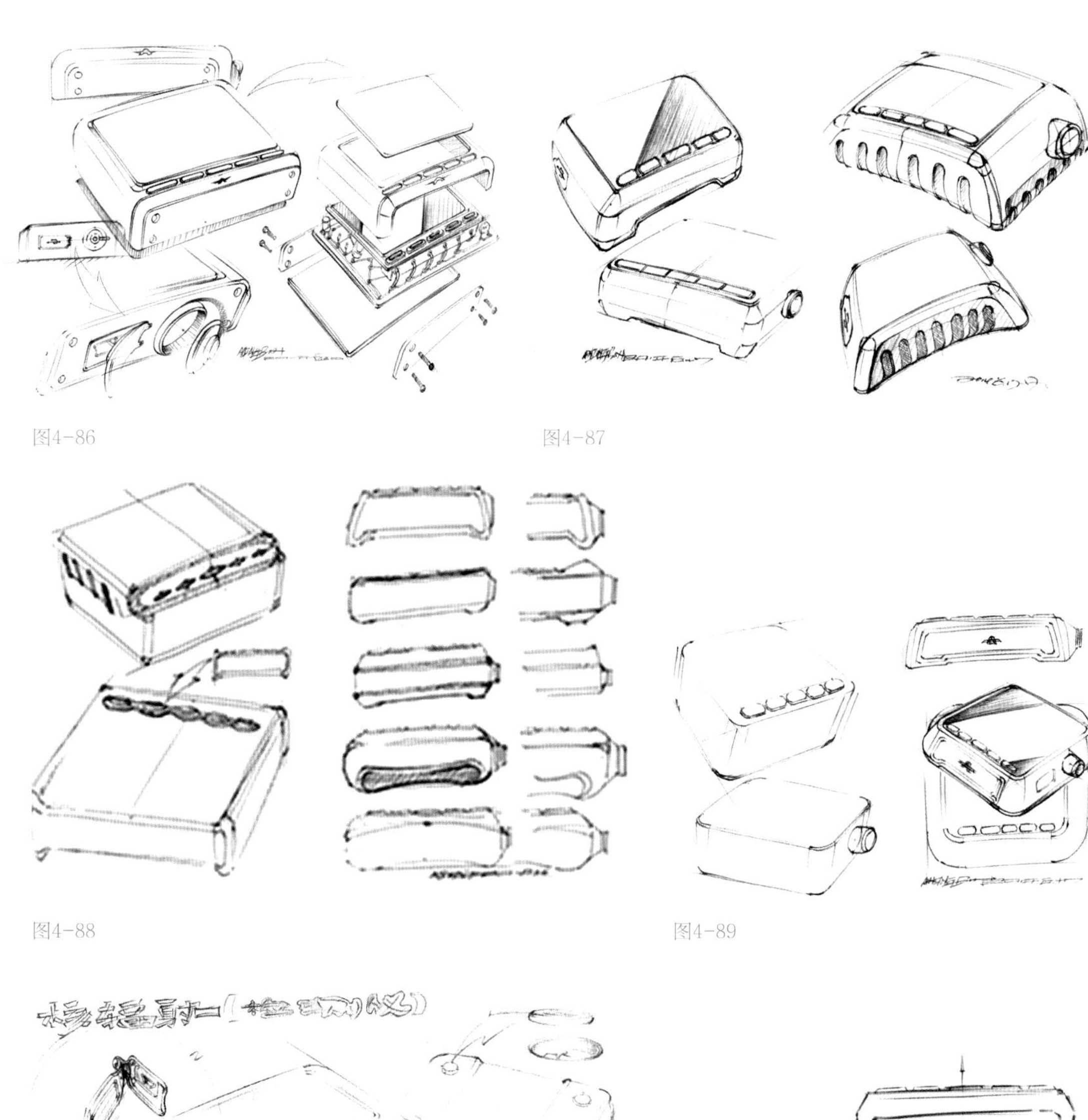

图4-86

图4-87

图4-88

图4-89

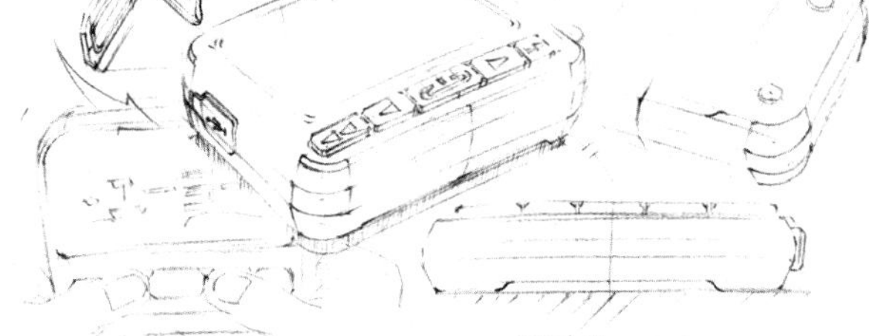

图4-90

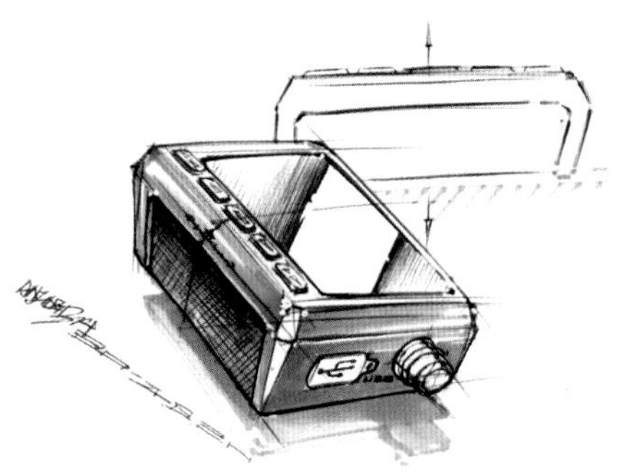

图4-91

4.4 核辐射检测仪案例分析（三）

型号：PCM170

单位：中国辐射防护研究院

设计周期：30工作日

服务范围：工业设计、结构设计、设计研究

材质工艺：注塑、钣金

设计投入人员：12人次

产品整体细节丰富，较大的倒斜角使得产品更加富有层次，在满足用户使用的同时也具有较强的科技感，将功能与形式完美地统一。

4.4.1 前期方案草图

前期方案草图见图4-92—图4-96。

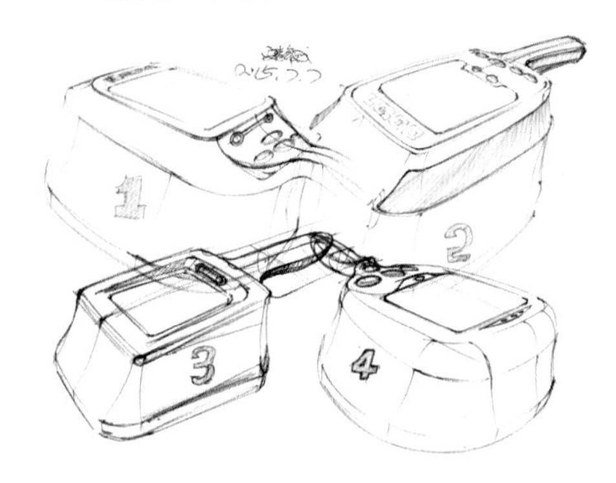

图4-92

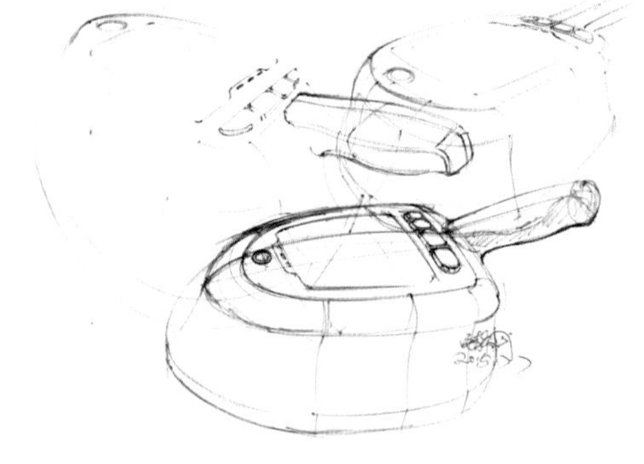

图4-93

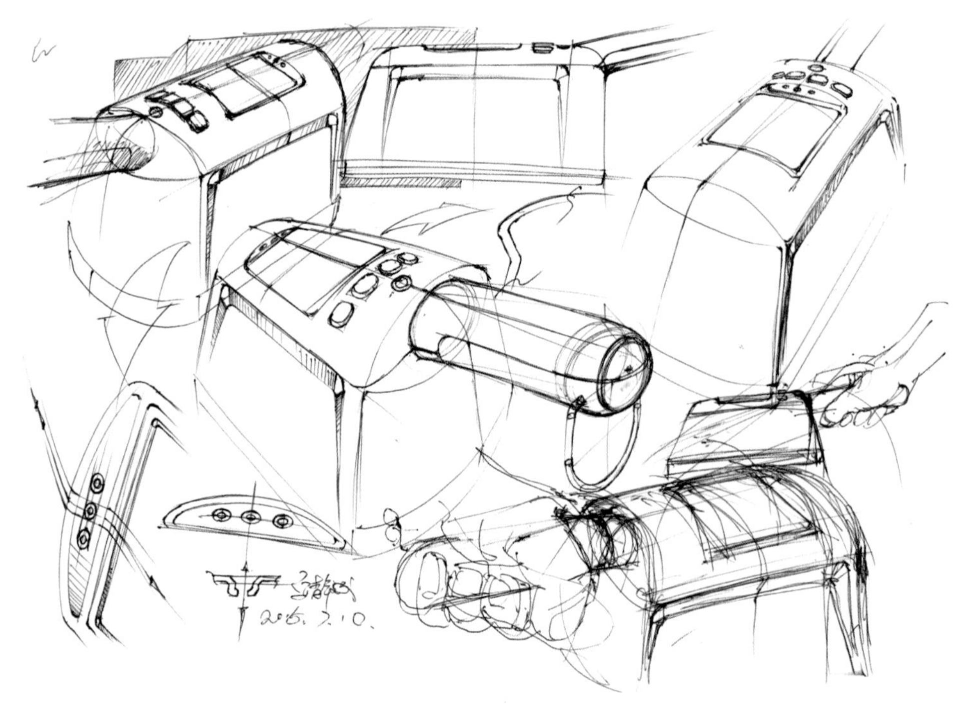

图4-94

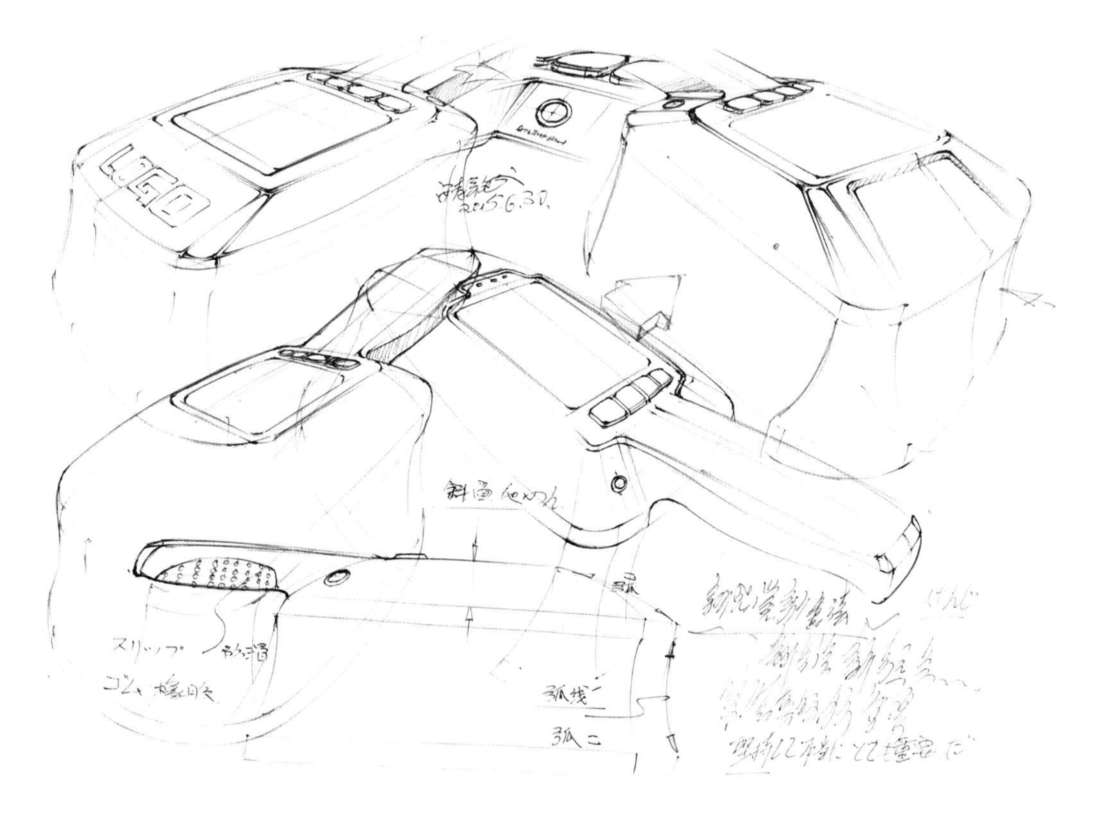

图4-95

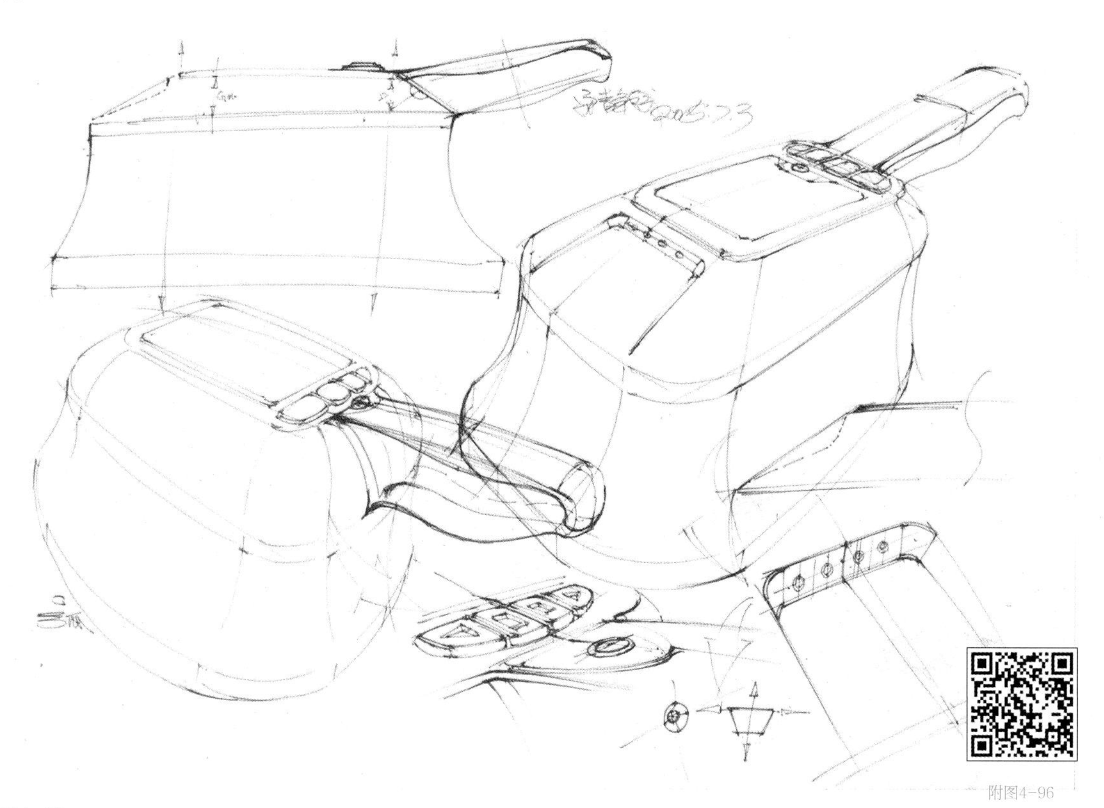

附图4-96

图4-96

4.4.2 方案细化过程

方案细化过程见图4-97—图4-109。

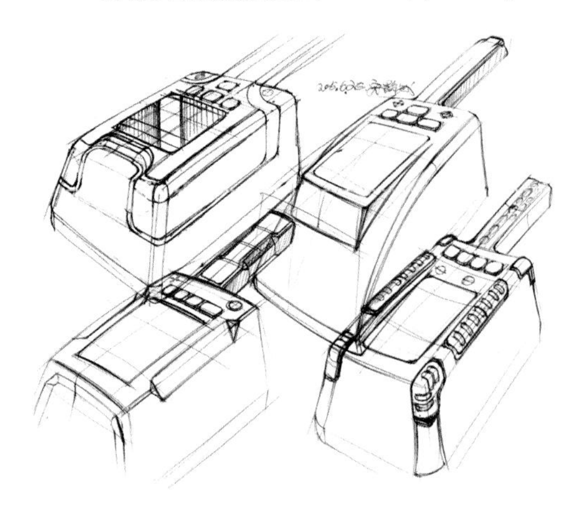

图4-97

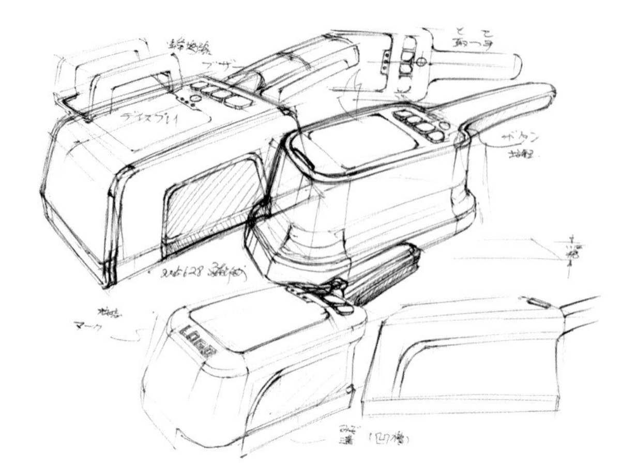

图4-98

图4-99

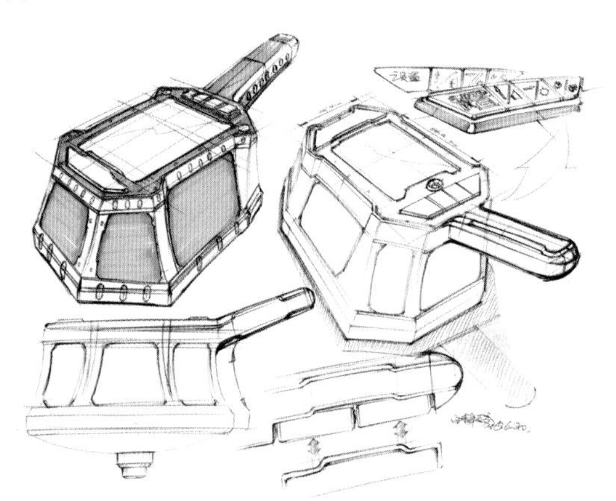

图4-100

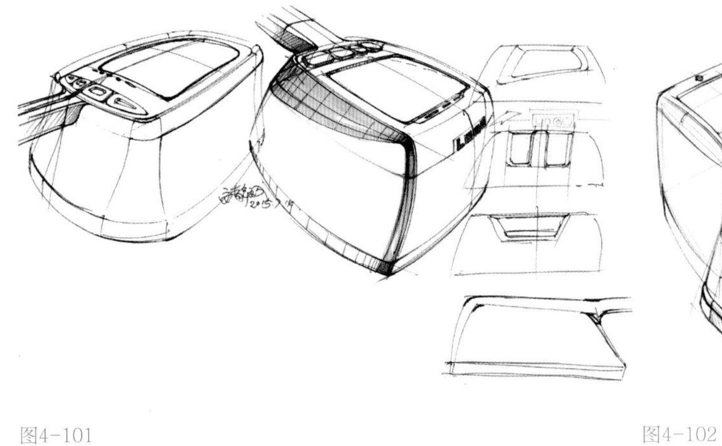

图4-101

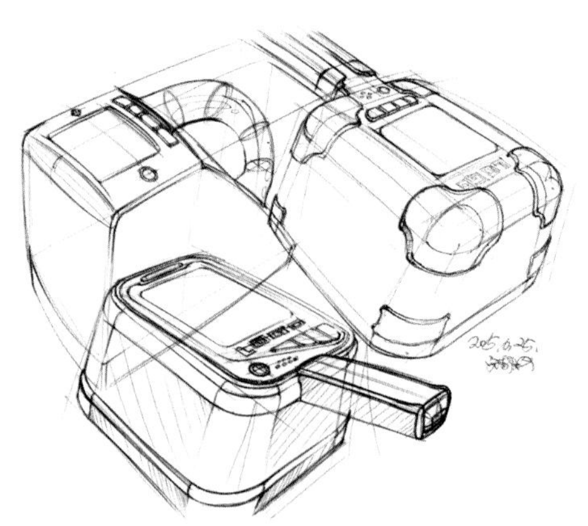

图4-102

附图4-101

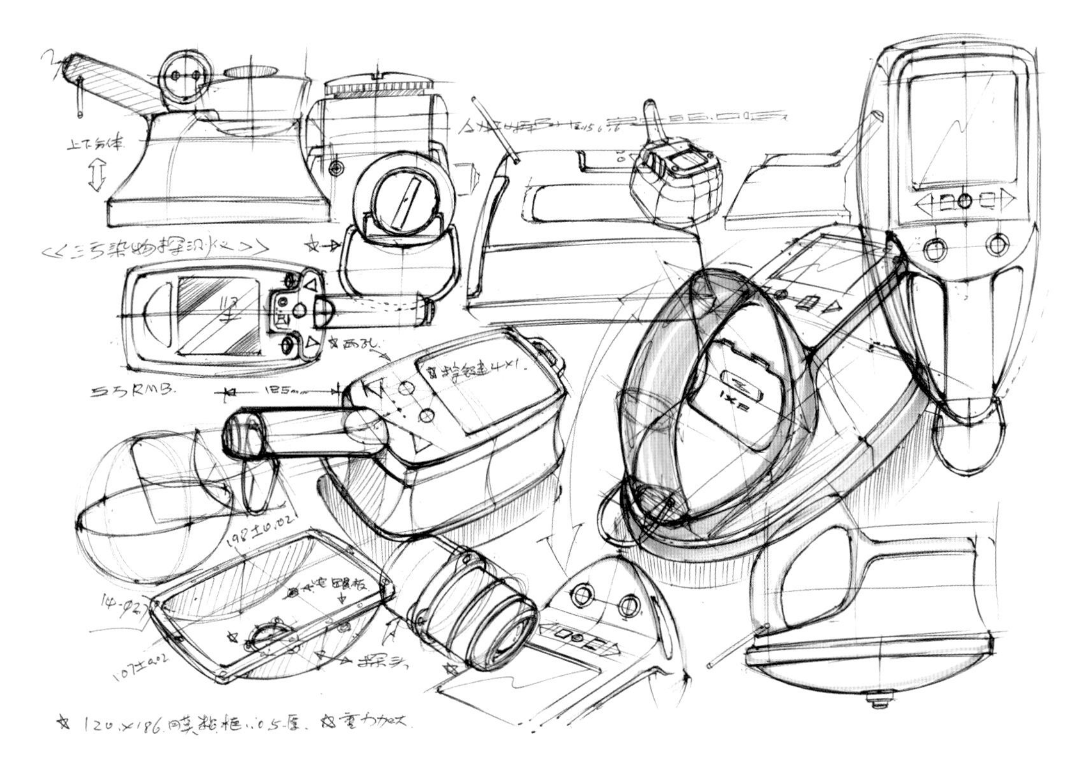

图4-103

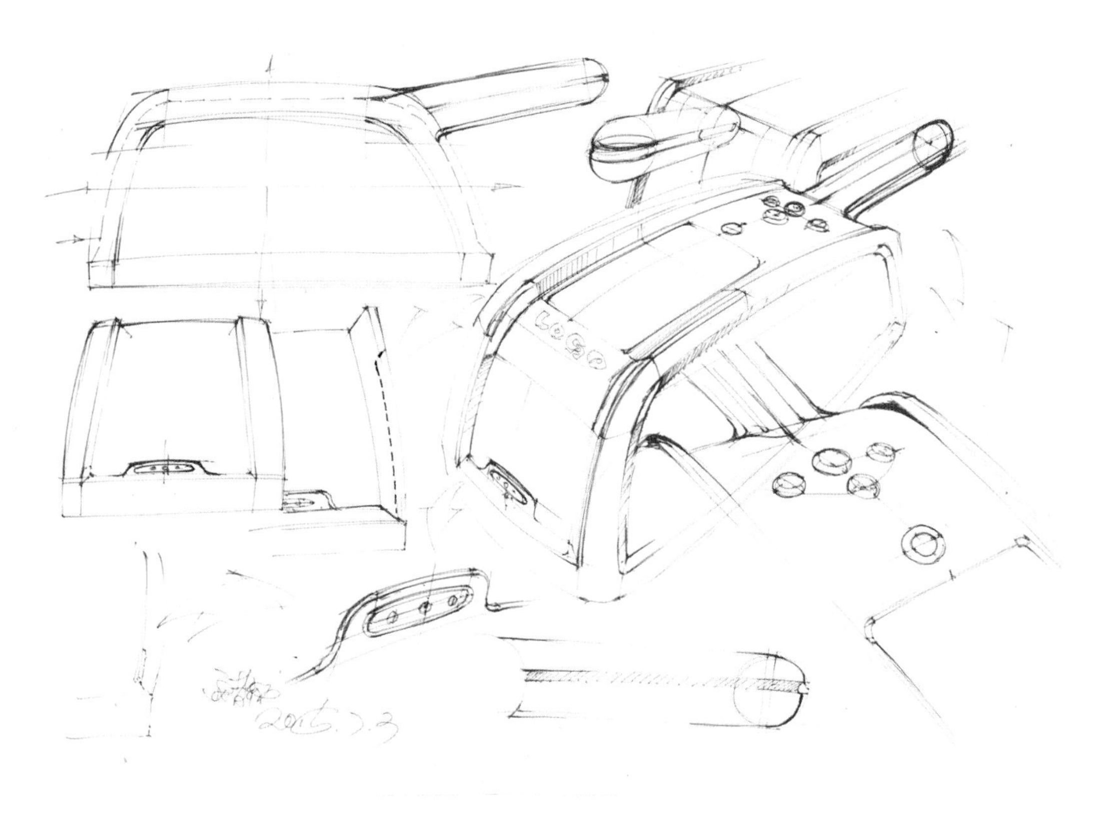

图4-104

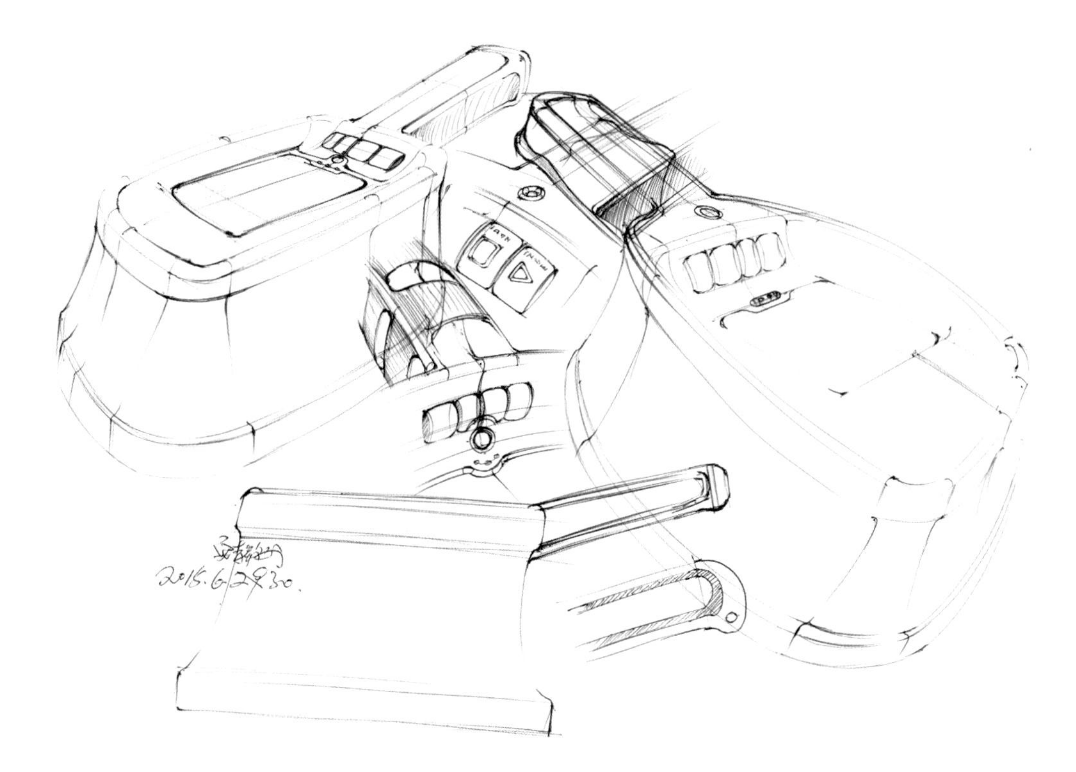

图4-105

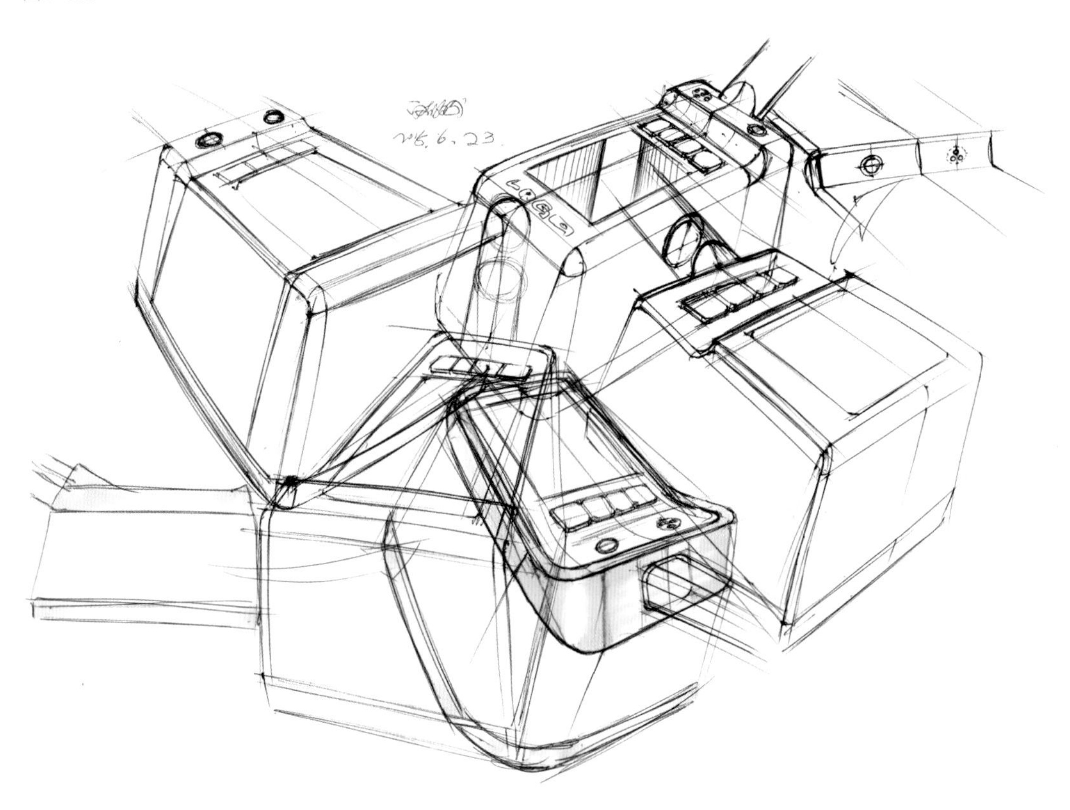

图4-106

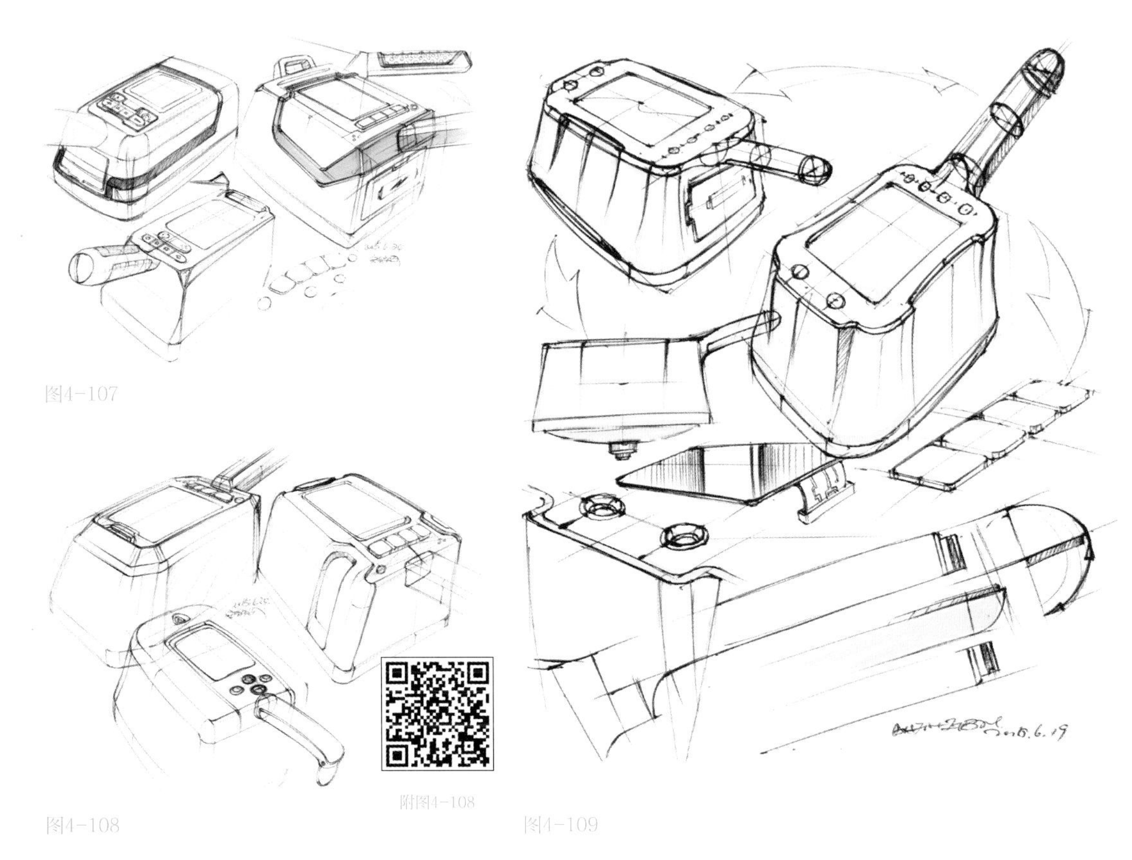

图4-107

附图4-108

图4-108

图4-109

4.4.3 方案电脑效果图

方案电脑效果图见图4-110、图4-111。

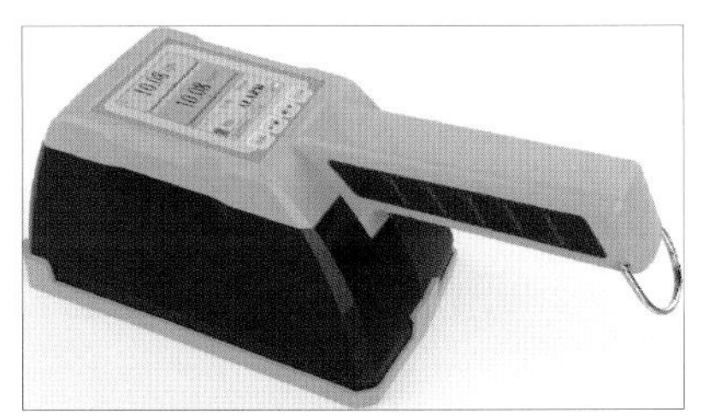

图4-110

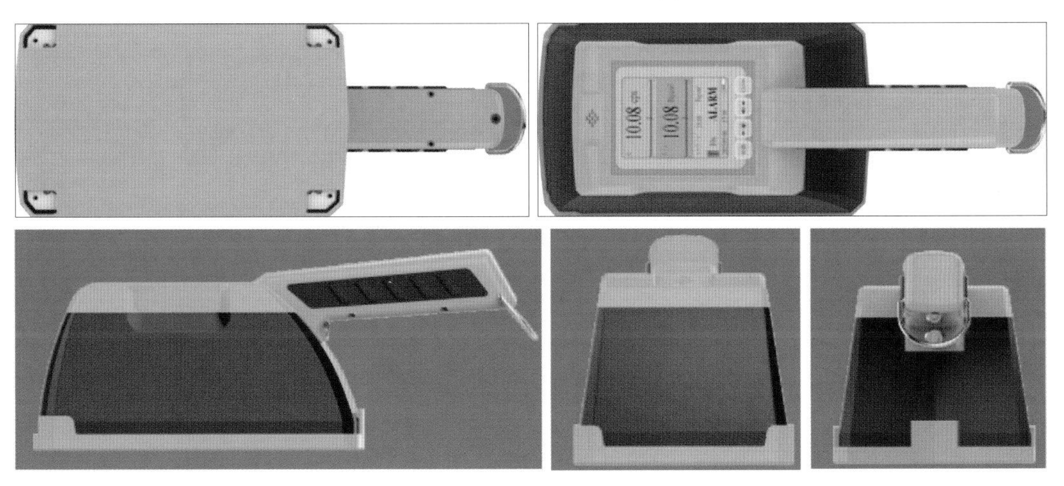

图4-111

4.5 理疗仪案例分析

附图4-112

4.5.1 前期方案草图

前期方案草图见图4-112—图4-116。

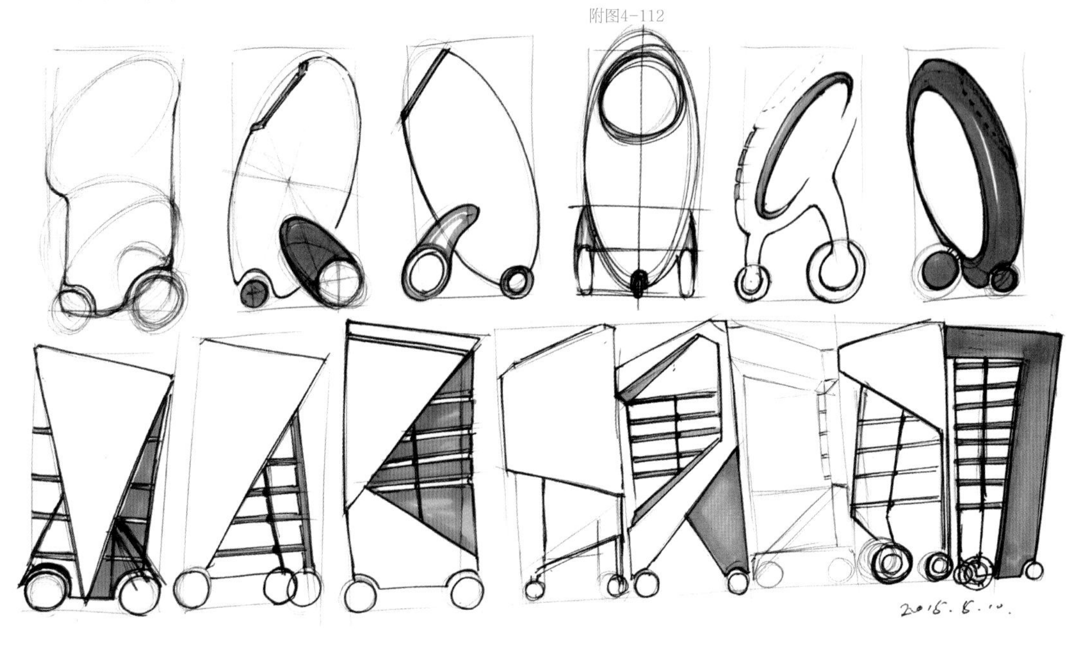

图4-112

图4-113

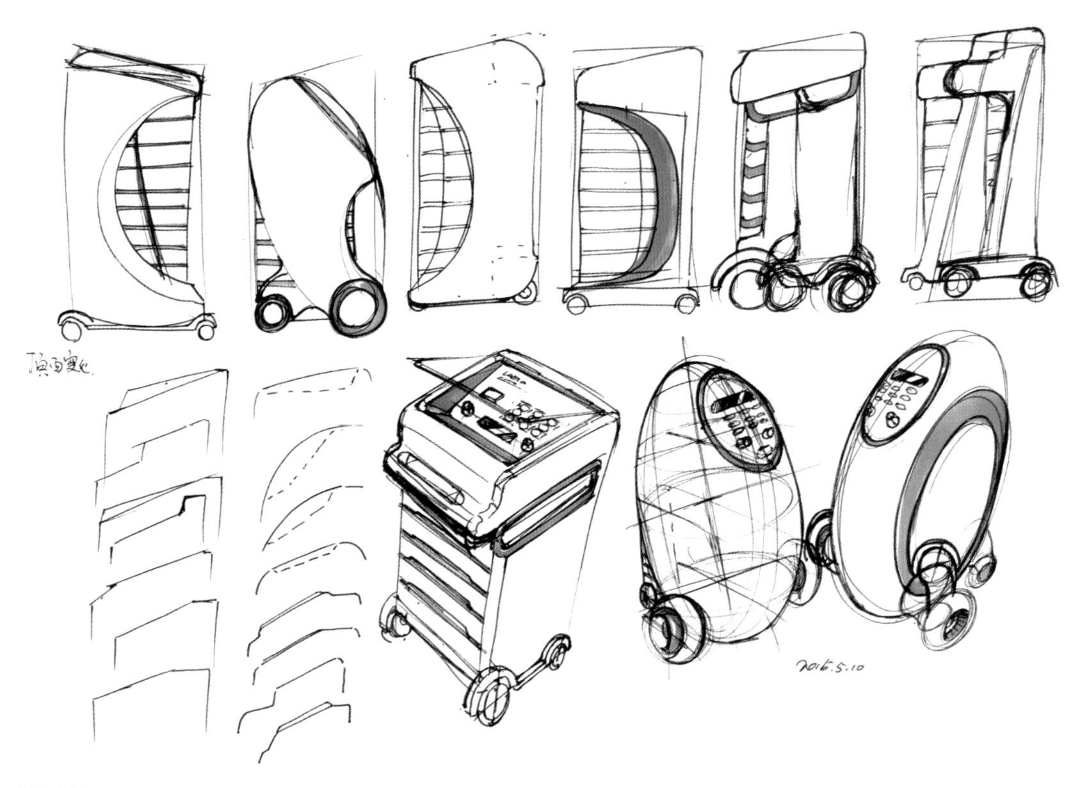

图4-114

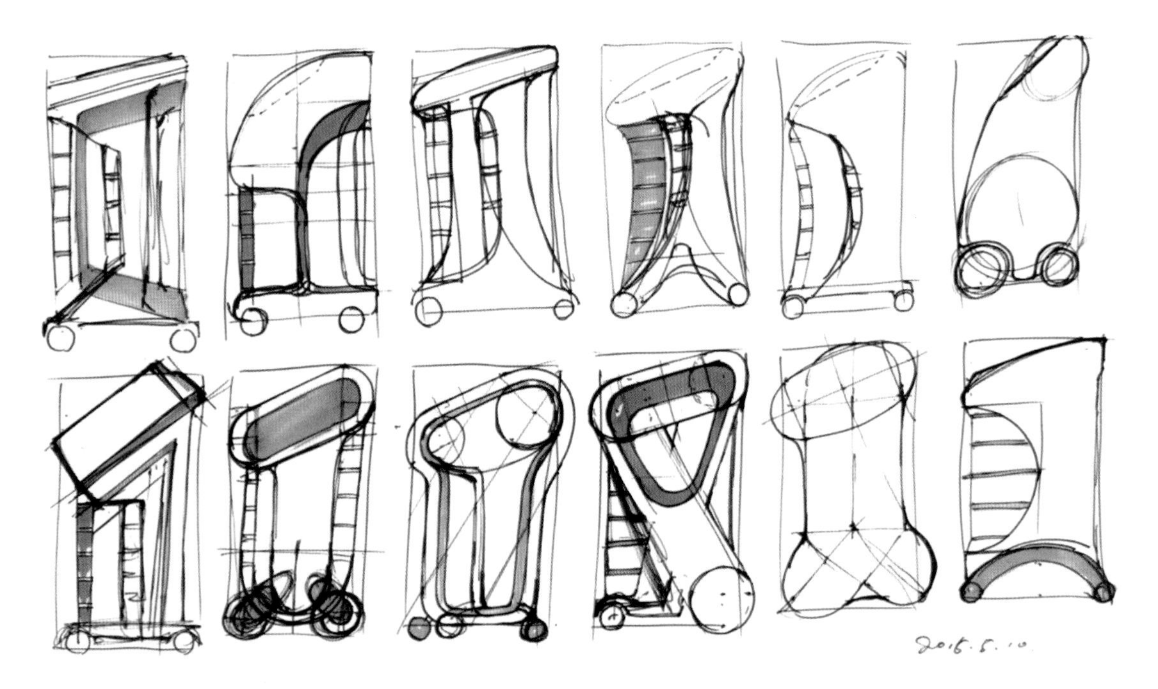

图4-115

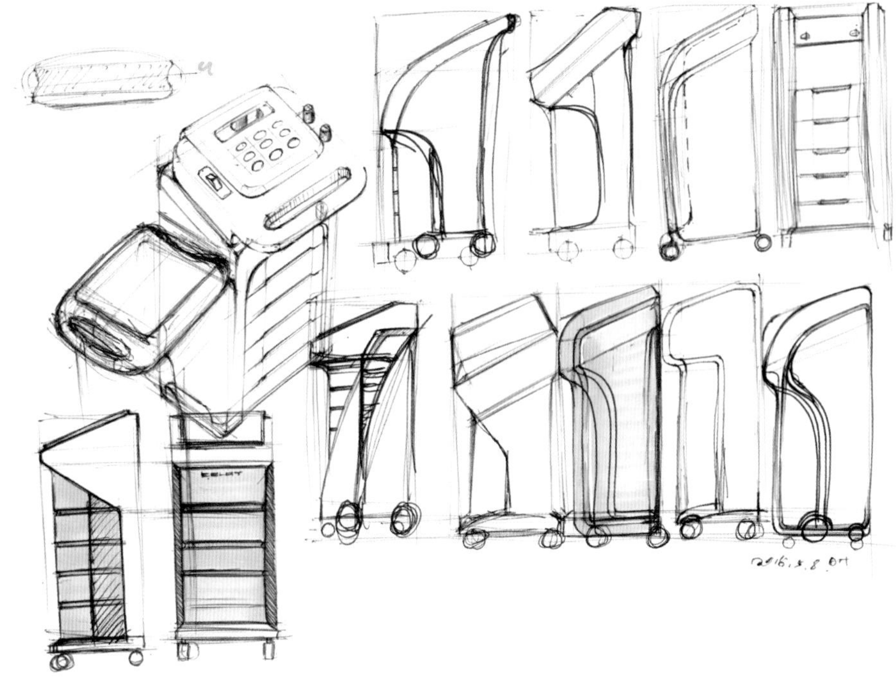

图4-116

附图4-117

附图4-118

附图4-119

4.5.2 方案细化过程

方案细化过程见图4-117—图4-123。

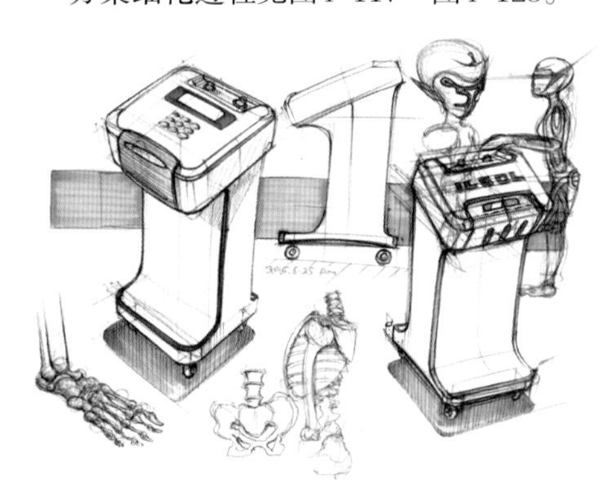

图4-117

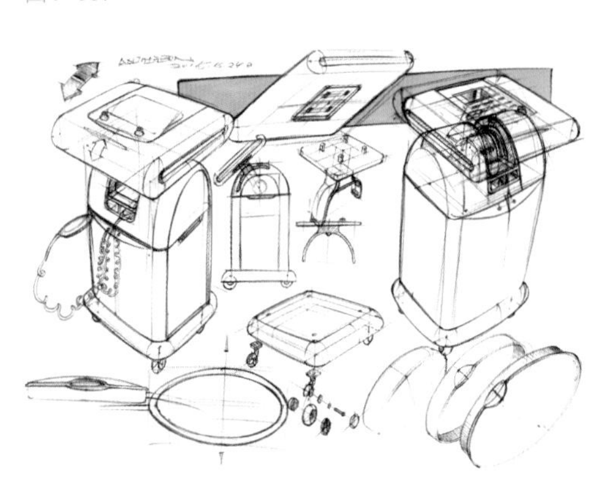

图4-118

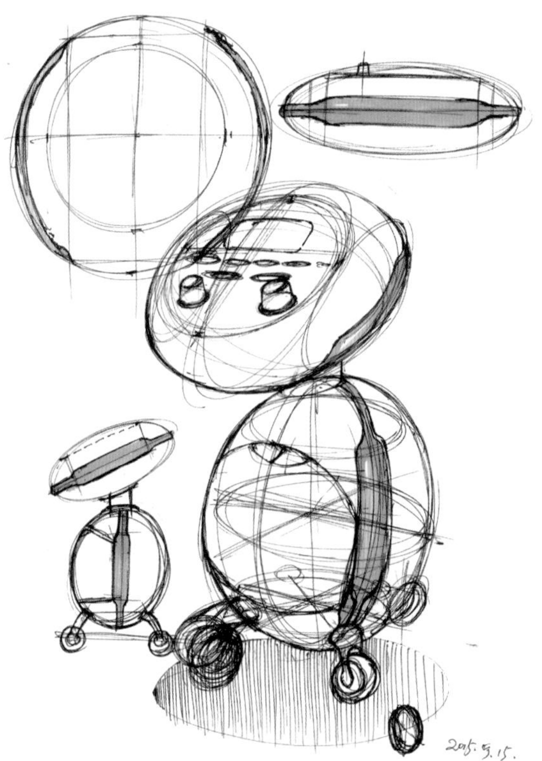

图4-119

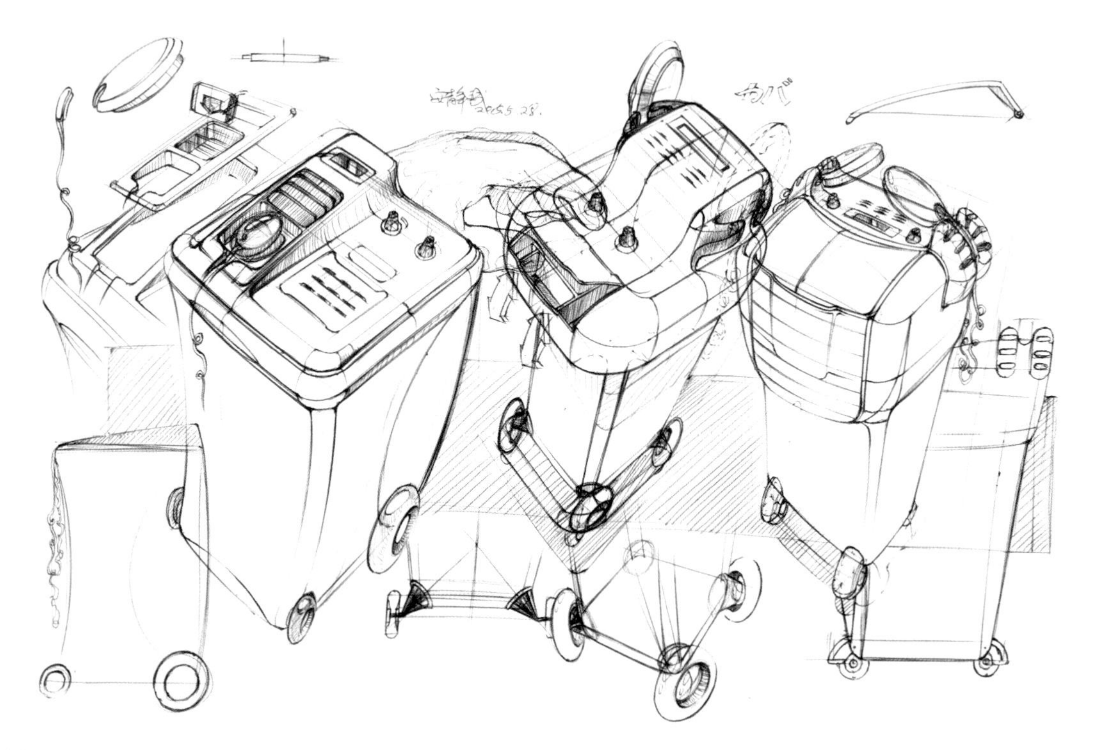

图4-120

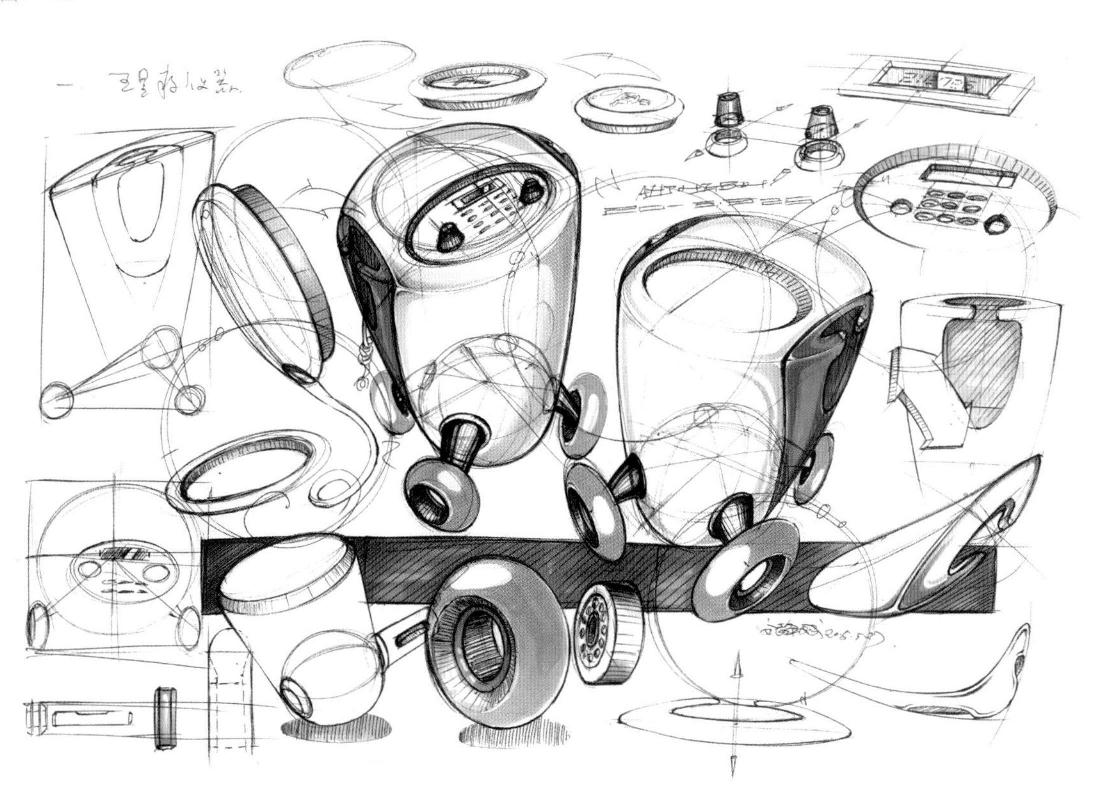

图4-121

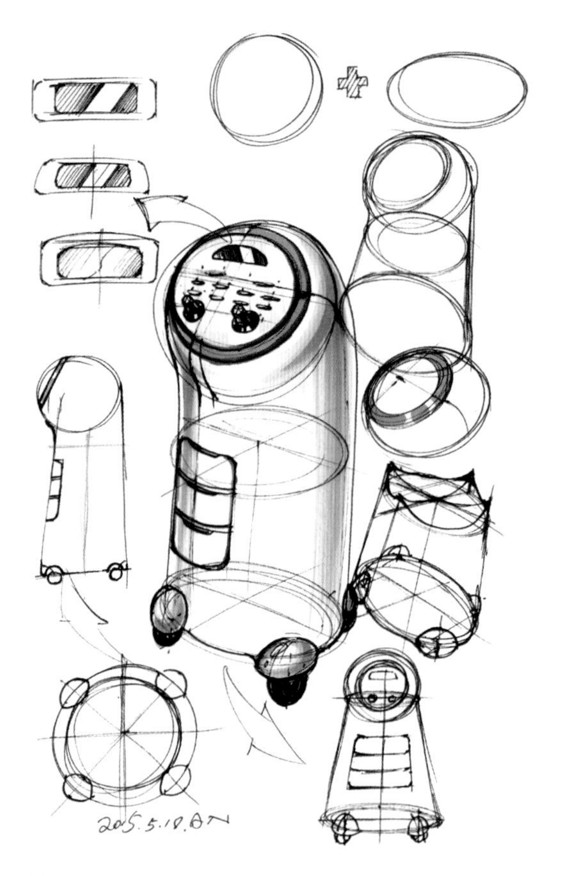

图4-122

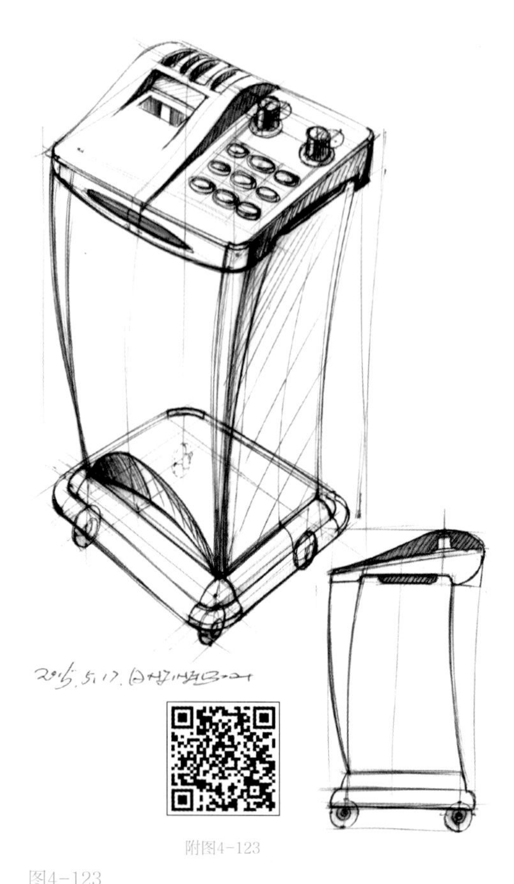

附图4-123

图4-123

4.5.3 方案电脑效果图

方案电脑效果图见图4-124—图4-129。

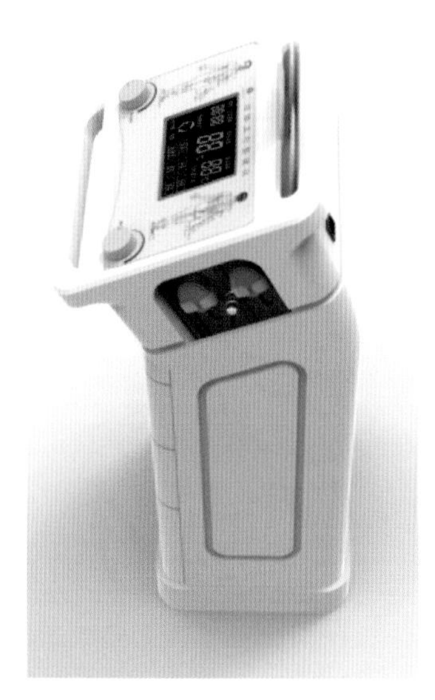

图4-124

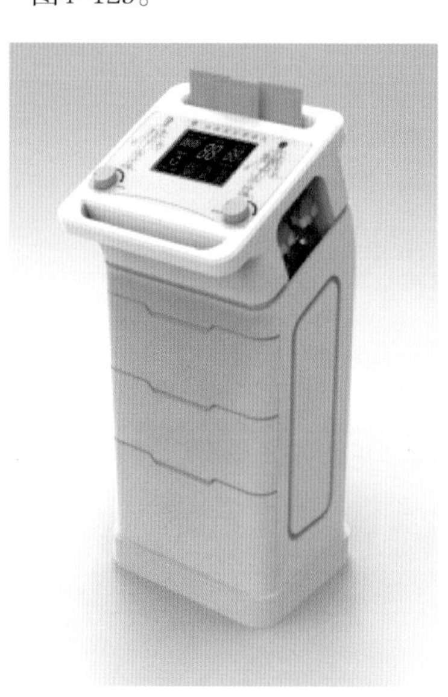

图4-125

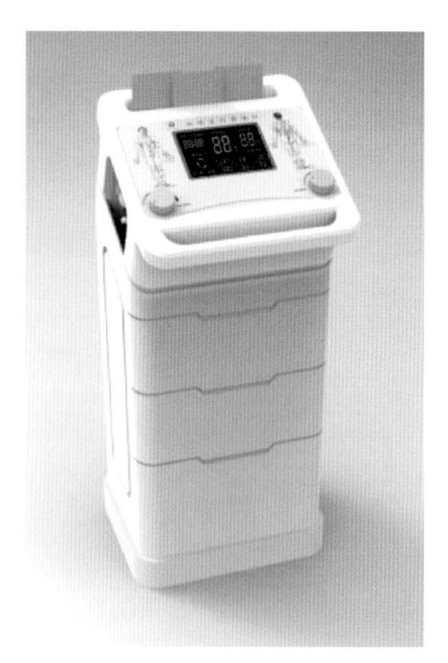

图4-126

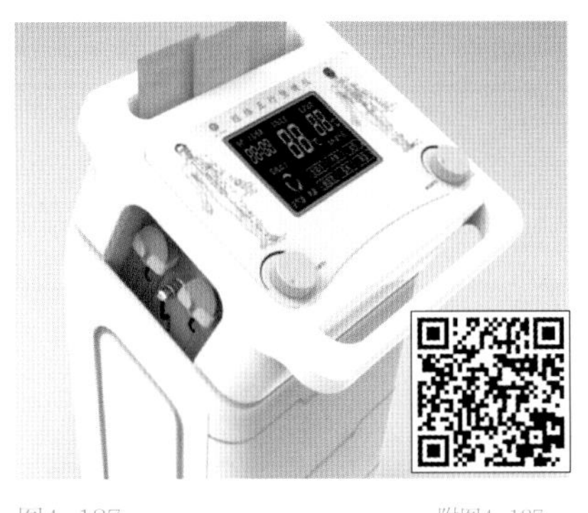

图4-127　　附图4-127

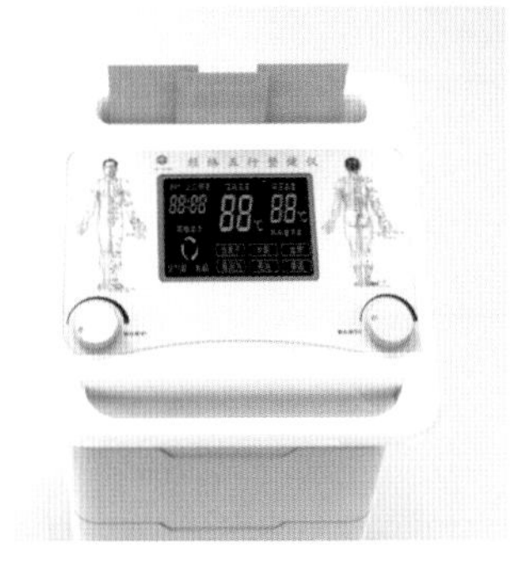

图4-128

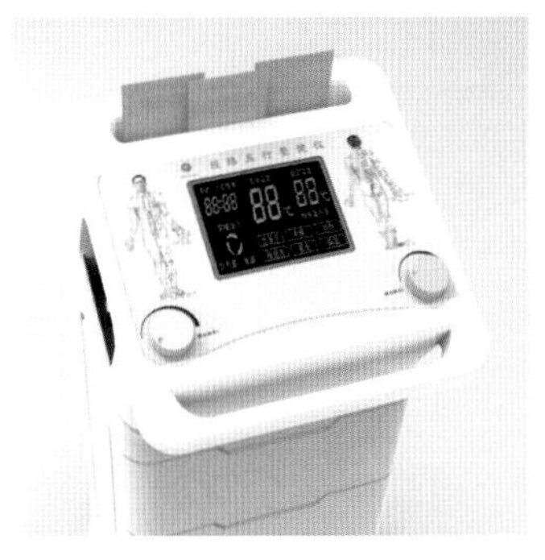

图4-129

4.6　吸鼻器案例分析

4.6.1　前期方案草图

前期方案草图见图4-130—图4-135。

附图4-130

附图4-132

附图4-134

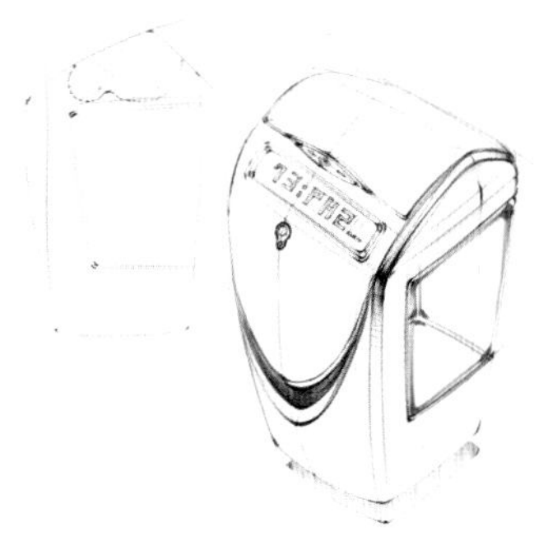

图4-130

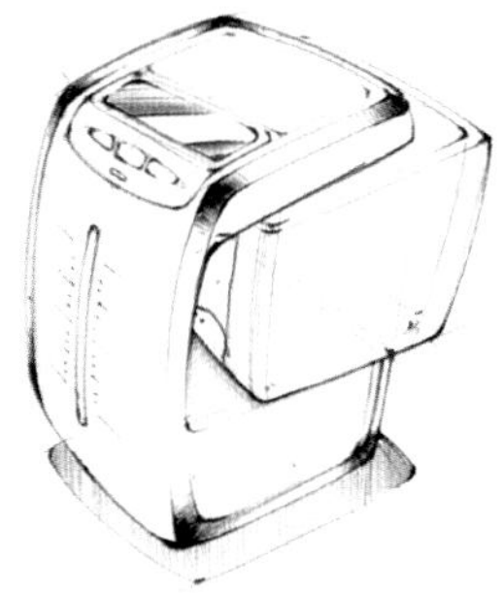

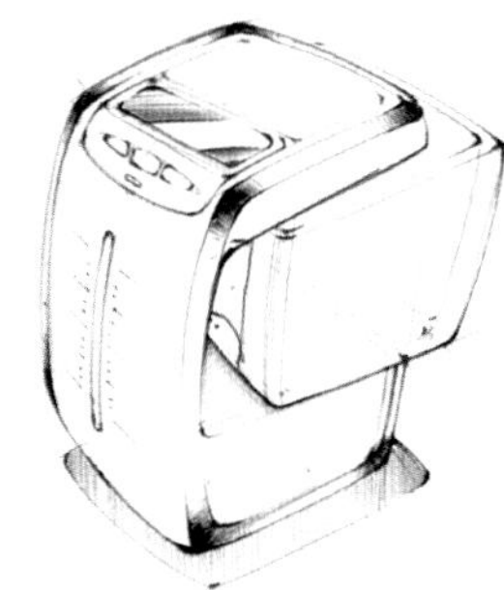

图4-131

图4-132

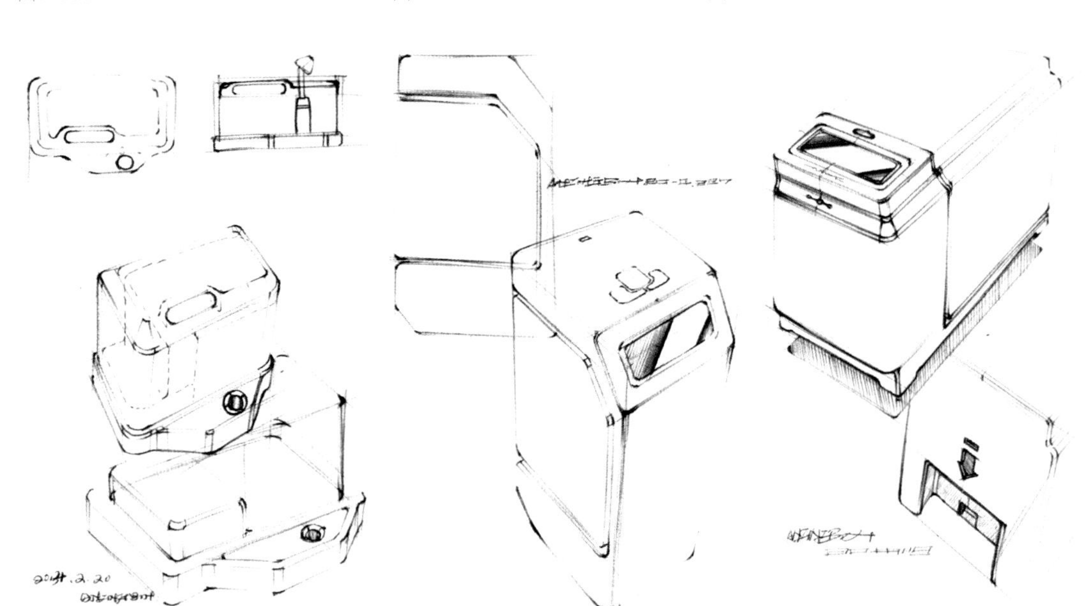

图4-133　　图4-134　　图4-135

4.6.2 方案细化过程

方案细化过程见图4-136—图4-143。

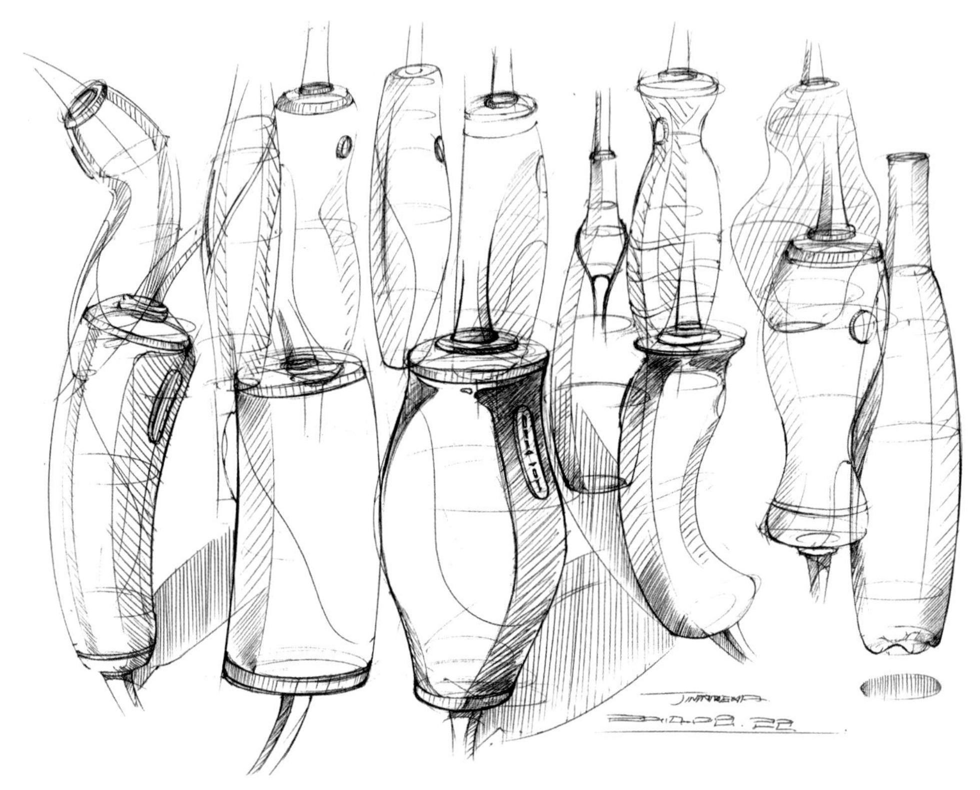

图4-136

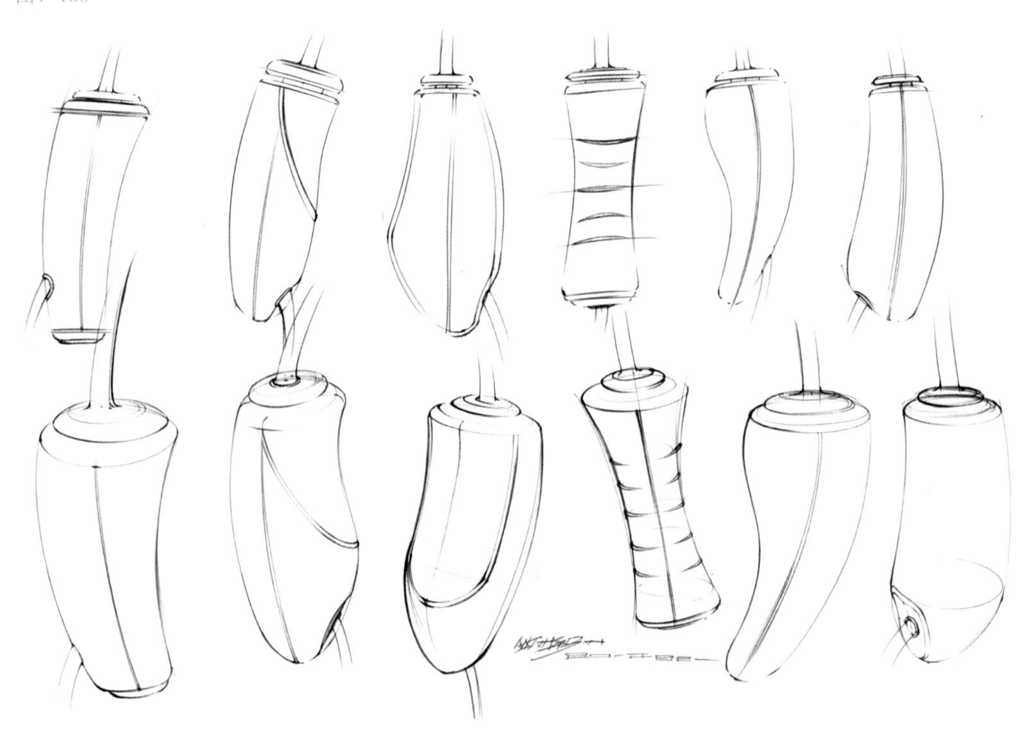

图4-137

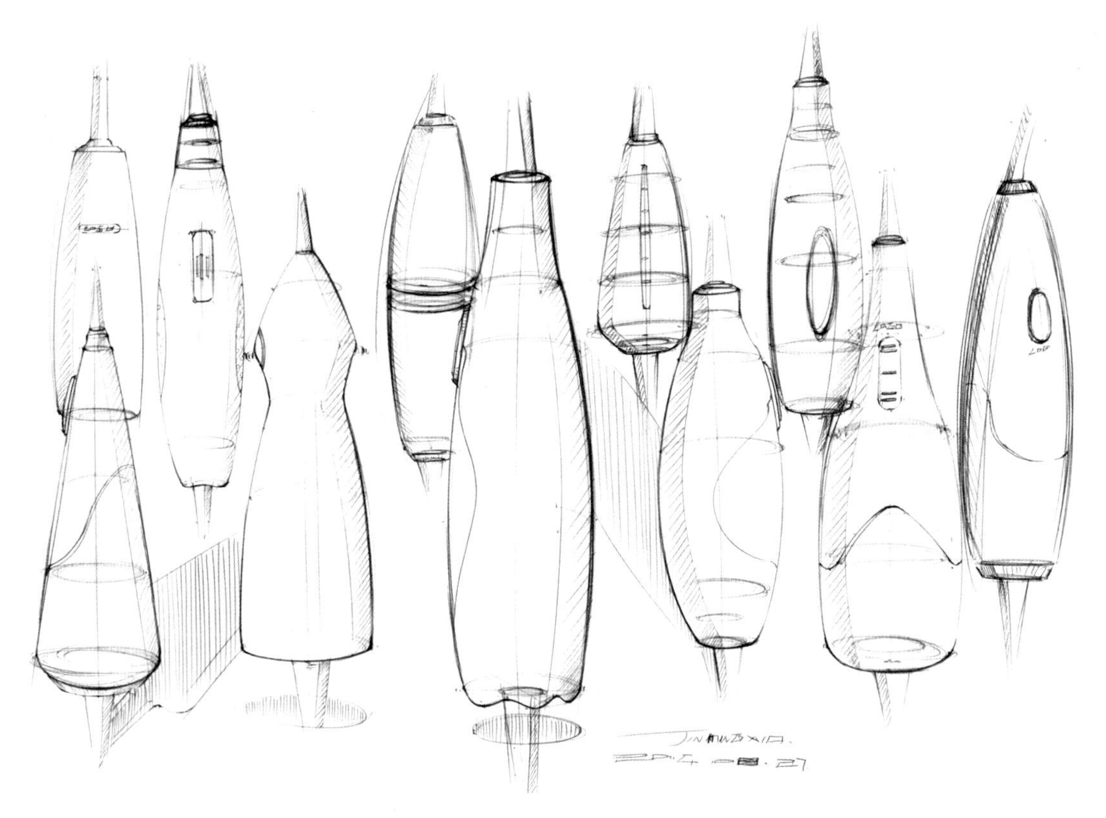

图4-138

图4-139

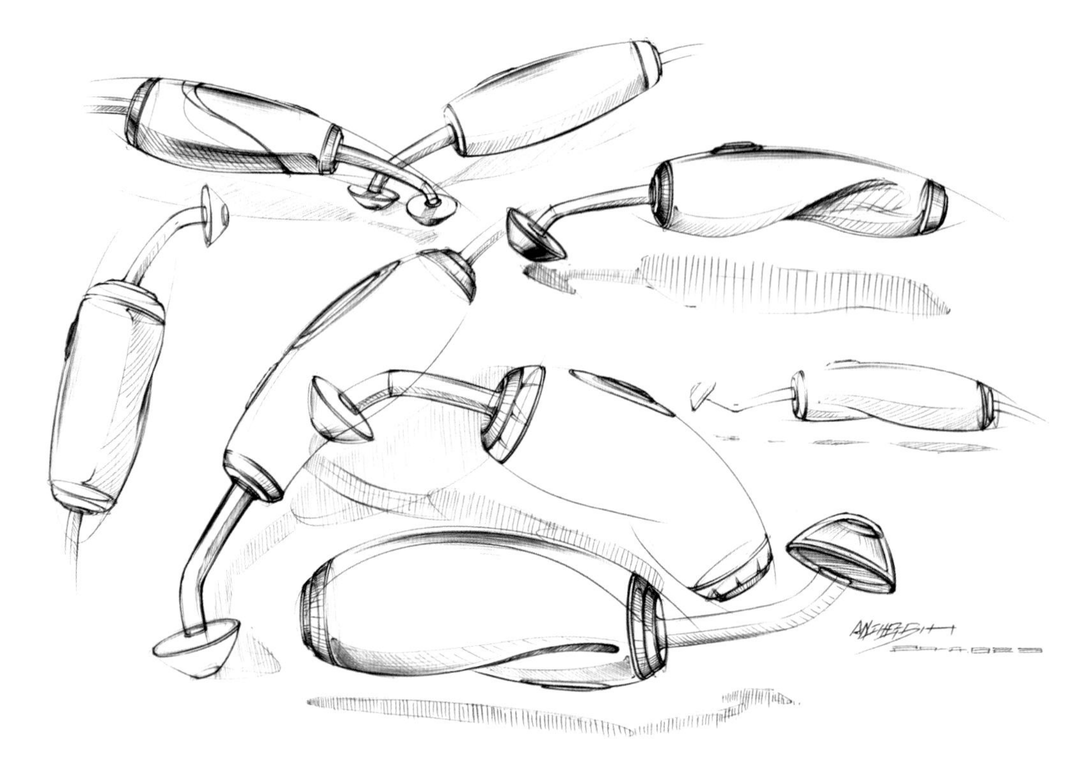

图4-140

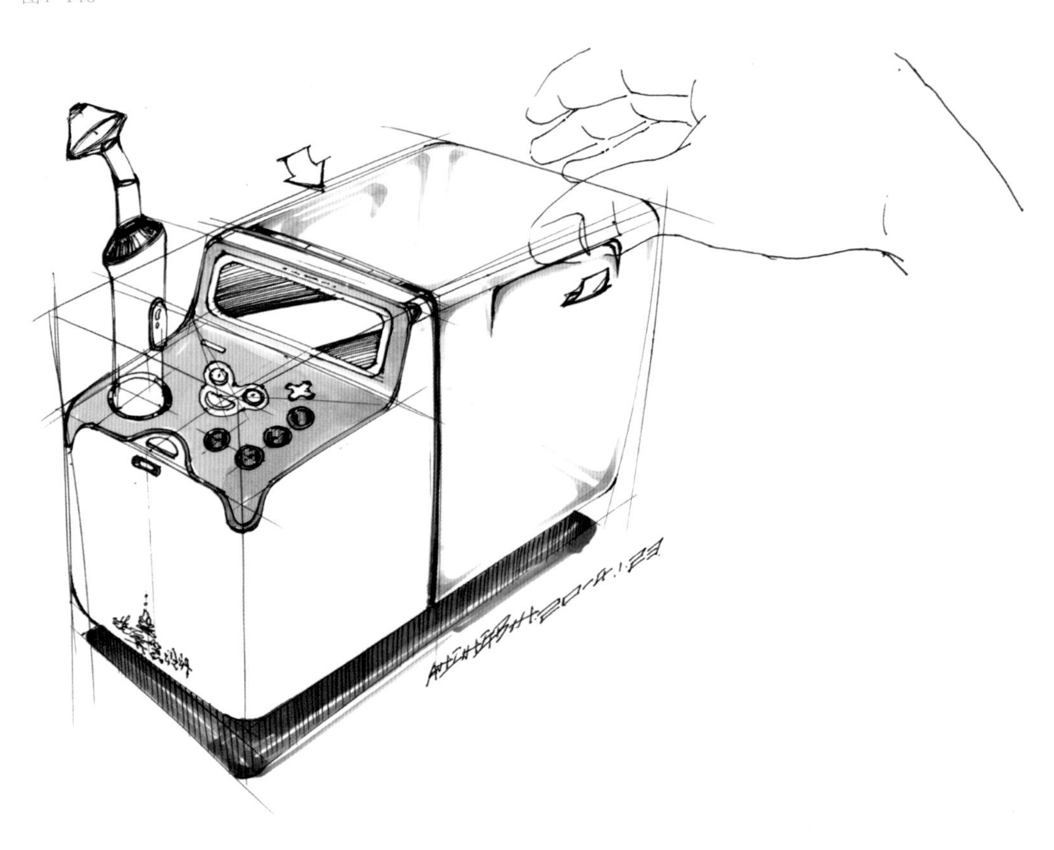

图4-141

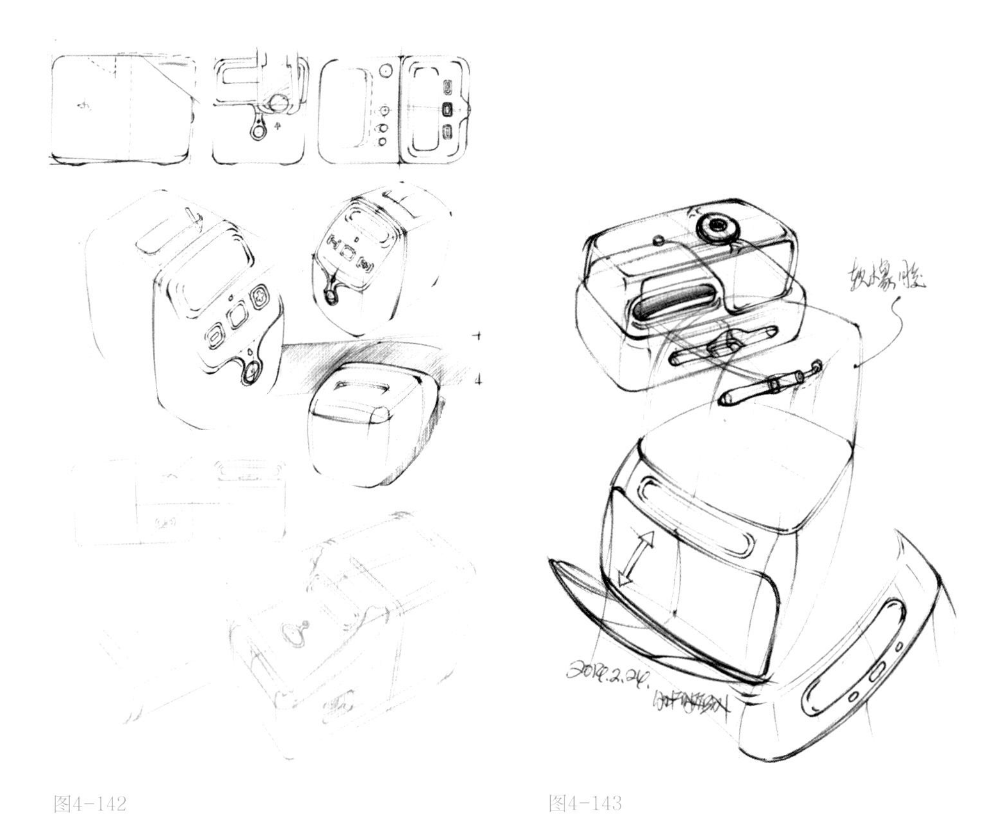

图4-142　　图4-143

4.6.3　方案手绘效果图

方案手绘效果图见图4-144—图4-146。

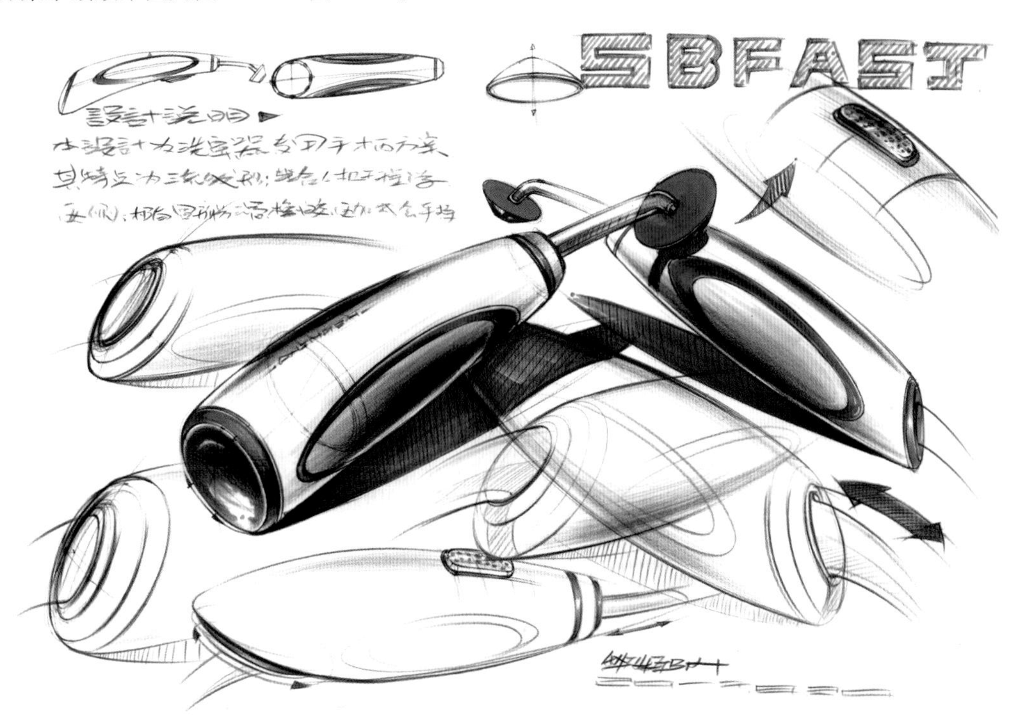

图4-144

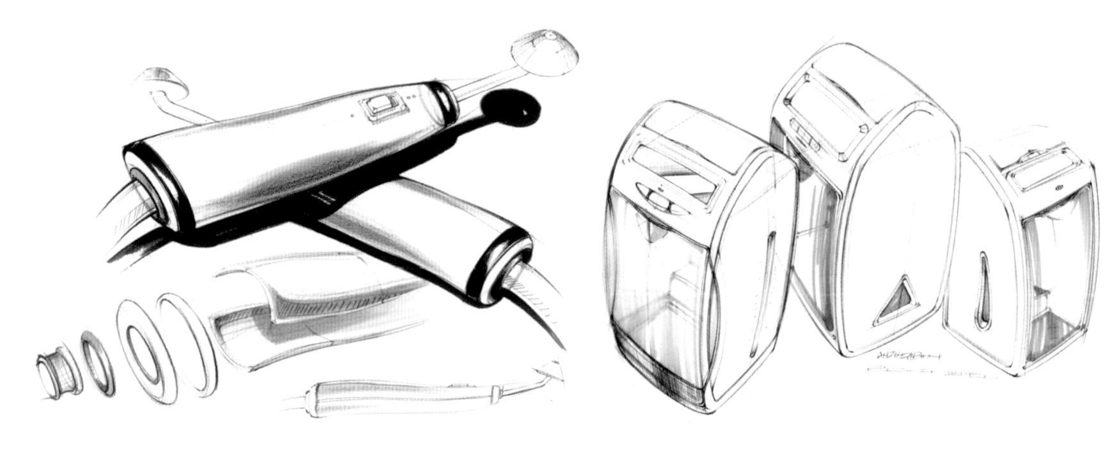

图4-145　　图4-146

4.6.4 方案电脑效果图

方案电脑效果图见图4-147、图4-148。

图4-147

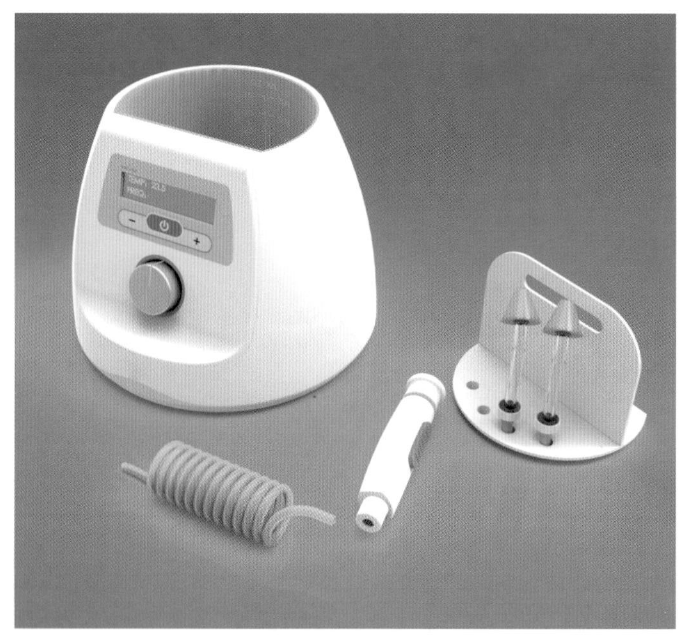

图4-148

4.7 智能家居产品案例分析

4.7.1 插排

插排手绘效果图见图4-149—图4-157。

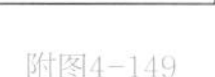

附图4-149　　附图4-151

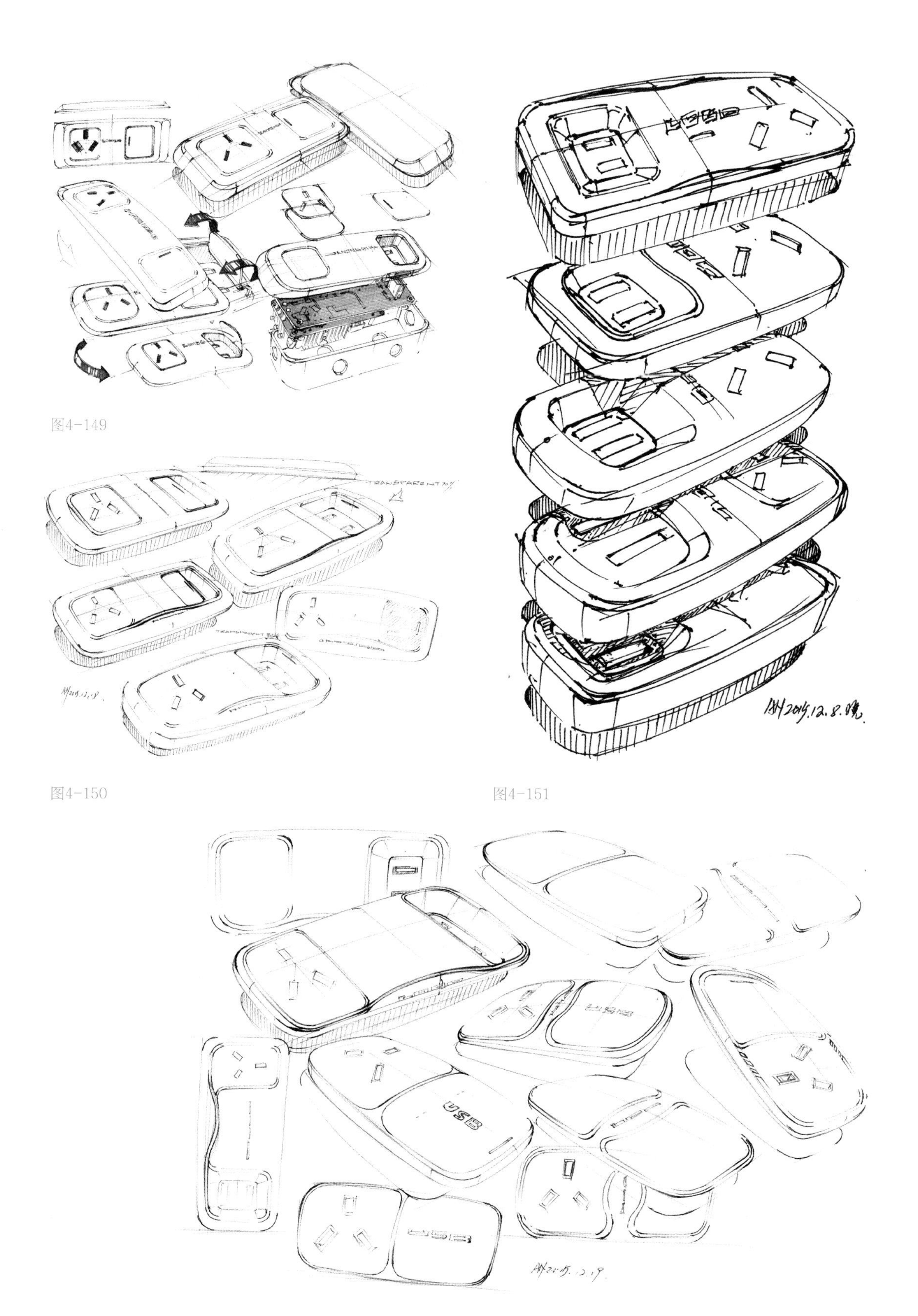

图4-149

图4-150

图4-151

图4-152

图4-153

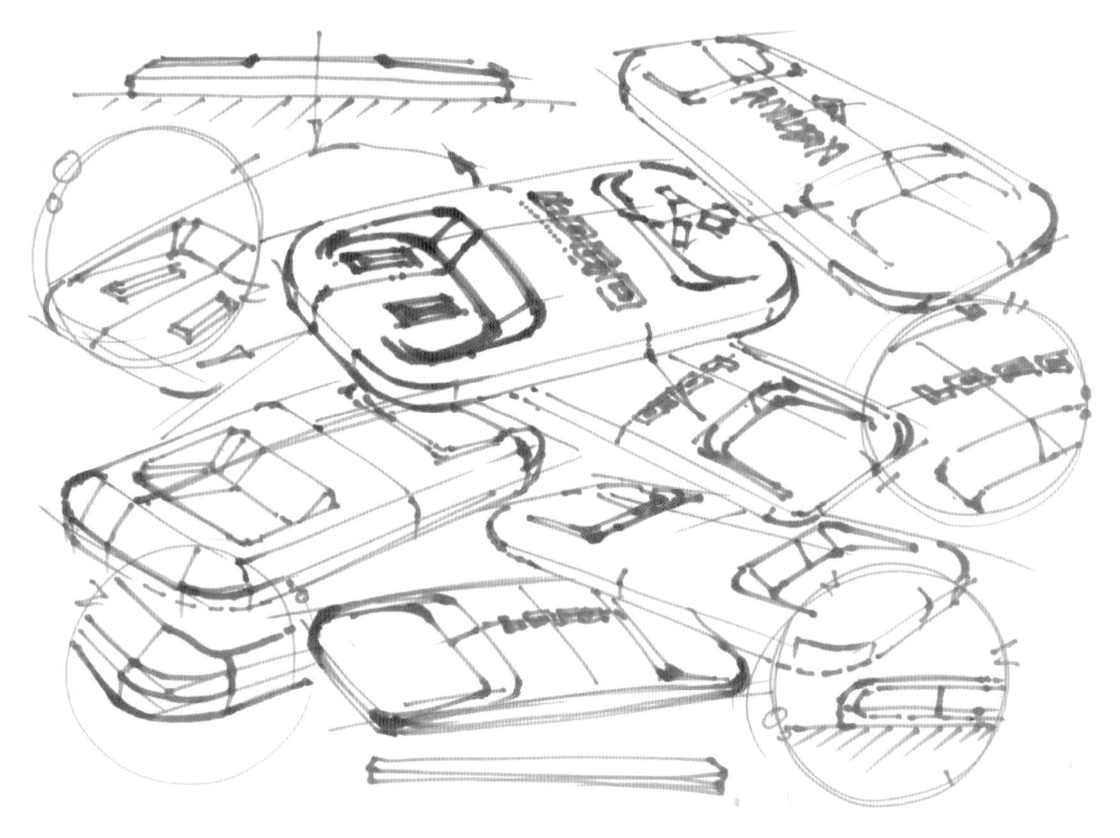

图4-154

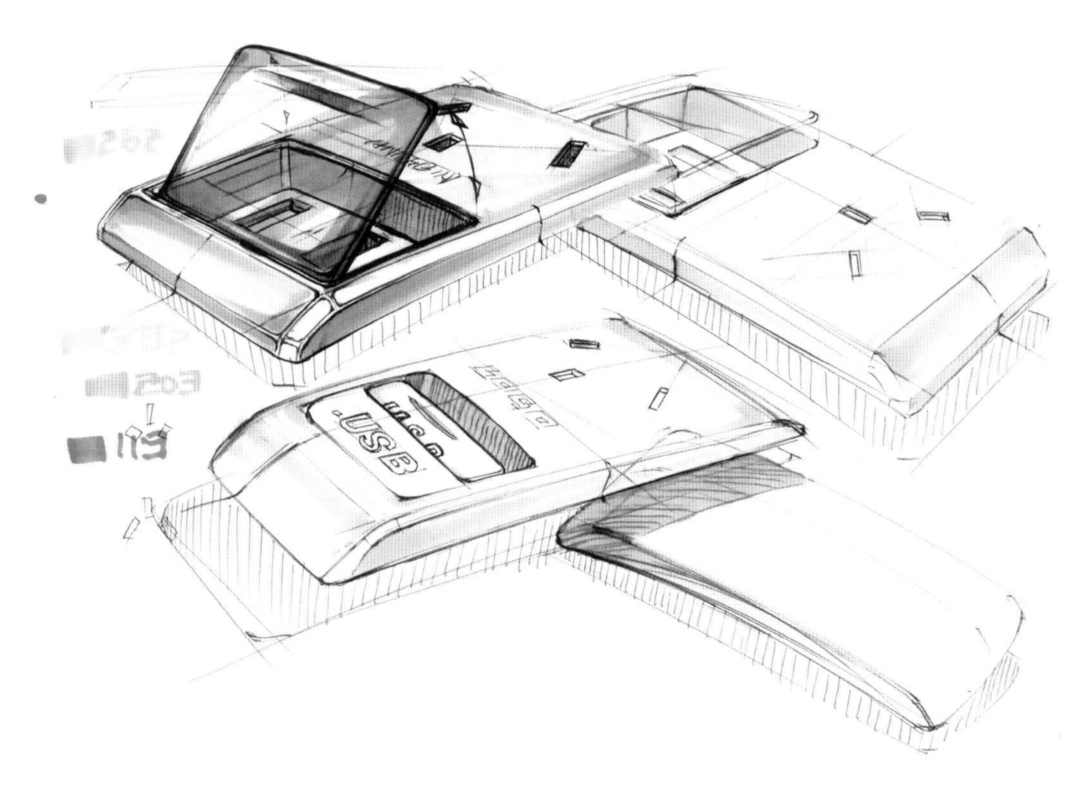

图4-155

图4-156

图4-157

4.7.2 窗帘模块

窗帘模块手绘效果图见图4-158—图4-163。

图4-158

图4-159

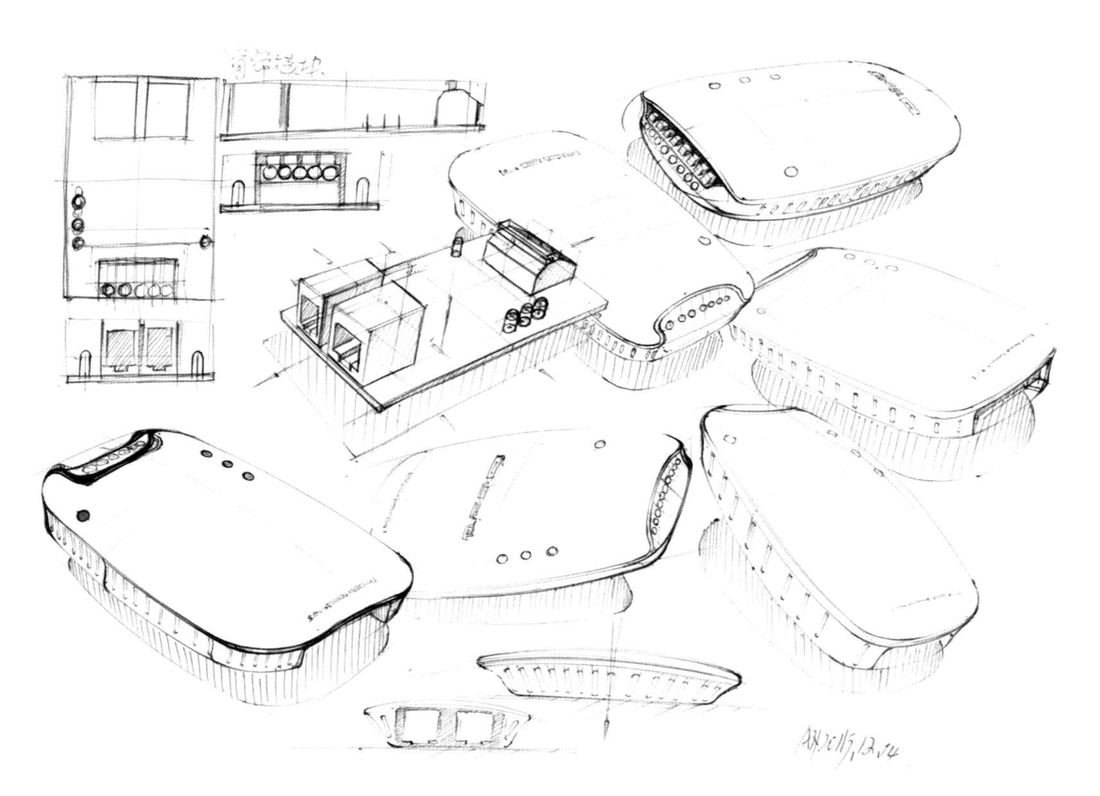

图4-160

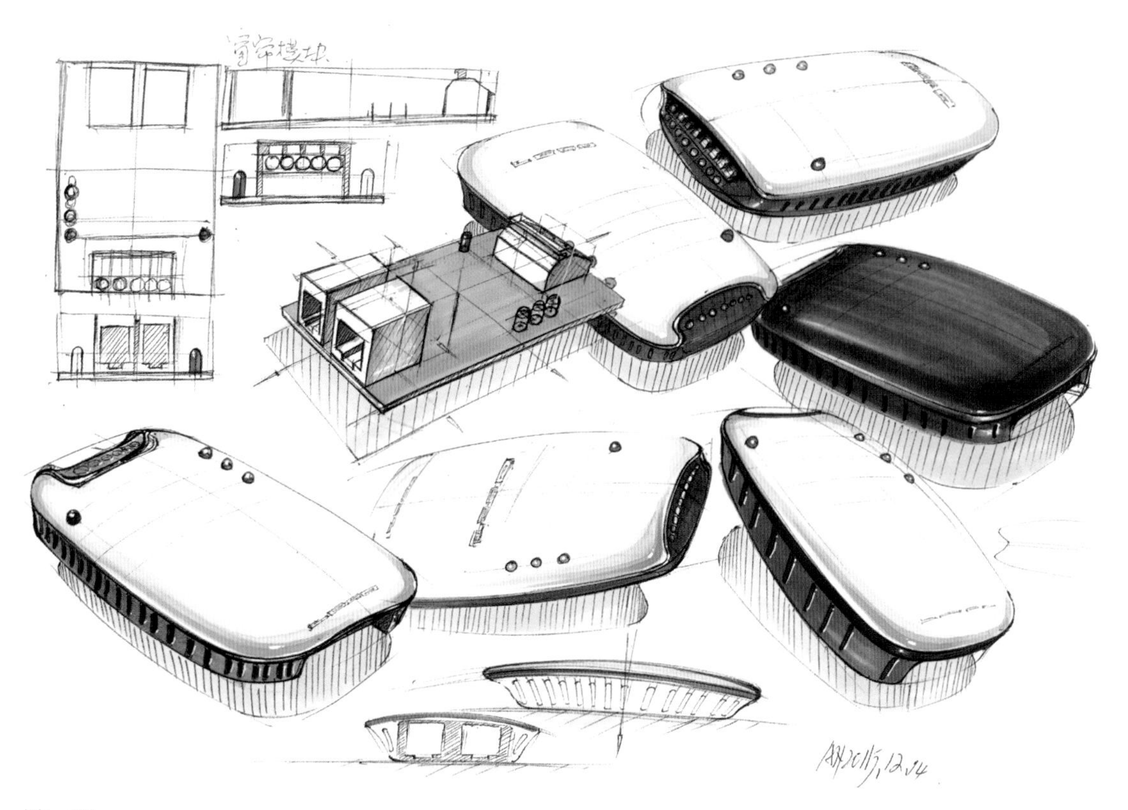

图4-161

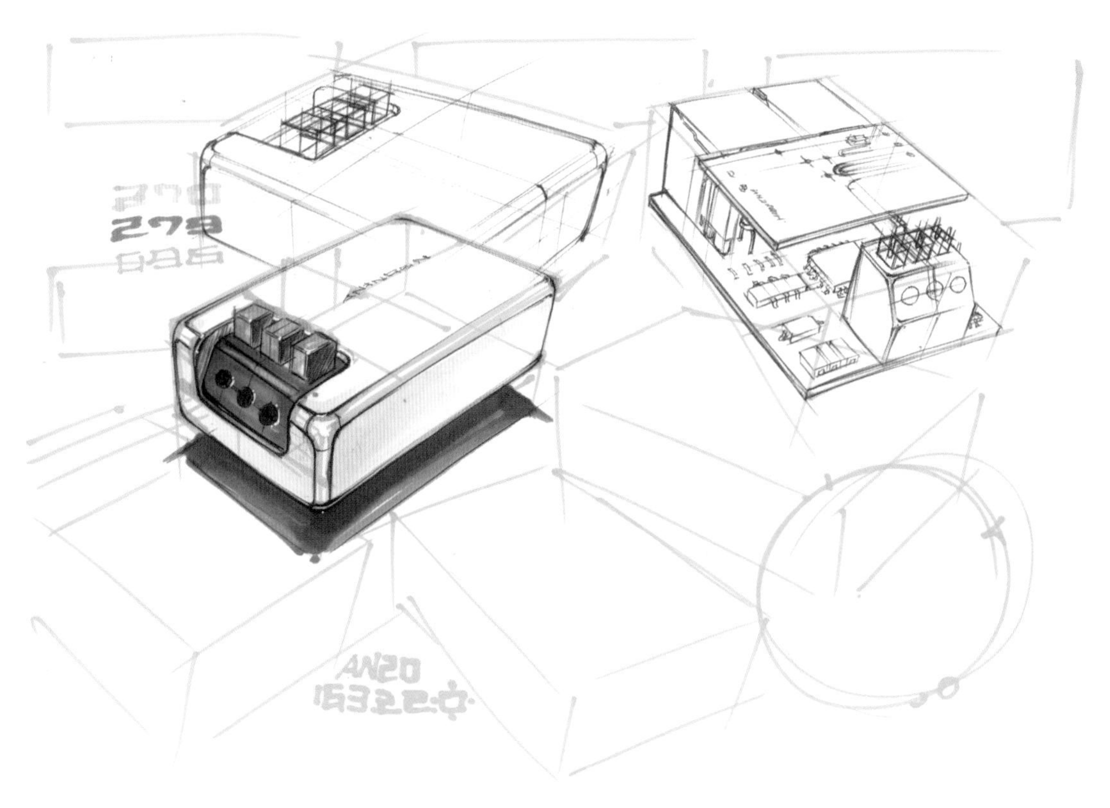

图4-162

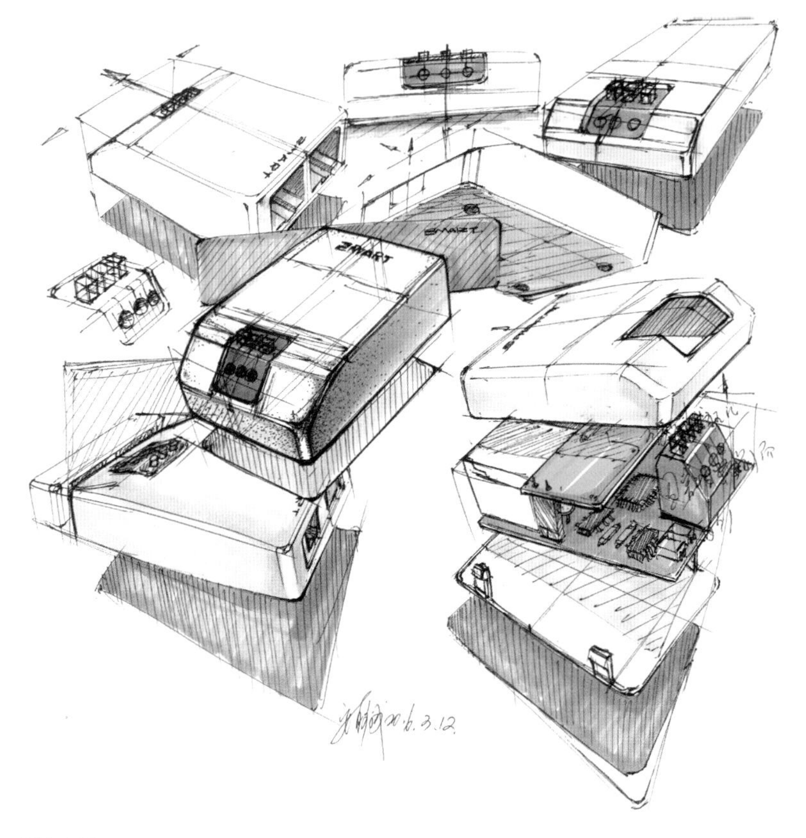

图4-163

4.7.3 接线器

接线器手绘效果图见图4-164—图4-171。

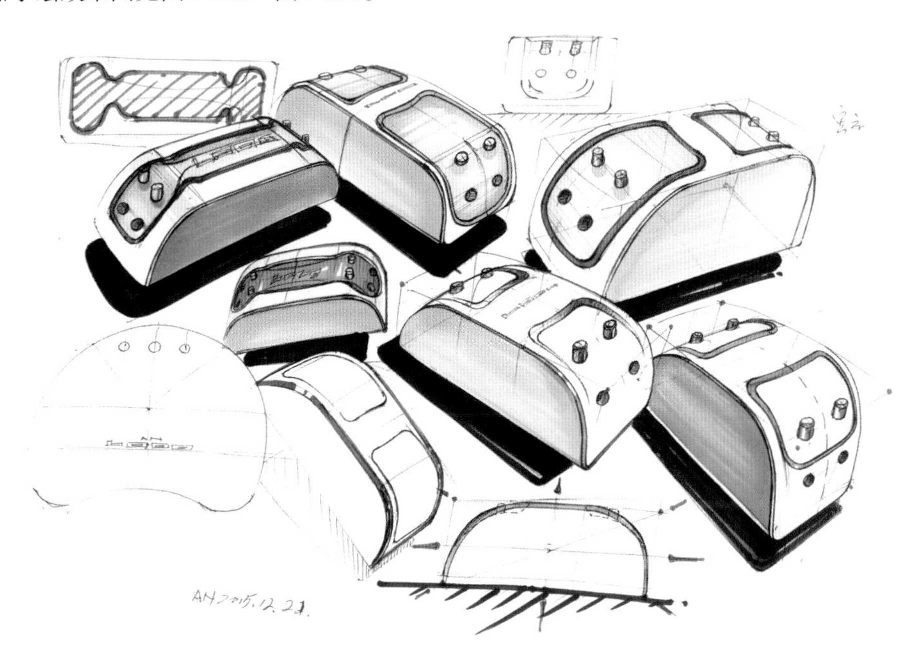

图4-164

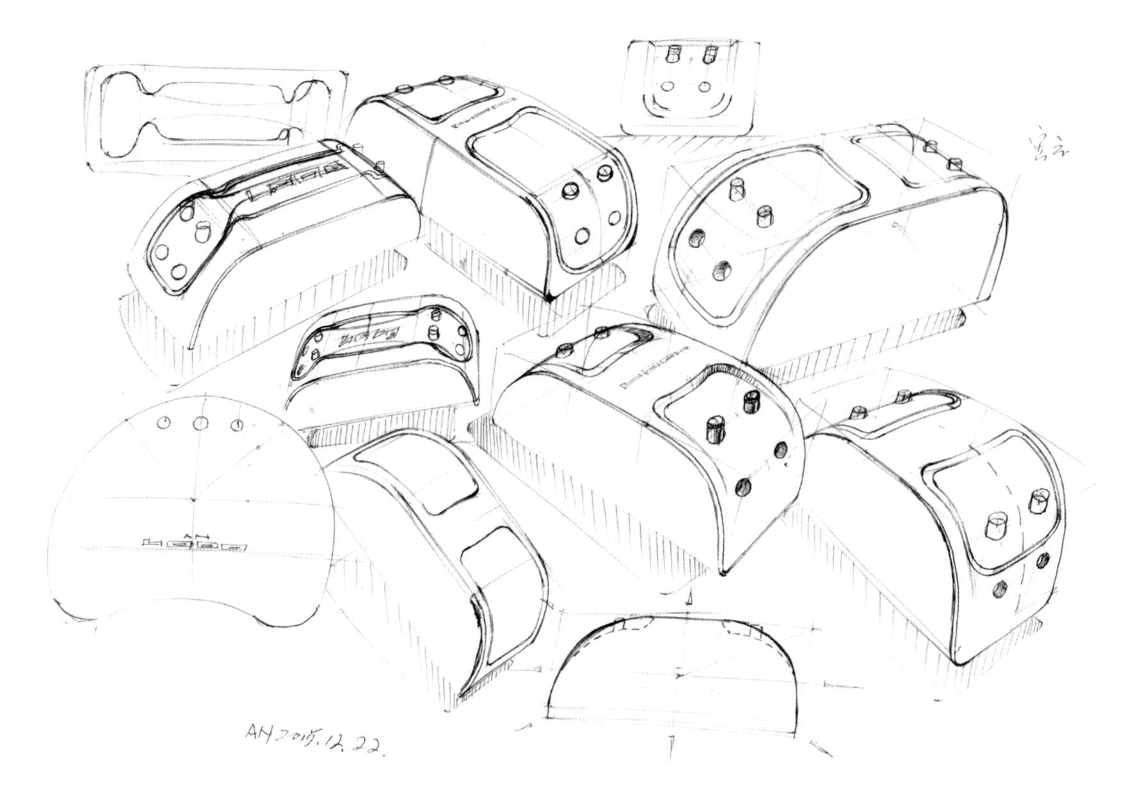

图4-165

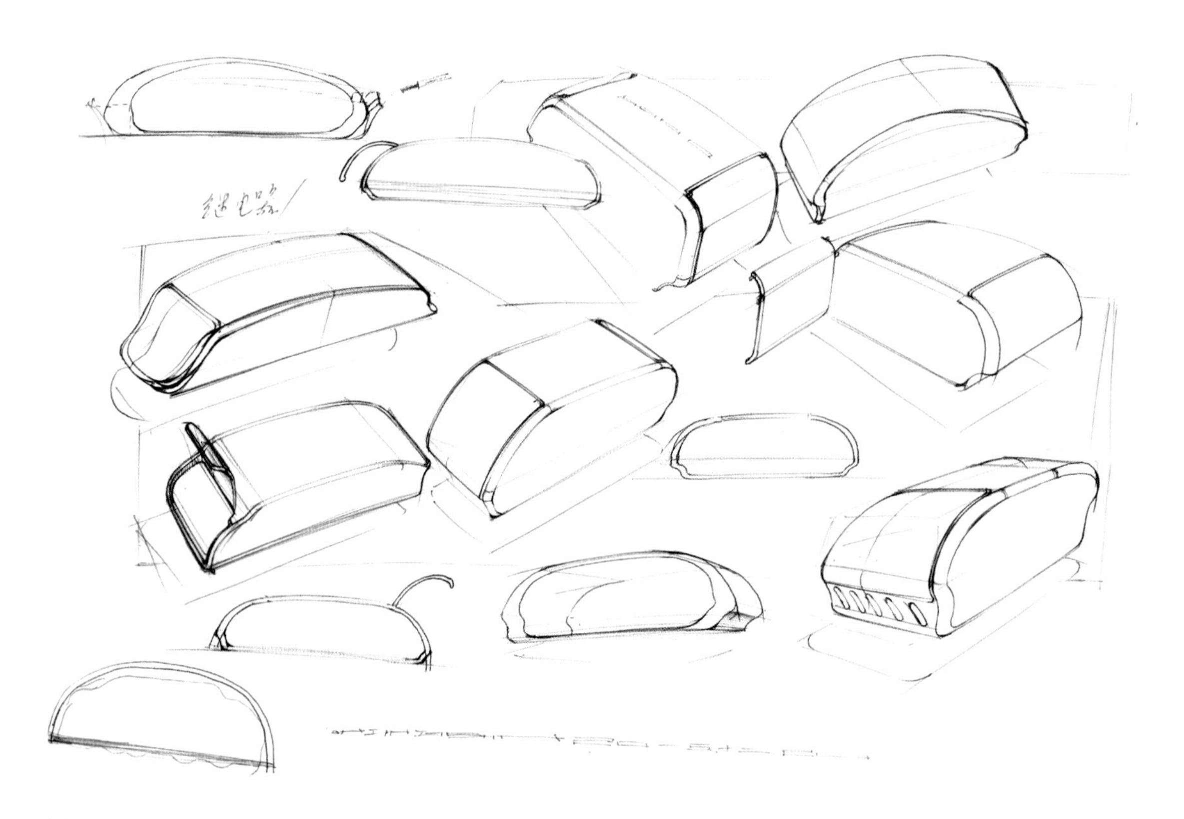

图4-166

图4-167

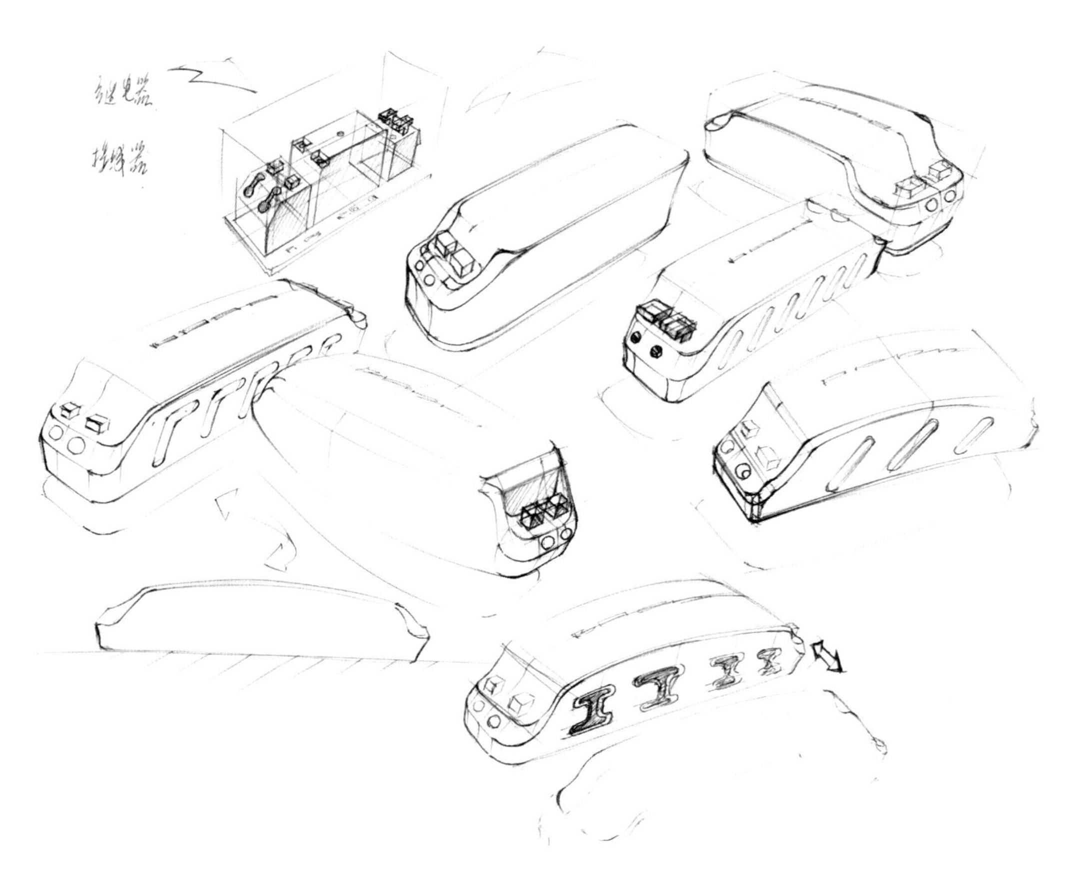

图4-168

图4-169

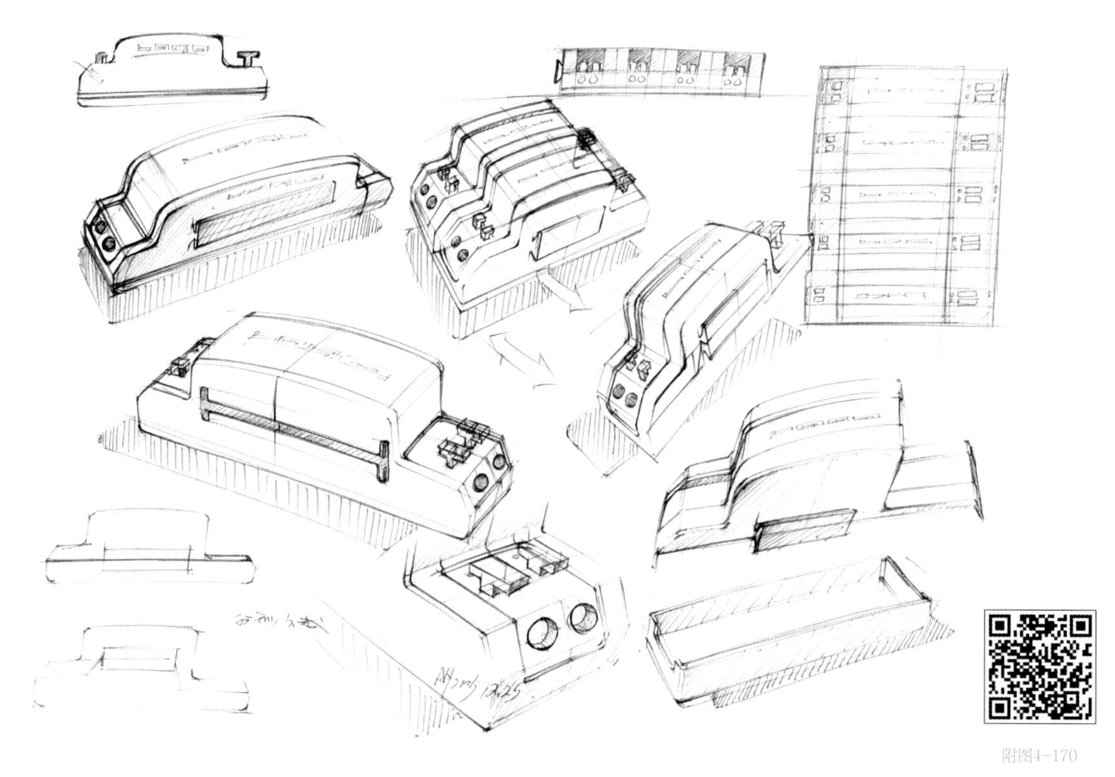

附图4-170

图4-170

图4-171

4.7.4 显示屏

显示屏手绘效果图见图4-172—图4-178。

附图4-172

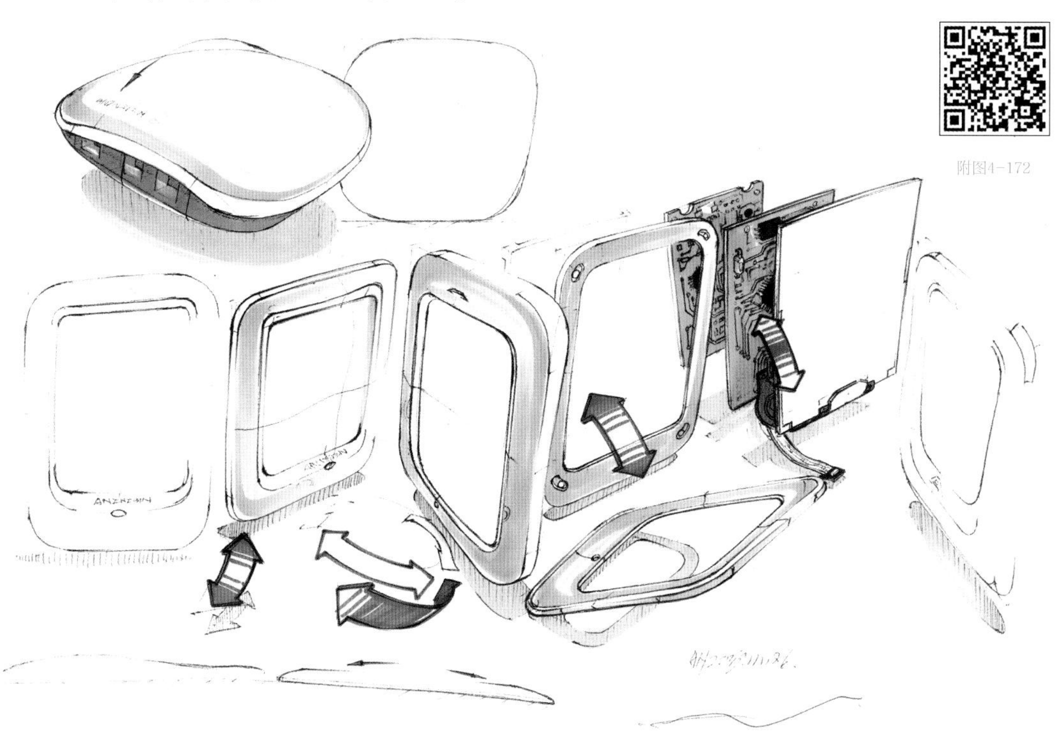

图4-172

图4-173

图4-174

图4-175

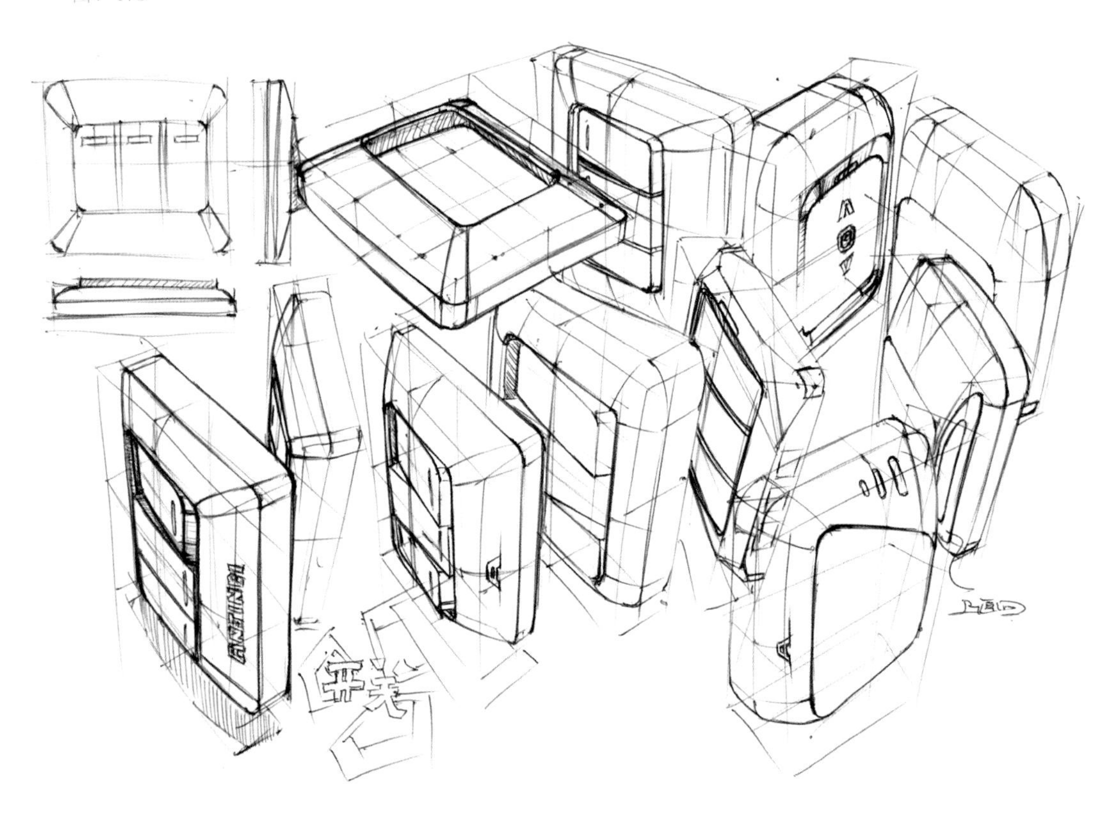

图4-176

图4-177

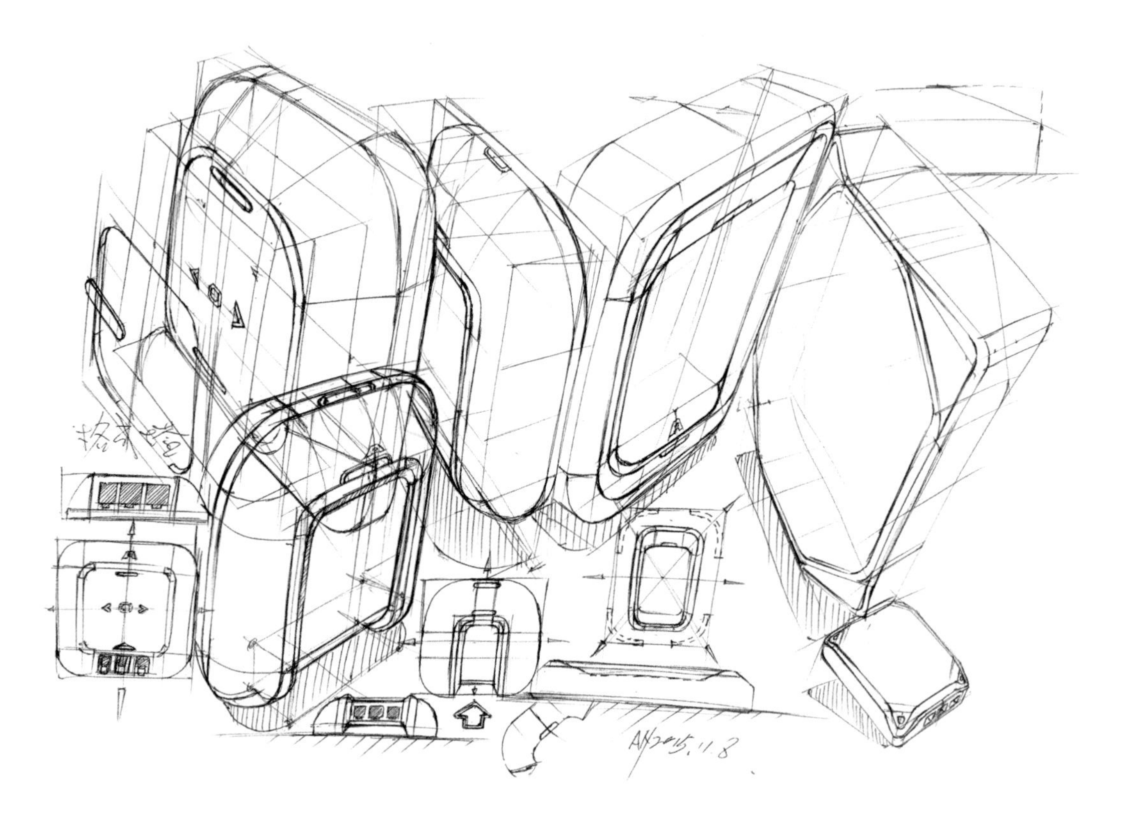

图4-178

4.7.5 主控制器

主控制器手绘效果图见图4-179—图4-216。

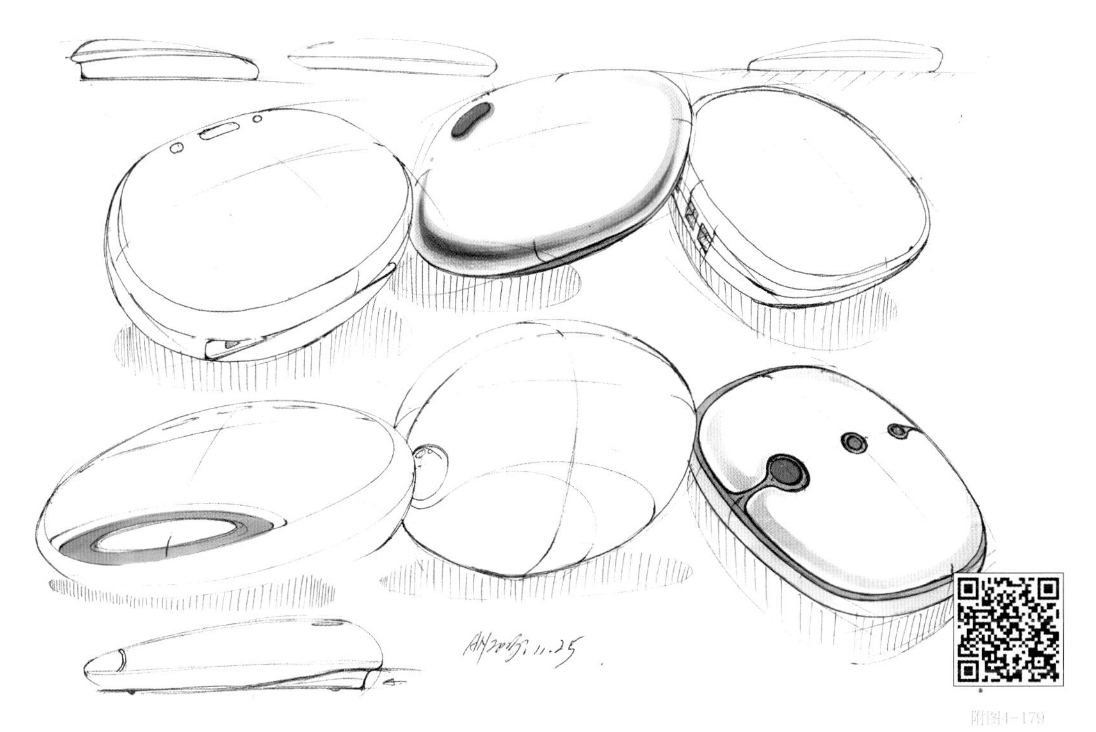

附图4-179

图4-179

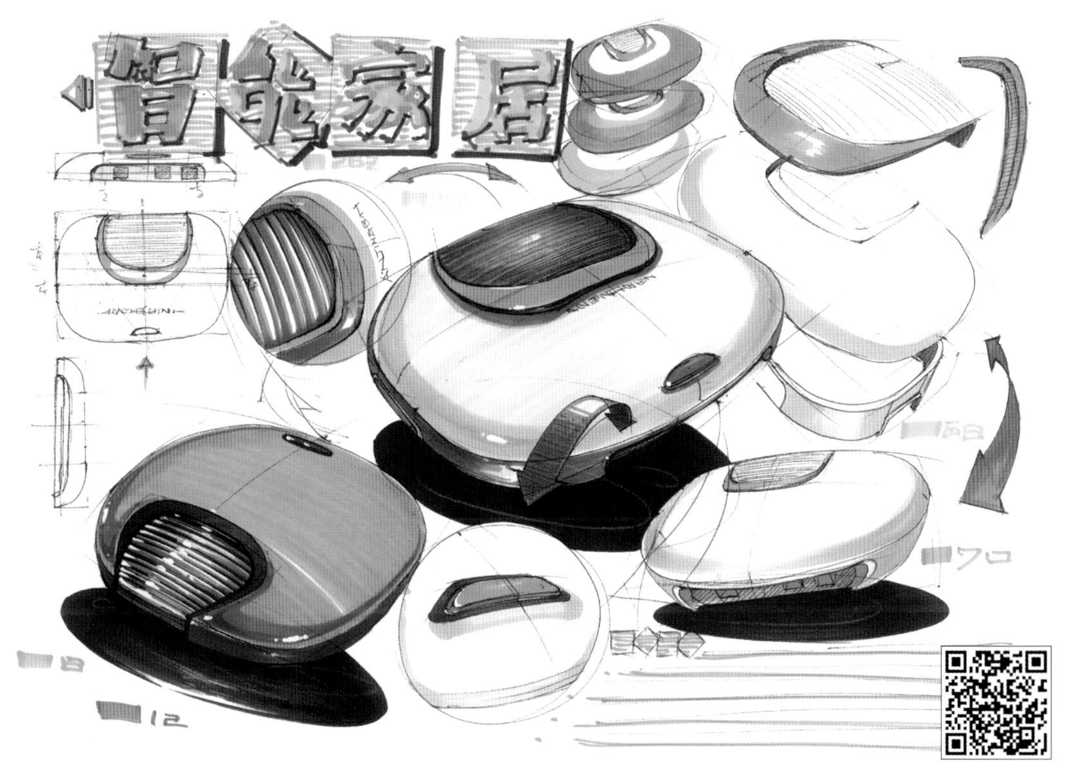

附图4-180

图4-180

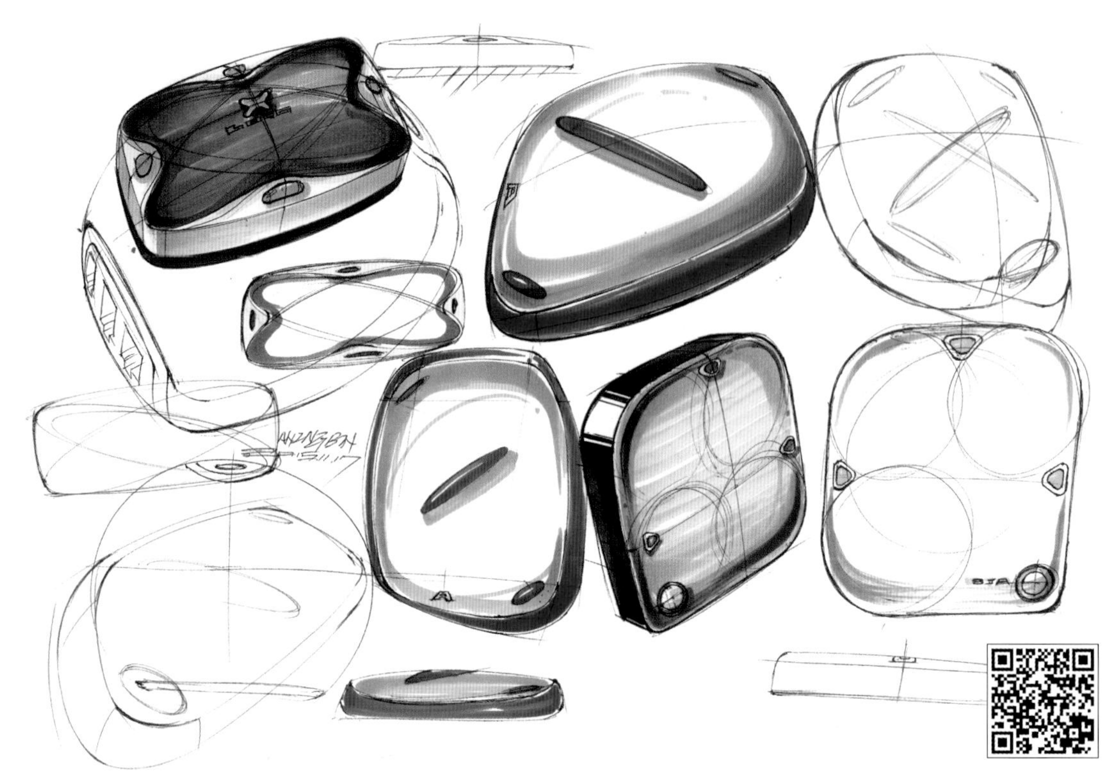

附图4-181

图4-181

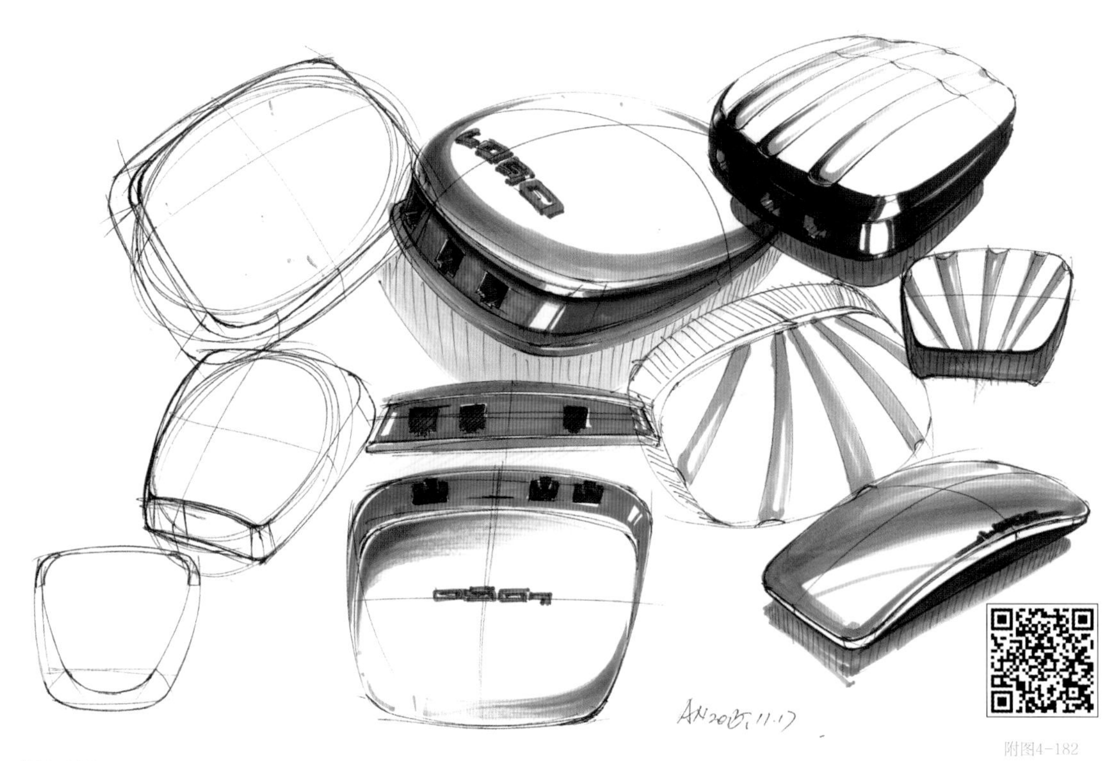

附图4-182

图4-182

附图4-183

图4-183

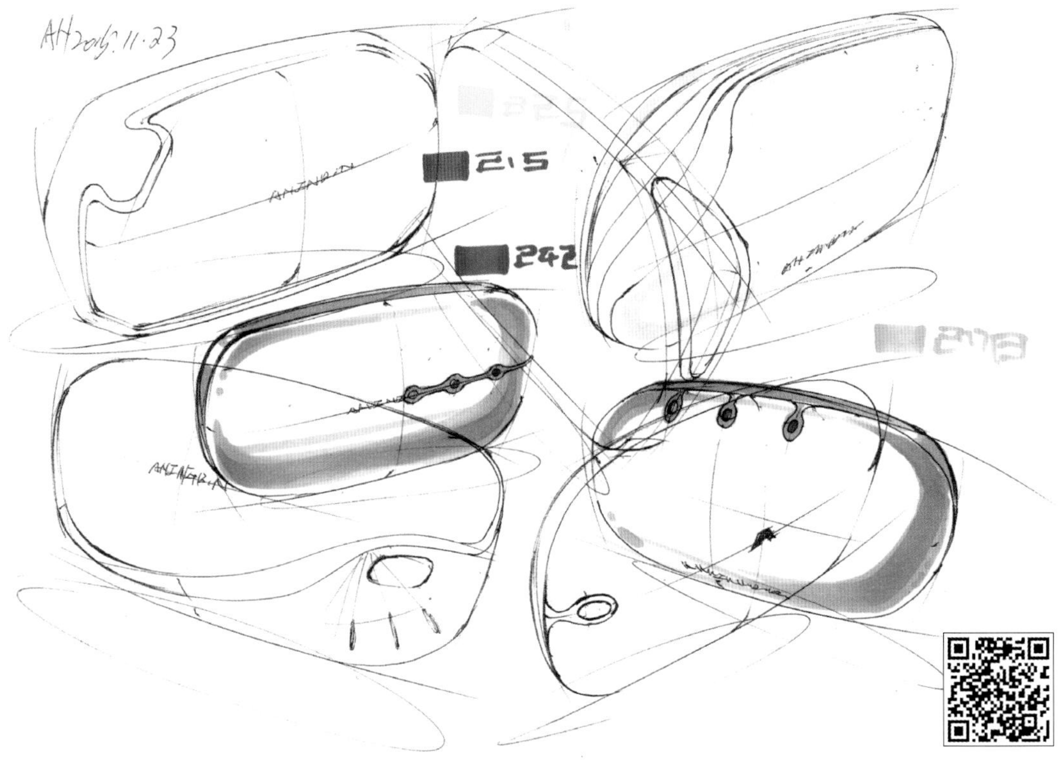

附图4-184

图4-184

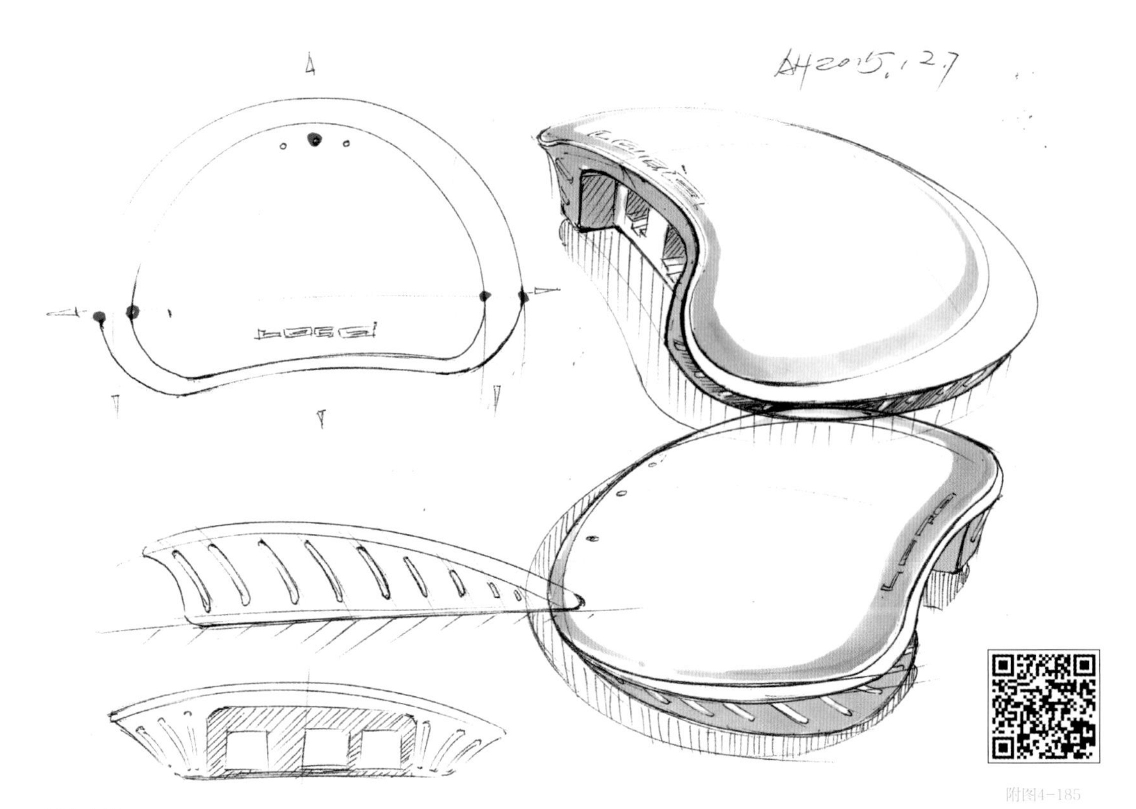

附图4-185

图4-185

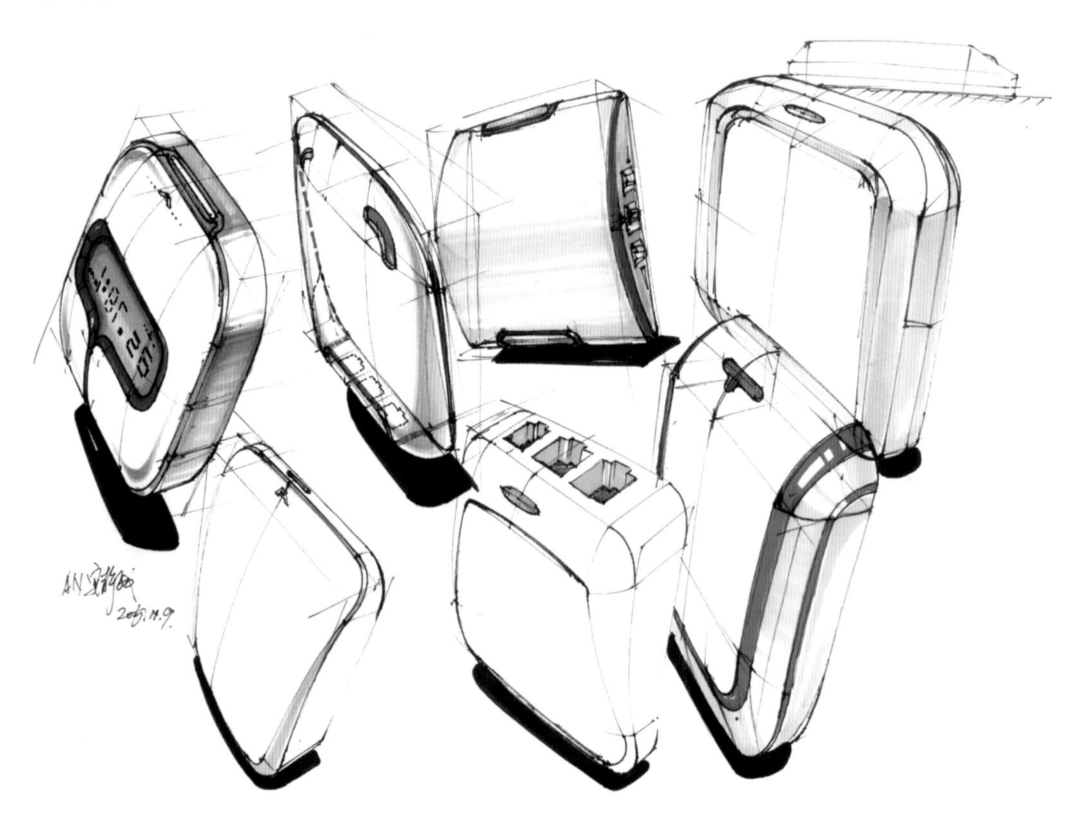

图4-186

图4-187

附图4-187

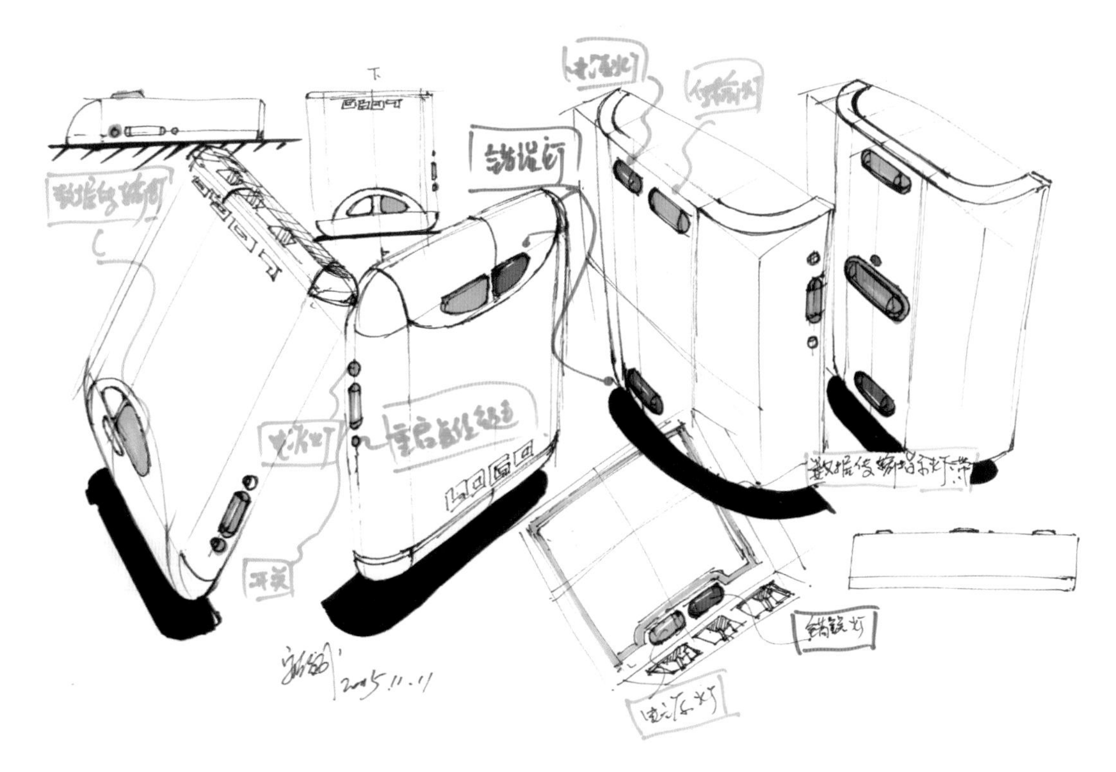

图4-188

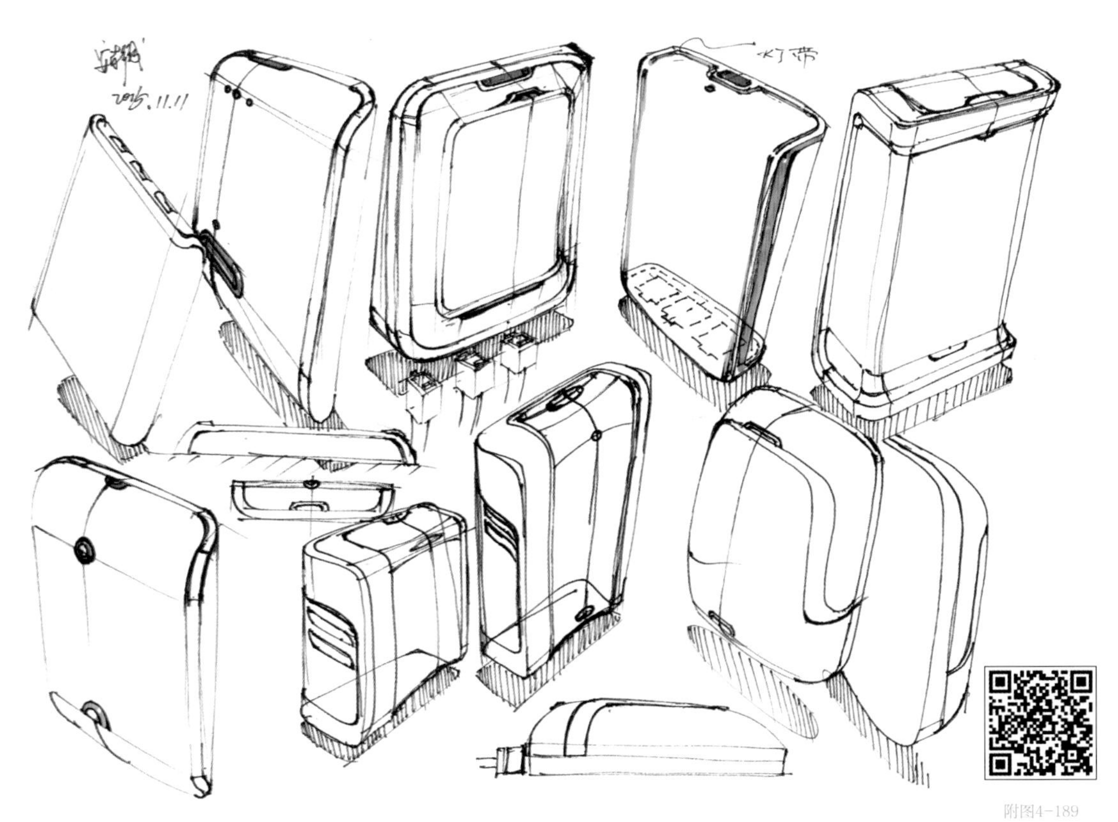

附图4-189

图4-189

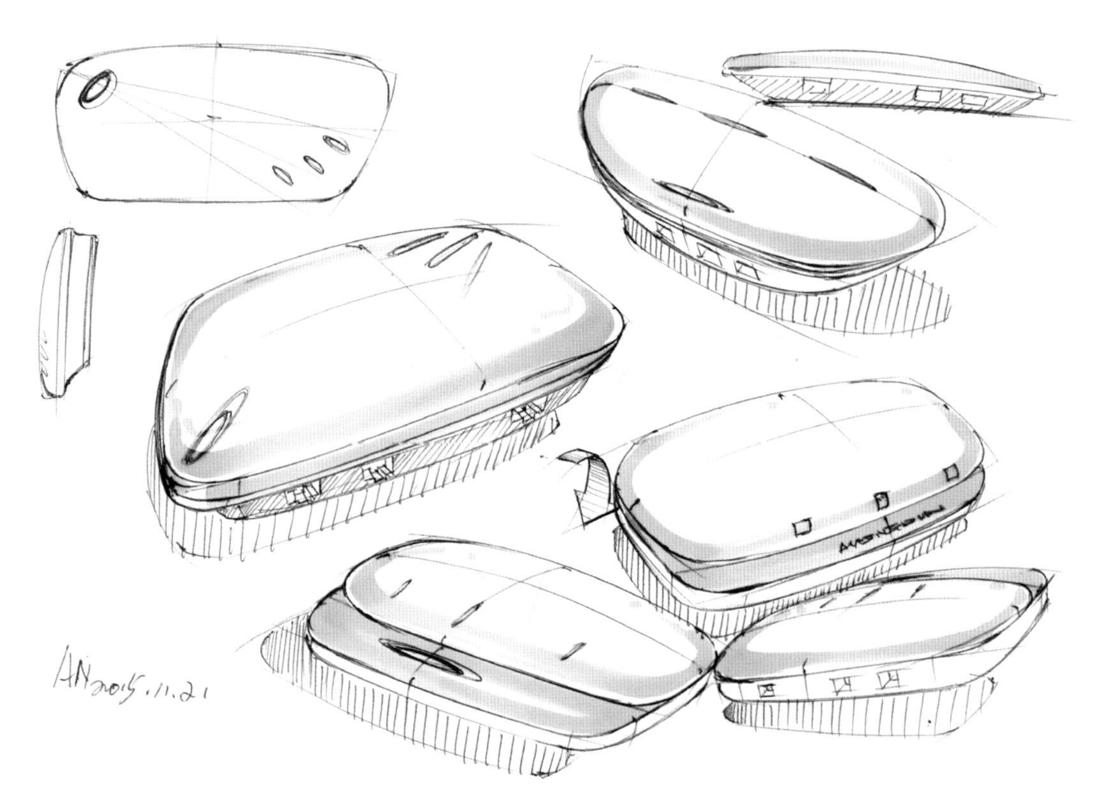

图4-190

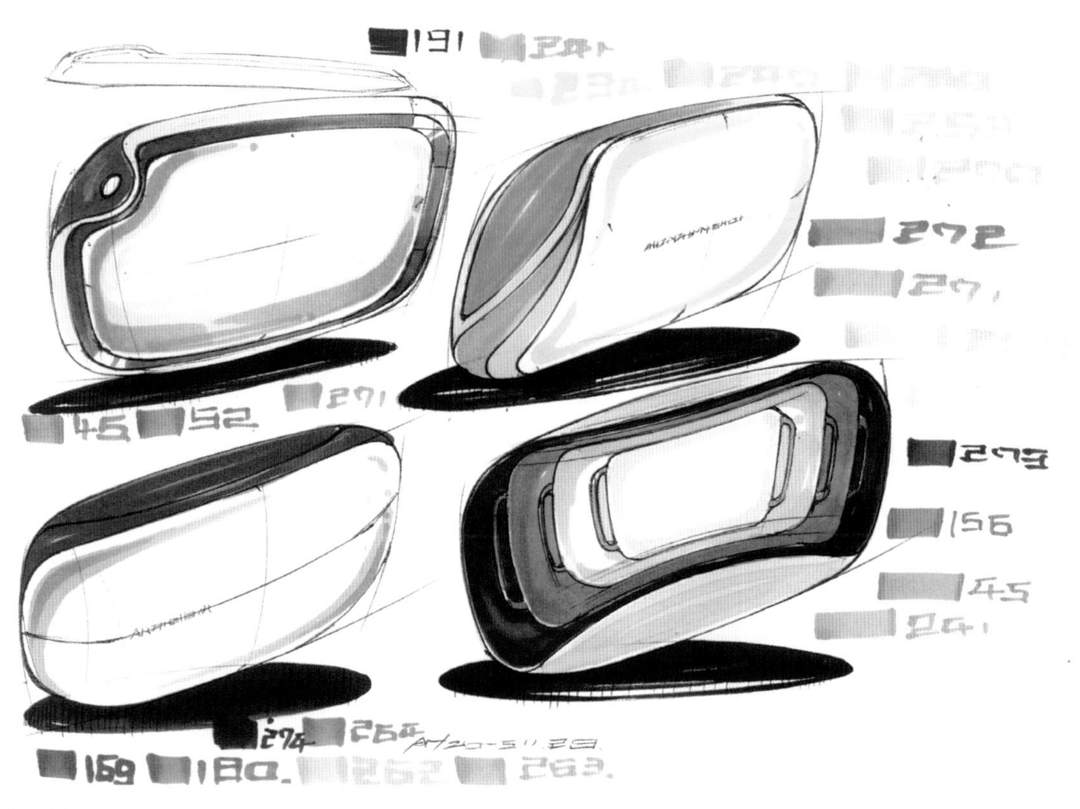

图4-191

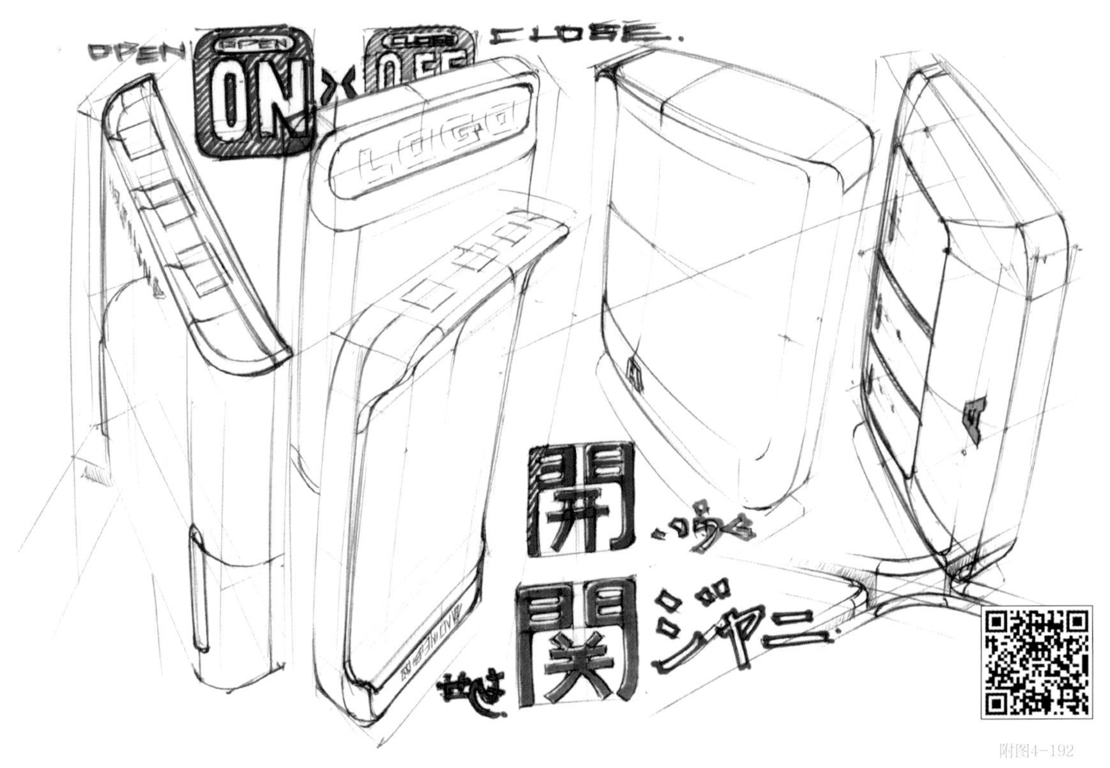

附图4-192

图4-192

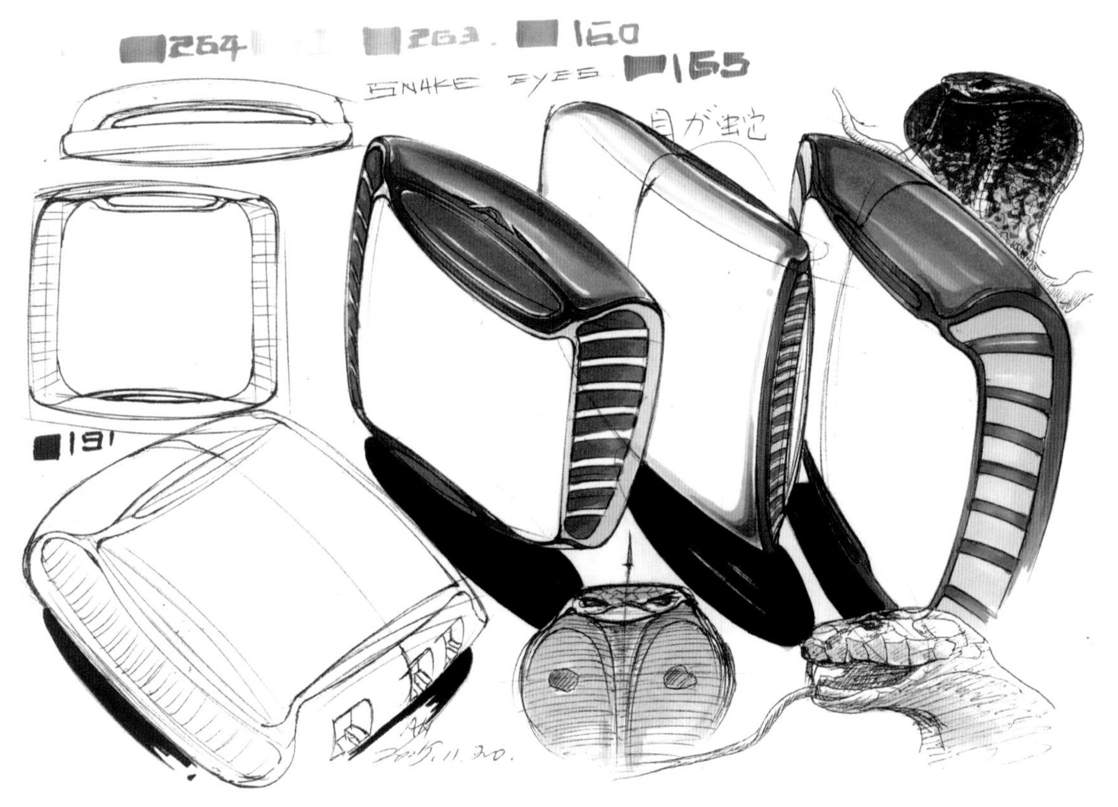

图4-193

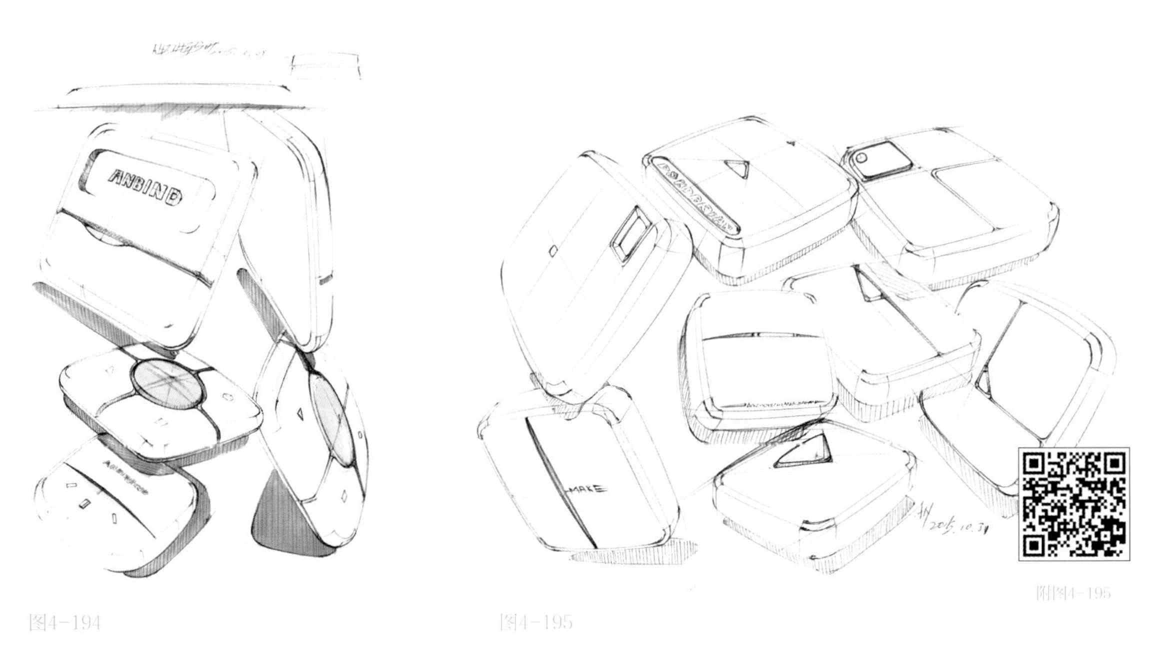

图4-194

图4-195

附图4-195

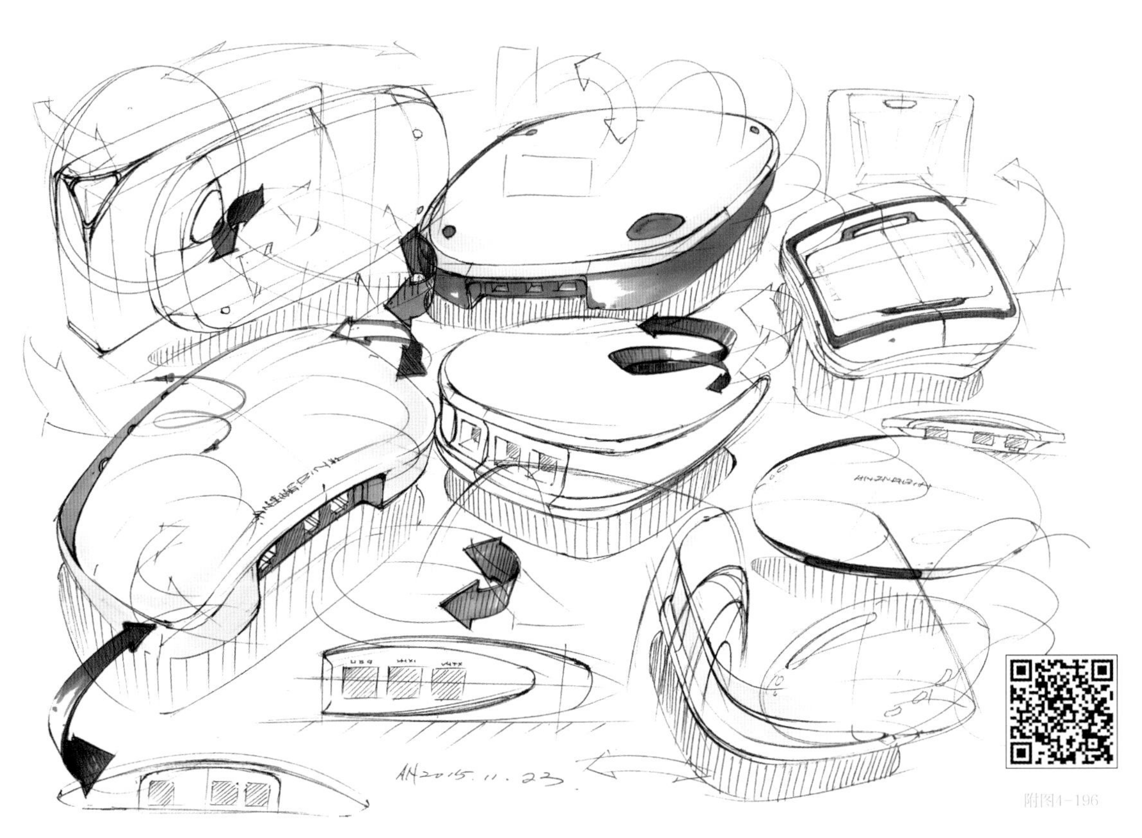

附图4-196

图4-196

图4-197

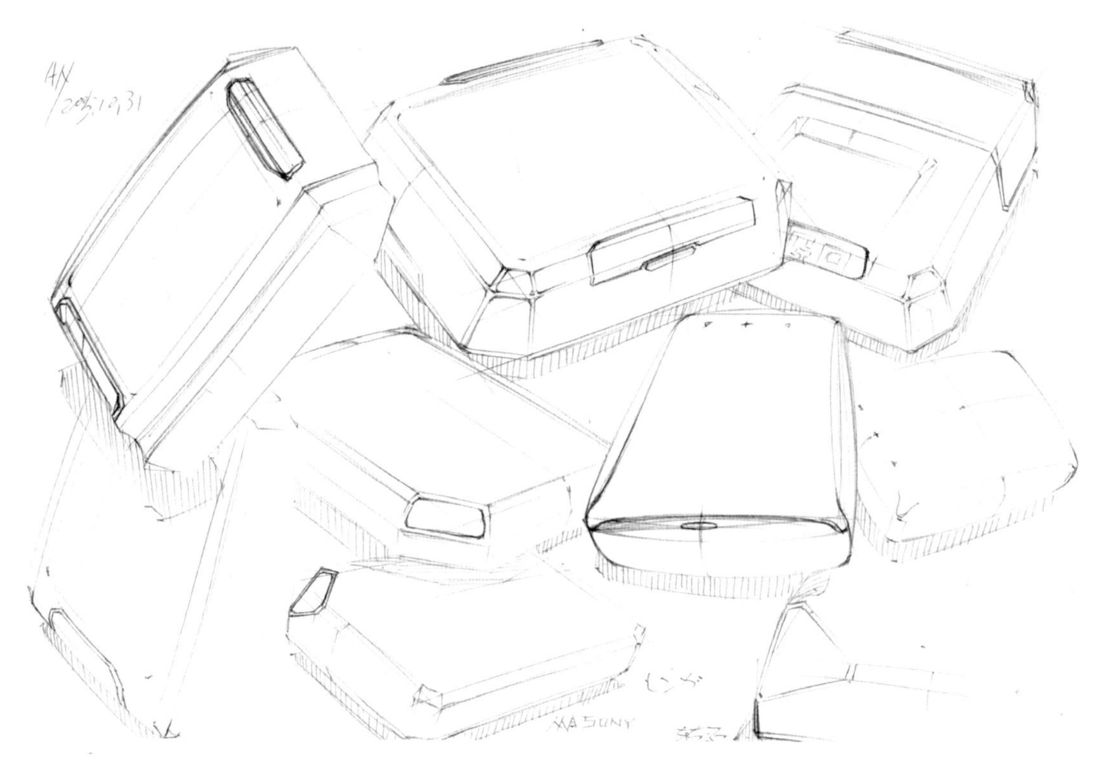

图4-198

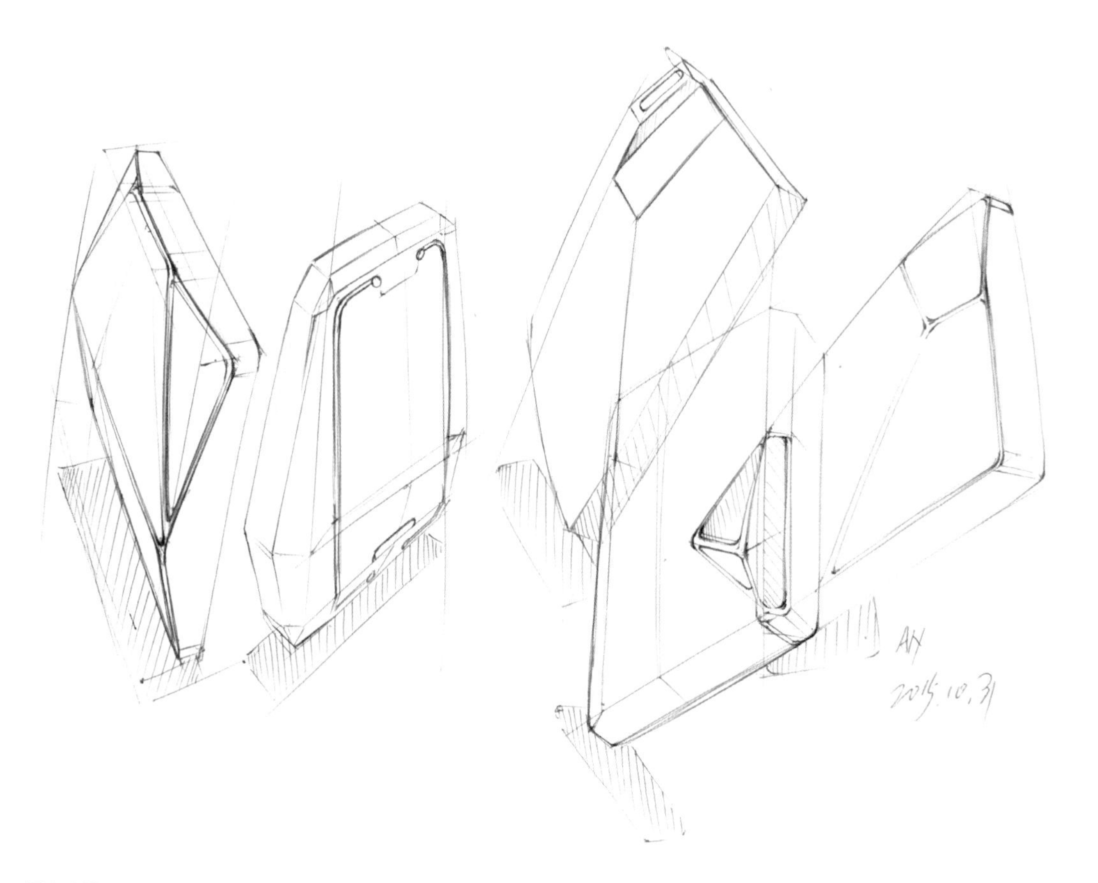

图4-199

图4-200

图4-201

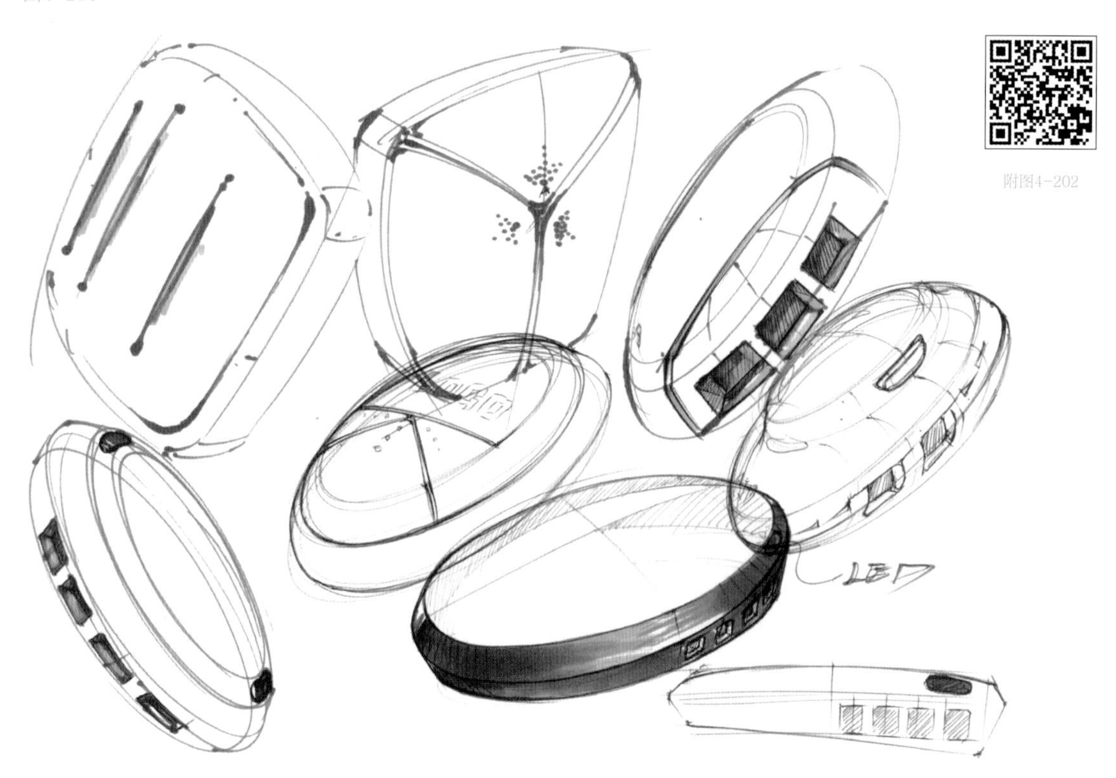

附图4-202

图4-202

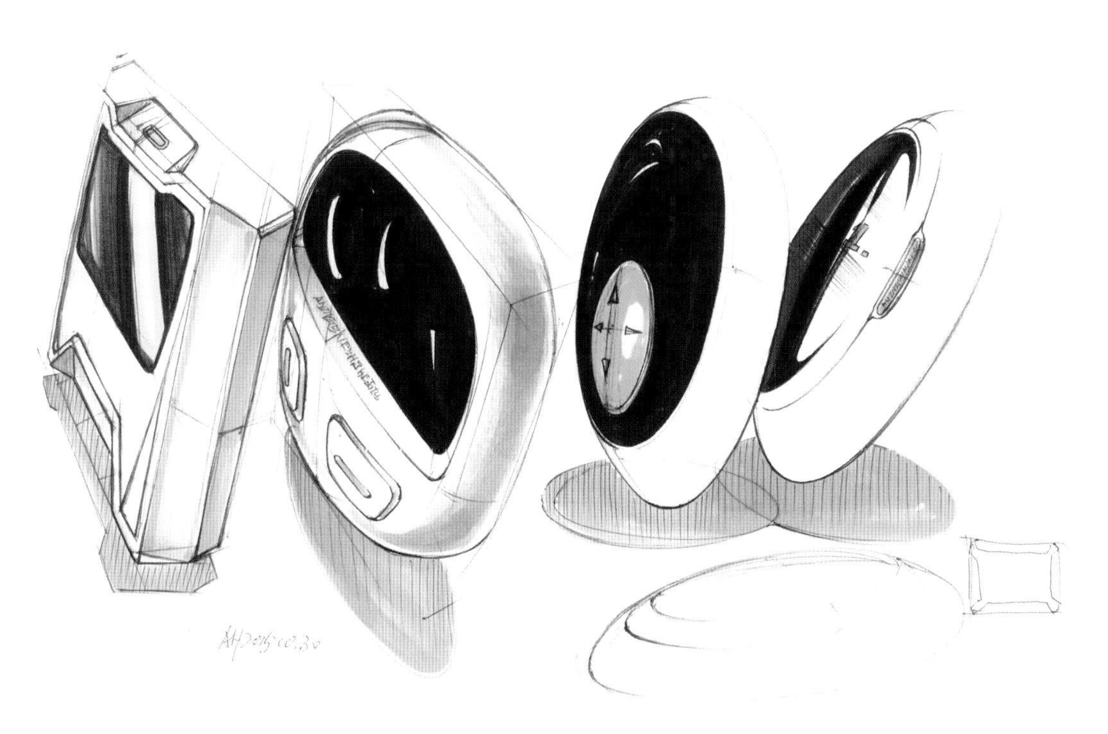

图4-203

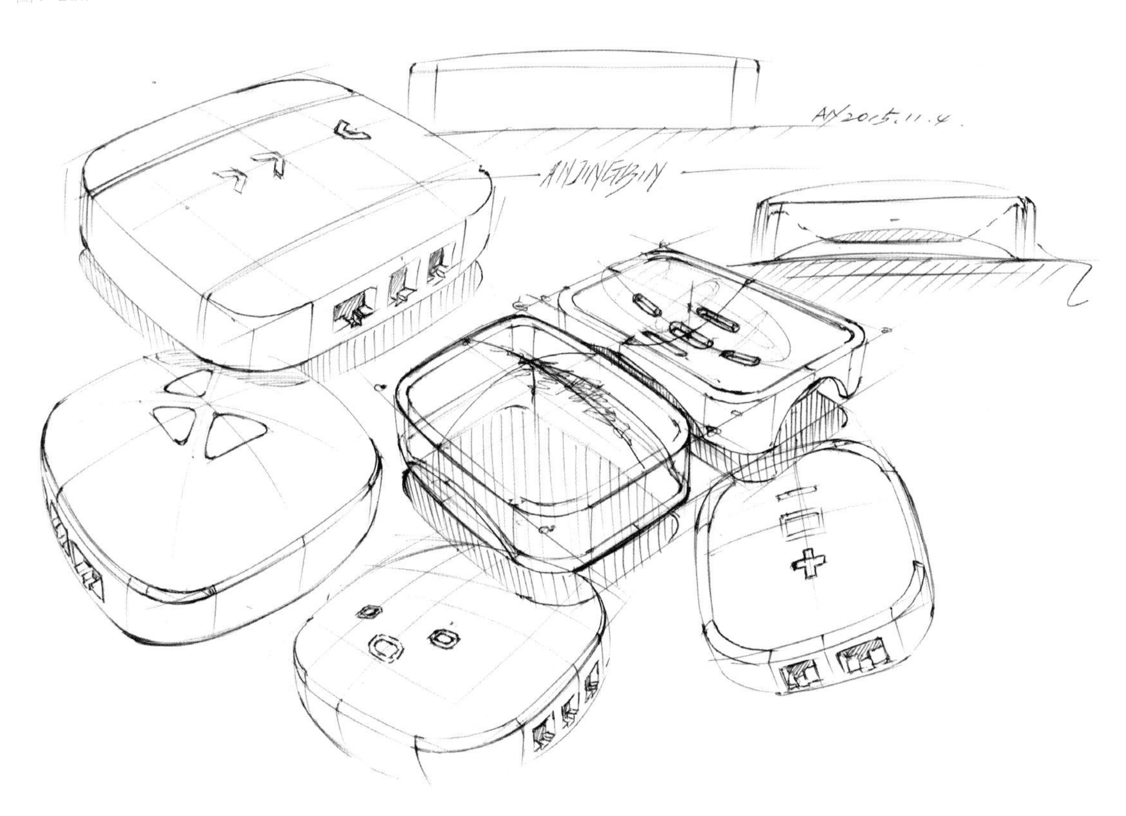

图4-204

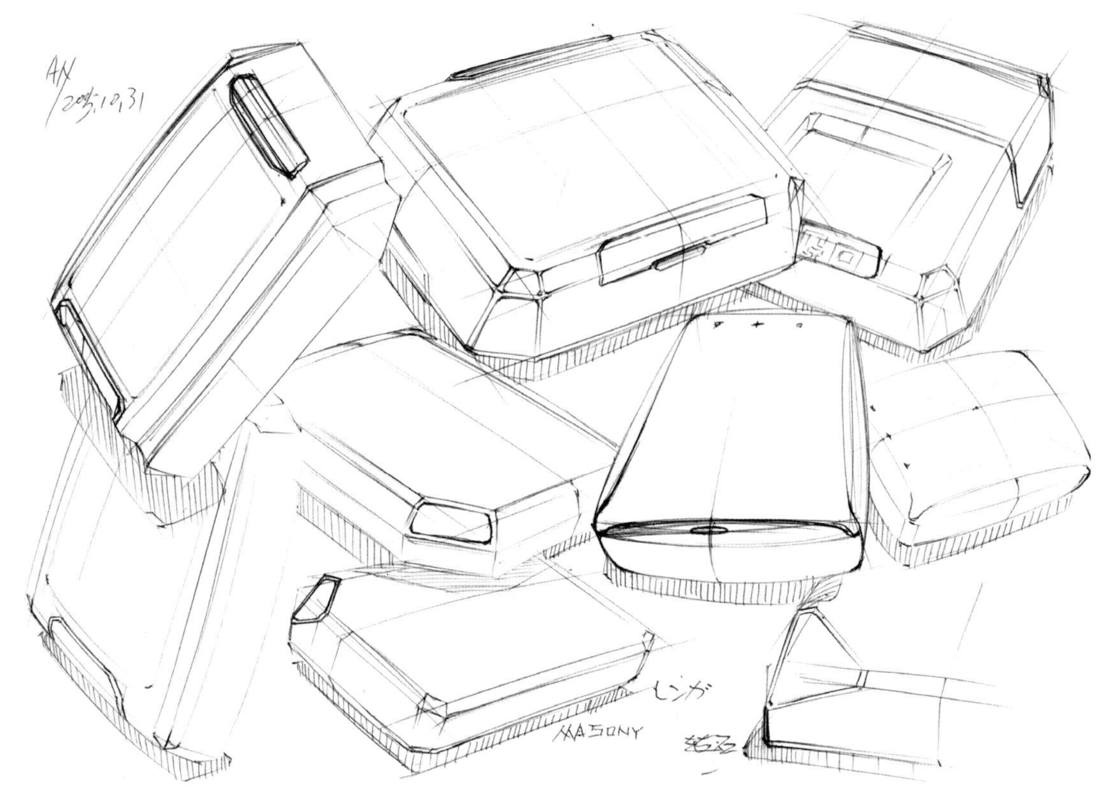

图4-205

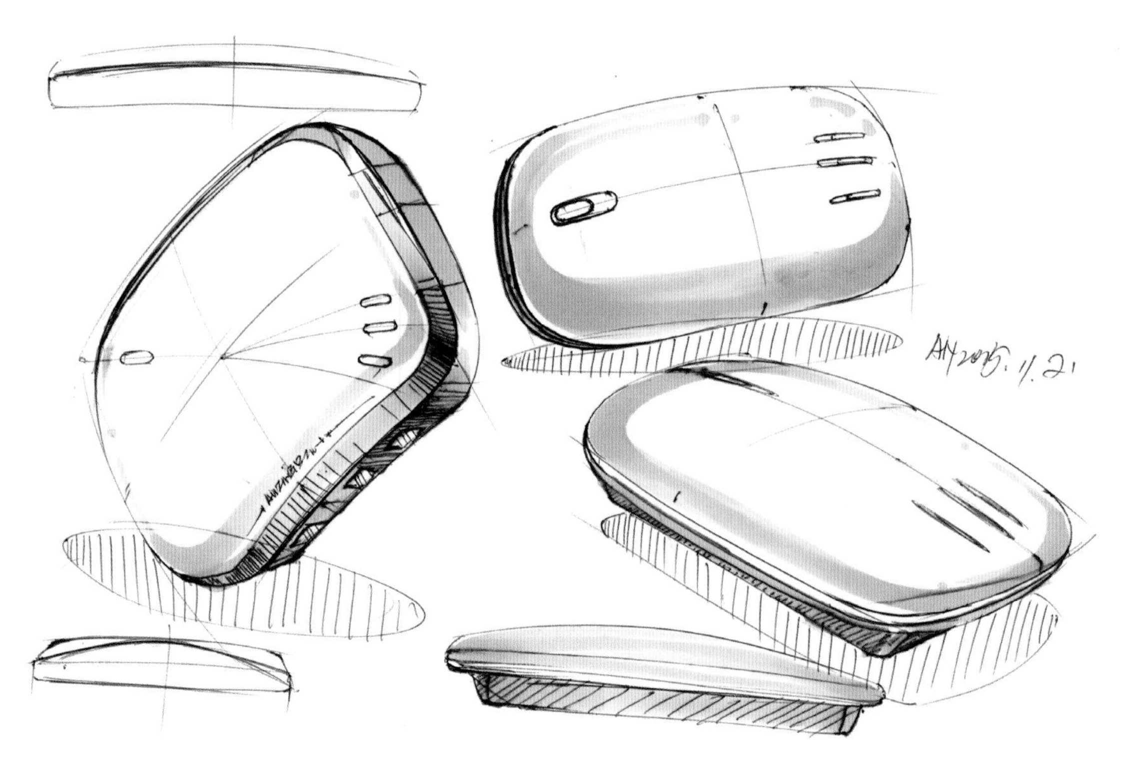

图4-206

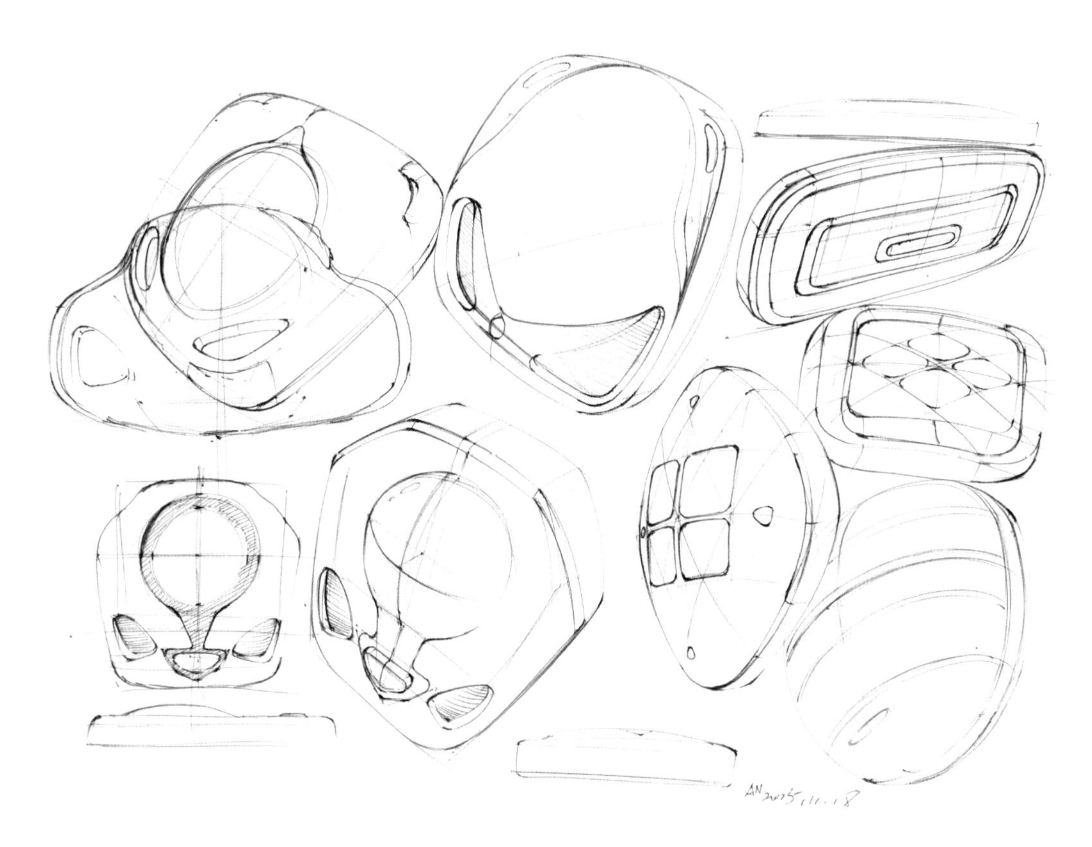

图4-207

附图4-208

图4-208

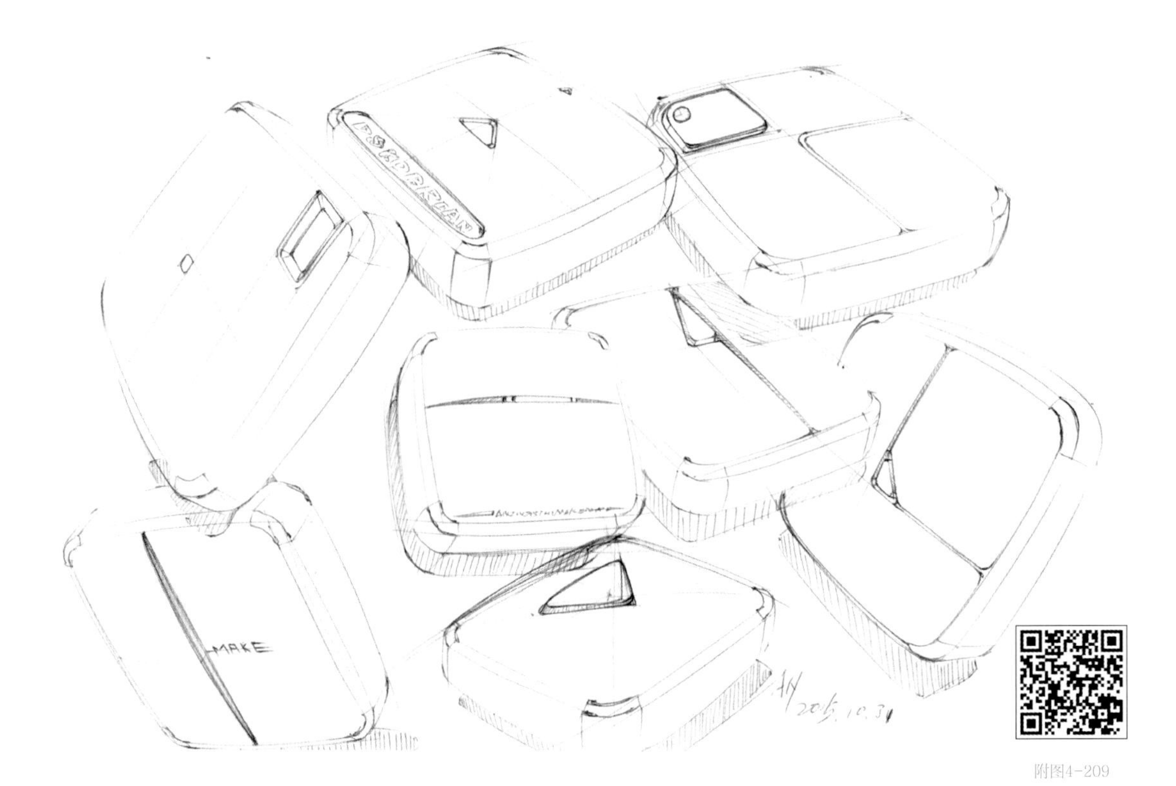

附图4-209

图4-209

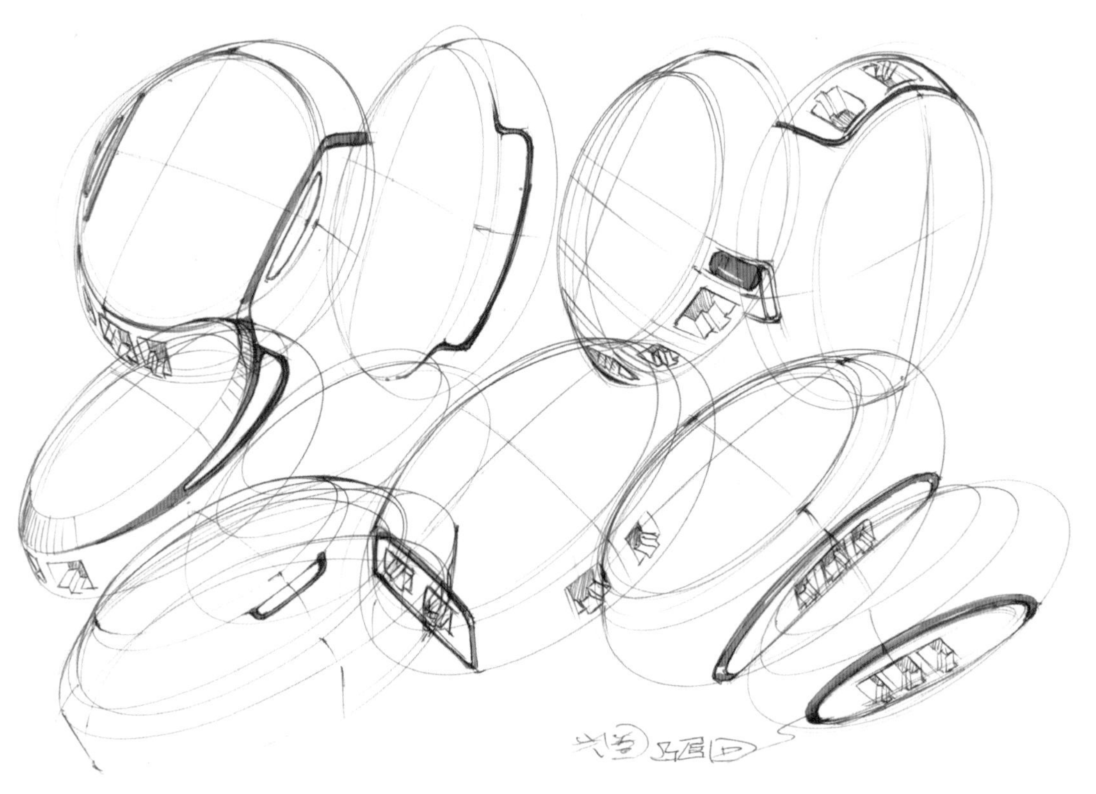

图4-210

附图4-211

图4-211

图4-212

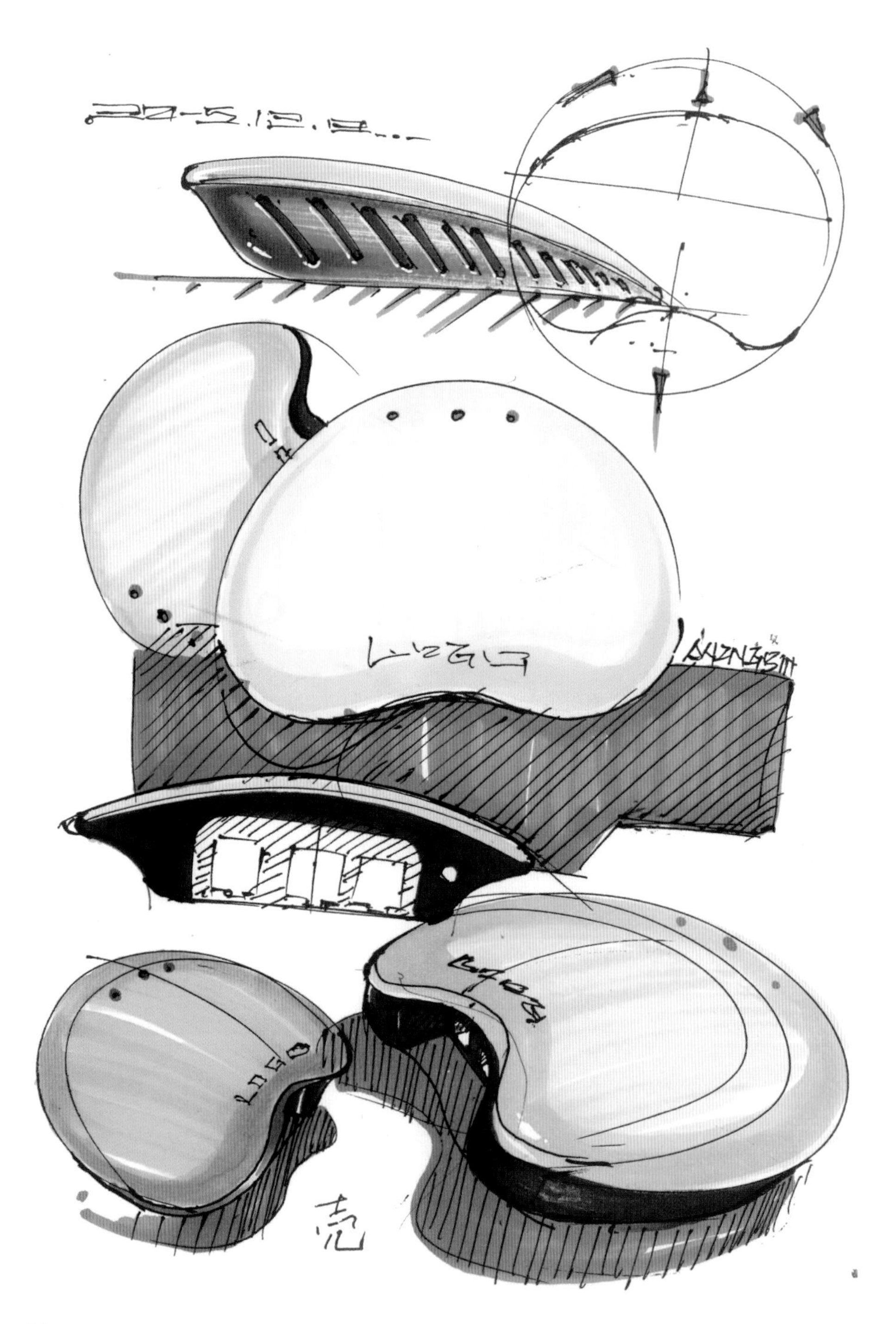

图4-213

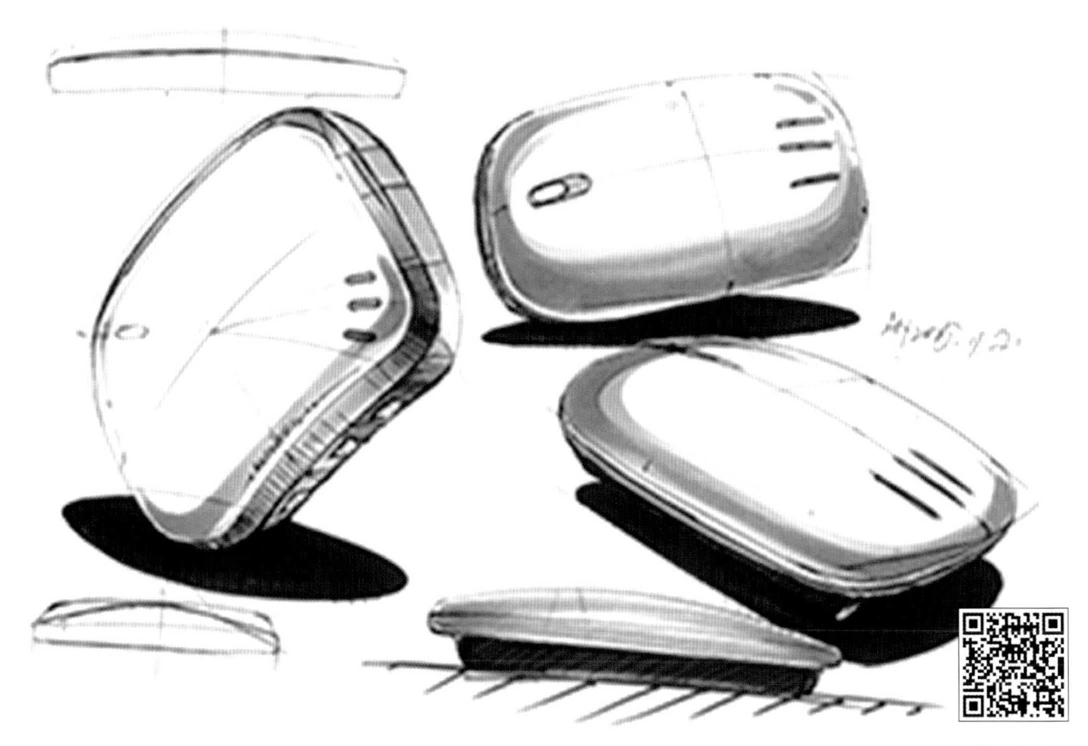

图4-214

附图4-214

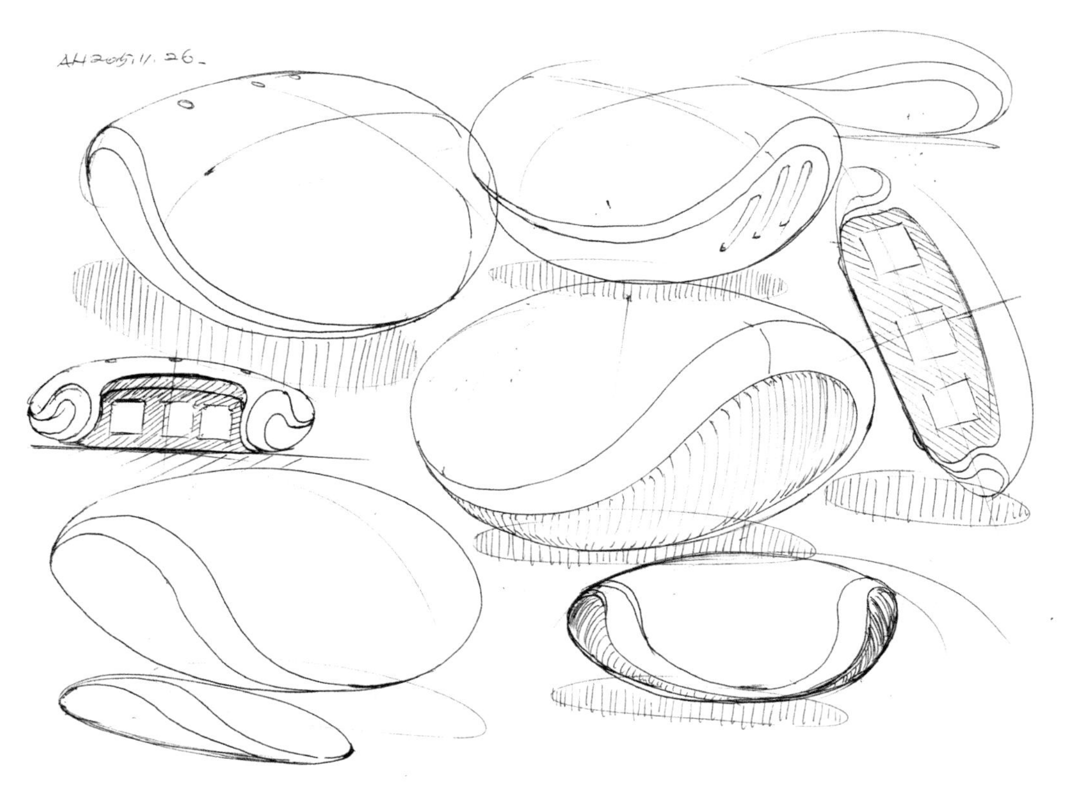

图4-215

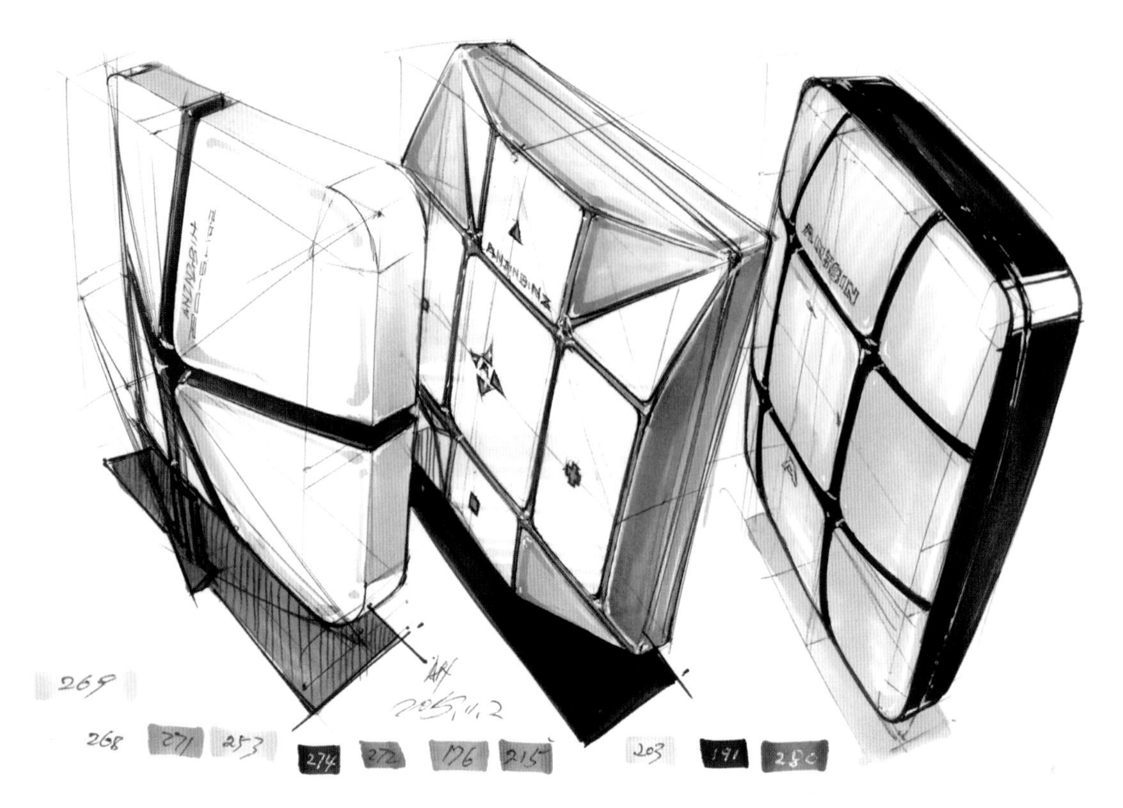

图4-216